beck'sche reihe

D1917744

bsr

In früheren Zeiten befassten sich nahezu alle Menschen mit ihrer Landschaft, indem sie jagten und Pflanzen sammelten, später Ackerbau betrieben, Vieh hielten und Wälder bewirtschafteten. Diesen unmittelbaren Zugang haben heute nur noch wenige Menschen. Den anderen muss ein Zugang zu Landschaft über ein Lehrgebäude vermittelt werden, in dem naturwissenschaftliche Untersuchungen und Bestandsaufnahmen genauso Platz haben wie die Auswertung von historischen Dokumenten, die Analyse von Landschaftsmetaphern und Aspekte des Denkmalschutzes.

Wenn darüber entschieden werden soll, welche «Natur» zu schützen ist, um etwa notwendige Eingriffe des Landwirtes oder des Ingenieurs zu verstehen, benötigen wir ein realistisches Bild von heutiger Landschaft als Resultat einer jahrtausendealten Geschichte. Dieses Bild zu entwickeln sowie die damit zusammenhängenden Methoden und Werkzeuge vorzustellen, ist das Ziel dieses Buches. Es richtet sich an Wissenschaftler und Studierende sowie allgemein Interessierte aus den Bereichen: Landschaftswissenschaft, Geographie, Ökologie, Landschaftsplanung und Landschaftsarchitektur, Raumplanung, Architektur, Geschichte, Vor- und Frühgeschichte, Landwirtschaft und Forstwissenschaften.

Hansjörg Küster ist Professor für Pflanzenökologie am Institut für Geobotanik der Leibniz Universität Hannover. Bei C.H.Beck sind u.a. von ihm lieferbar: *Die Elbe. Landschaft und Geschichte* (2007), *Geschichte der Landschaft in Mitteleuropa. Von der Eiszeit bis zur Gegenwart* ([4]2010) sowie *Das Gartenreich Dessau-Wörlitz. Landschaft und Geschichte* (2010, zus. mit Ansgar Hoppe).

Hansjörg Küster

Die Entdeckung der Landschaft

Einführung in eine neue Wissenschaft

Verlag C.H.Beck

Mit 65 überwiegend farbigen Abbildungen und 4 Tabellen im Text

Originalausgabe

© Verlag C.H.Beck oHG, München 2012
Gesetzt aus der Adobe Caslon Pro im Verlag
Druck und Bindung: Kösel, Krugzell
Umschlagentwurf: malsyteufel, Willich
Umschlagabbildung: Enztal bei Mühlhausen
© Gerhard Launer WFL-GmbH
Printed in Germany
ISBN 978 3 406 63702 5

www.beck.de

Inhalt

1 Einführung: Menschen und ihre Landschaft

Raum, Umwelt, Landschaft

Eine Umgebung kann zur Landschaft werden, wenn man sie bewusst wahrnimmt. Der Blick mag an einigen ihrer Teile länger haften bleiben als an anderen: am Land oder Wasser oder dem Himmel darüber, Berg oder Tal, Bach, Fluss oder See, Fels, Düne oder Ebene, an Pflanzen und Tieren, Wäldern, Wüsten, Feldern oder Wiesen. Es kann darin Häuser und Straßen, Städte und Dörfer, Industrieanlagen oder Abraumhalden geben. Alle diese Bestandteile können zu einer Landschaft gehören, wenn ihr Betrachter sie dazu zählen möchte *(Abb. 1-1)*.

Menschen verändern ihre Umwelt seit ungefähr zehn Jahrtausenden. Sie machten sich die Erde untertan, wie es in der Bibel heißt. Dabei wurden Landschaften kulturell geprägt. Parallel dazu reflektierten Menschen über Landschaften und deren Wandel. Sie gingen dabei stets davon aus, dass es einst eine Welt ohne Menschen gegeben hatte. Diese Welt wurde später von Bauern in Besitz genommen und immer weiter umgestaltet. Dadurch bildeten sich immer wieder anders geprägte Landschaften heraus. Sie wurden interpretiert und bewertet; einige hielt man für besonders interessant oder spektakulär, andere wurden mit einem Paradies gleichgesetzt, angesichts als negativ bewerteter Veränderungen beklagte man den Verlust des einstmals Schönen. Menschen hielten bestimmte Landschaften für natürlich, andere für kulturell geprägt und wieder andere für zerstört. Als Natur sollte das gelten, was bereits vor der menschlichen Prägung bestanden hatte, als Kultur aber das Menschenwerk. Doch im Verlauf der lange währenden Umgestaltung von Landschaft entstand immer aufs Neue das Problem, zwischen Natur und Kultur zu unterscheiden.

Abb. 1-1 Hochgebirgslandschaft bei Grindelwald. Man erkennt Grünland im Tal und auf der Hochebene, Wälder, einen Wildfluss, Siedlungen, Straßen, ein Kieswerk. Alles gehört zur Landschaft.

So machte man sich oft keine genauen Gedanken darüber, ob der Zustand «vor den Menschen», den man für einen Naturzustand von Landschaft hielt, vor ihrer individuellen Lebenszeit, vor einem bestimmten Zeitalter oder vor der Entwicklung der Menschheit insgesamt bestanden haben sollte.

Damit war ein zweites Problem verbunden: Landschaften standen immer wieder unter anderen kulturellen Einflüssen und veränderten sich dadurch. Ein früherer Zustand von Landschaft wurde oft für «natürlich», «natürlicher» oder «naturnäher» gehalten, ein anderer, neuerer als «unnatürlich» oder «naturfern» bezeichnet. Eine solche Unterscheidung fußt aber nicht auf wissenschaftlichen Fakten, sondern war (und ist) von Ideen und Emotionen geprägt.

Daraus kann ein drittes Problem abgeleitet werden: Wandel ging nach Ansicht der Betrachter einer Landschaft offensichtlich vor allem von Menschen aus. Natur hielt man dagegen für das Beständige, das durch den Eingriff des Menschen, den Wandel der Kultur verändert oder zerstört wurde. Auch diese Ansicht beruht auf Emotionen und nicht auf kritischer Reflexion.

Mit all dem hängt ein viertes Problem zusammen: Die Interpretationen und Ideen, die die Menschheit zu Landschaften, zu deren möglicher Zerstörung, zu Natur und Kultur entwickelte, wurden von Jahrtausend zu Jahrtausend kulturell tradiert. Dabei verfestigten sich Vorstellungen und Ideen zu Natur und Kultur, die nicht auf einer wissenschaftlichen, sondern einer emotionalen Grundlage fußen.

An allen diesen Problemen kann eine wissenschaftliche Betrachtung von Landschaft ansetzen. Es geht darum zu klären, was eine Landschaft ist, wie sie von Natur und Kultur geprägt wurde und wird, welche Interpretationen und Ideen dazu entwickelt wurden und wie diese Gedanken in der Folgezeit auf das Verhältnis von Menschen zu ihrer Umwelt einwirkten. Stets darf nicht nur der heutige Zustand von Landschaft betrachtet werden, sondern Bedeutung hat auch ihr Wandel in der Vergangenheit, also ihre Geschichte. Nur dieser Teil des Wandels einer Landschaft kann klar dargestellt werden. Über ihren zukünftigen Wandel lässt sich dagegen trotz aller für objektiv gehaltenen Berechnungen, Simulationen und Modelle nur spekulieren.

Natur, Kultur und Interpretation

Bei der Betrachtung von Landschaft sind stets die drei Aspekte Natur, Kultur und Interpretation zu bedenken. Sieht man Landschaft als Ergebnis eines raumzeitlichen Kontinuums, bleiben Widersprüche zu landläufigen Ansichten über Natur und Kultur nicht aus. Jede Landschaft steht unter einem natürlichen Einfluss, aber Natur erweist sich in diesem Zusammenhang gerade nicht als beständig: Berge werden abgetragen und entstehen neu, Wasserläufe werden verlagert, Seen verlanden, Pflanzen wachsen und sterben ab, neue Tier- und Pflanzenarten tauchen auf, andere verschwinden.

Fast alle Landschaften sind auch von Kultur – oder, genauer, von materieller Kultur – geprägt, von Siedlungen, Landwirtschaft, Bergbau und Industrie oder Verkehrswegen. Flüsse wurden reguliert, man rang dem Meer Neuland ab und legte Stauseen an. Kultiviertes Land ist ebenfalls dem Wandel unterworfen, aber die Menschen, die Landschaften mit ihren kulturellen Einflüssen prägten, wollten damit immer etwas Dauerhaftes schaffen. Sie strebten Beständigkeit für ihre Siedlungen und Wirtschaftsflächen an, weil sie sich davon ein sicheres Leben und Überleben versprachen.

Keine Landschaft besteht nur aus diesen materiellen Elementen von Natur oder Kultur, sondern sie wird auch interpretiert oder bewertet, und zwar seit Jahrtausenden. Ergebnis dieses immer wieder unter anderen Einflüssen stehenden Reflexionsprozesses sind immaterielle Aspekte von Landschaft: Interpretationen, Ideen, Bilder oder Metaphern. Sie wurden von Generation zu Generation überliefert und beeinflussten das Denken in nachfolgenden Zeitaltern.

Natur in der Umwelt des Menschen lässt sich durch Kultur nie vollständig zurückdrängen: Auf einem (durch Kultur angelegten und bewirtschafteten) Acker lässt man Pflanzen wachsen, also einen natürlichen Prozess ablaufen, den man schließlich abbricht, um das Erntegut zur Nahrungsgewinnung zu nutzen. Gemeinsam mit Kulturpflanzen kommt Unkraut in die Höhe, Tiere können über angebautes Korn herfallen und die Ernte zerstören. All dieses sind natürliche Prozesse, die allerdings ohne den vorangegangenen Akt der Kultur, also das Anlegen des Feldes und das Ausbringen von Saat, nicht oder jedenfalls nicht so ablaufen können. Kultur in der Landschaft ist also immer im Zusammenhang mit Natur zu sehen.

Menschlicher Einfluss umfasst die Selektion von Kulturpflanzen und Haustieren, die künstliche Bewässerung, Rodung von

Abb. 1-2 Lüneburger Heide am Wilseder Berg: Eine Waldregion wurde durch Nutzung zur Heide, die viele Menschen für «schöne Natur» halten.

Wald und die Anlage von Feldern. All das sind kulturelle Leistungen, mit denen natürliche Prozesse ausgenutzt wurden und werden, vor allem das Wachstum von Pflanzen und Tieren. Zunächst entstanden allein durch natürliche Prinzipien, die auch ohne den Menschen wirkten, diejenigen Pflanzen und Tiere, die sich für eine Züchtung eigneten. Das Gedeihen von Pflanzen und Tieren blieb stets ein natürlicher Vorgang, ebenso wie das Wachstum von Unkraut, die Ausbreitung von Parasiten oder das erneute Aufkommen von Wald nach der Aufgabe einer Siedlung. Weitere natürliche Mechanismen, die auch nach einer Inkulturnahme von Land einwirkten, sind Erosion und Sedimentation, Bodenversalzung, Austrocknung von Böden, der Zerfall von Bauwerken der Menschen.

Manche Formen von Landnutzung, die stets eine kulturelle Leistung ist, werden für konform mit der Natur gehalten. Dabei stellt sich nicht nur das Problem einer begrifflichen Abgrenzung, sondern es kann daraus Unklarheit darüber erwachsen, was beim

Umgang mit Umwelt erlaubt ist und was nicht. Das gilt zum Beispiel dann, wenn die eine landwirtschaftliche Produktion für «natürlich», «biologisch» oder «ökologisch» gehalten wird, eine andere hingegen nicht. Dann kann es passieren, dass Gebiete unter «Naturschutz» gestellt werden, deren schützenswertes Bild eigentlich das Ergebnis von kulturellen Einflüssen ist; prominentes Beispiel dafür ist die Lüneburger Heide *(Abb. 1–2)*.

Bei diesem wenig differenzierten Umgang mit unserer landschaftlichen Umwelt ist es kaum möglich, gute Strategien für deren Zukunft zu entwickeln. Ohne klare Grundlage verschiebt sich die Entscheidungsgrundlage dazu nach Belieben. Wer legt fest, was in und mit Landschaft getan werden darf? Bei derartigen Entscheidungen kann es zu Willkür kommen: Dann wird auf undemokratischem Weg festgelegt, welcher Eingriff erlaubt ist, weil man ihn für «natürlich» oder «naturkonform» hält; anderes dagegen wird abgelehnt, weil es angeblich «der Natur» widerspricht oder schadet. Etwas zu tun, was «der Natur» dient, wird allgemein für ein Argument gehalten, mit dem man andere Ansichten übertrumpfen möchte. Dieses Handeln ist aber oft nicht rational zu begründen, Das, was wir als «Naturschutz» bezeichnen, schließt oft ein Eingreifen des Menschen ein, etwa durch Pflegemaßnahmen. Sie haben mit Natur nichts oder nicht viel zu tun, sondern sind Bestandteile der vom Menschen ausgehenden Kultur.

Der Begriff «Natur» – als Bezeichnung unserer Umwelt oder von deren Elementen – umfasst also eine doppelte Bedeutung. Natur ist einerseits das natürliche Prinzip, das hinter allen Entwicklungsprozessen der Erde, auch dem Leben steht. Andererseits gibt es eine «schöne Natur», für deren Stabilität sich Menschen einsetzen. Beide Ansichten über Natur widersprechen sich. Das natürliche Prinzip schließt das Werden und Vergehen von unbelebten Strukturen und des Lebens ein, die «schöne Natur» indessen soll sich gerade nicht wandeln, sondern gewissermaßen eine stabile Kulisse für das Leben der Menschen sein. Dies ist ein Widerspruch, mit dem ein Naturwissenschaftler nicht umgehen kann. Er kann nicht einerseits den natürlichen Wandel beschreiben oder erklären und sich andererseits für die Bewahrung von «schöner Natur» einsetzen. Aus wissenschaftlicher Sicht muss man vom Wandel der Natur, vom Werden und Vergehen ausgehen. Die Bewahrung von «schöner Natur» ist immer nur dann möglich, wenn man aus ästhetischen oder ethischen Gründen mit geeigneten (kulturellen) Mitteln gegen natürliche Entwicklungen vorgeht. Es stellt sich heraus, dass die Ansicht, etwas sei «schöne Natur», eine Interpretation einer bestimmten Landschaft ist: eine Metapher oder ein bildlicher Begriff, der auf der Grundlage einer Interpretation gewählt wurde.

Vom Raum zur Landschaft, von der Wahrnehmung zur Wissenschaft

Daraus lassen sich zunächst vier wichtige wissenschaftliche Aufgaben ableiten:

1) Es ist herauszufinden, wie sich Natur oder natürliche Einflüsse auf Strukturen der Umwelt auswirken, also auf den Raum, der die Menschen umgibt.
2) Der menschliche Einfluss ist zu charakterisieren, ganz gleich, ob er sich allein auf die Auswahl und den Anbau von Pflanzen und Tieren, die Umgestaltung von Räumen für die (land-)wirtschaftliche Nutzung oder die künstlerische Gestaltung von Gebieten bezieht.
3) Eigenschaften und Entstehung von Metaphern, die auf Interpretationen oder Ideen des im Raum Gesehenen basieren, sind als solche aufzudecken und zu charakterisieren.
4) Schließlich muss das Zusammenwirken dieser verschiedenen Faktoren dargestellt werden, wie es dem interpretierenden Betrachter des ihn umgebenden Raumes ins Auge fällt. Alle drei Komponenten, also das Wirken der Natur, der Eingriff des Menschen und die Interpretationen oder Ideen, die Menschen beim Betrachten ihrer Umwelt entwickelt haben, bestimmen Landschaft. Die beiden zuletzt genannten Komponenten, der Eingriff sowie die Interpretation, die mit Landschaft in Verbindung gebracht wird, sind unterschiedliche Aspekte von Kultur.

Was viele Menschen eigentlich schützen wollen, wenn sie für «Naturschutz» eintreten, ist *eine* Landschaft in ihrer konkreten, oft einmaligen Ausbildung und nicht *die* Natur. Dies muss verdeutlicht werden. Denn der Begriff «Landschaft» wird in unterschiedlicher Weise und häufig ebenso unscharf wie «Natur» gebraucht.

Landschaft als ein von Menschen erkannter Raum wird von einem Zentrum aus überblickt, dem Standpunkt des Menschen. Von dort reicht die Landschaft bis an den Horizont. Wo ihre Grenzen liegen, ist viel weniger wichtig, als von wo aus sie betrachtet wird. Landschaft als Raum, dessen man sich bewusst geworden ist, kann überall bestehen, im Gebirge und in der Ebene, auf dem Land oder auf dem Meer. Über Landschaft werden sich zunächst einzelne Menschen bewusst, also die Betrachter, die in ihrer Mitte stehen.

In einem nächsten Schritt lassen sich daraus Ansichten ableiten, die von einer Gruppe von Menschen akzeptiert werden. Dabei sind Kompromisse zwischen einzelnen Menschen notwendig, etwa denen, die Landschaft nutzen, und anderen, die sie «nur» betrachten wollen oder sie als Heimat auffassen. Ein intersubjektiver Kompromiss zwischen diesen Menschen kann zu einem Konsens über eine Landschaft führen. An diesem Referenzzustand für die landschaftliche Umwelt des Menschen sollten sich Planungen für die Zukunft eher orientieren als an «der Natur», an einem Naturzustand oder einer «Potentiellen Natürlichen Vegetation». In Landschaft sollte nicht nur Natur bewahrt werden. Auch die Kulturleistungen, die zur Herausbildung von Landschaften führten und führen, verdienen Schutz. Stets sind natürliche Prozesse, kulturelle Eingriffe sowie die entsprechenden Interpretationen und Ideen zu bedenken, wenn es um den Schutz von Landschaft geht, nie nur deren «Natur».

Die intersubjektive Einigung über einen Referenzzustand von Landschaft ist keineswegs einfach. Vielleicht ist es sogar eine Utopie, dies als die Basis für die Entwicklung einer Zukunft von Landschaften anzusehen. Doch es gibt keine Alternative dazu. Als Konsequenz daraus bewahrt man den immateriellen Teil von Landschaft: Man bringt Menschen dazu, ihre Ansichten von

Landschaften einander mitzuteilen. Dies ist ein wichtiger Teil von alltäglicher Kommunikation: Treffpunkte für gemeinsame Wege werden vereinbart, Erinnerungen, Sagen, Märchen ausgetauscht oder die besonderen Stimmungen kommuniziert, die man mit einzelnen Landschaften verbindet.

Landschaft ist zwar eine besonders charakterisierte Umwelt außerhalb der Menschen, entsteht aber in ihnen, «im Kopf», als das, was nicht nur in der Umgebung gesehen, sondern auf dessen Grundlage erkannt und geistig konstruiert wird. Das kann die Gestalt eines Bildes, einer Landkarte, einer Erzählung oder Beschreibung oder auch lediglich einer Vorstellung annehmen, die Grundlage für eine neue Interpretation wird.

In allen ihren drei Dimensionen – Natur, Kultur und Idee – betrachtet, kann Landschaft zum Thema einer Wissenschaft werden, der Landschaftswissenschaft.

Die Analyse einzelner Elemente ist der eine wichtige Bestandteil der Landschaftswissenschaft. Mindestens ebenso wichtig ist die Synthese, die Aufdeckung von Zusammenhängen, die sich aus der Interpretation der Einzelheiten ergibt. Nur mit der Absicht, zu einer Synthese zu kommen, kann man – einer bekannten Definition von Landschaft durch Alexander von Humboldt[1] folgend – den «Totaleindruck einer Gegend» in sich aufnehmen.

Bei der landschaftswissenschaftlichen Synthese steht das, was bereits geschehen ist, und das, was im Moment abläuft oder zu erkennen ist, im Zentrum; denn nur dafür gibt es klare Evidenzen. Konkrete Einzelheiten werden betrachtet, aber nicht simuliert. Auch die Modellierung zukünftiger Entwicklungen von Landschaft ist zunächst nicht das zentrale Anliegen von Landschaftswissenschaft. Das Modellieren oder Planen von Landschaften sollte stets auf einem vorausgegangenen Prozess des Erfassens oder Analysierens von Strukturen und des Aufdeckens von Zusammenhängen aufbauen, die zwischen ihnen evident werden.

Landschaft stand und steht immer in einem sich mit der Zeit wandelnden systemischen Zusammenhang mit der Landnutzung, auf die politische, wirtschaftliche und soziokulturelle Gegebenheiten einwirken *(vgl. Abb. 10-1)*. Modellierungen führen lediglich zu

Vermutungen, wie sich Landschaften unter derzeitigen systemischen Bedingungen weiterentwickeln würden, nicht aber zu Aussagen darüber, wie dies unter dem Einfluss sich wandelnder Komponenten von Systemen vor sich gehen könnte. Diese hängen von neuen, auch unerwarteten Entwicklungen von Natur, aber auch von Veränderungen der Kultur, von technischen und gesellschaftlichen Innovationen in der Zukunft ab, deren Charakter man in der Gegenwart noch nicht kennen kann. Allerdings lassen sich auf einer Argumentationsbasis, wie sie die Landschaftwissenschaft bereitstellt, Anforderungen an ein künftiges System von Landschaft formulieren.

Landschaftswissenschaft und Landschaftsplanung

Die Beschäftigung mit Landschaftswissenschaft steht als logischer Schritt vor jeglicher Landschaftsplanung. Prognosen zur Landschaftentwicklung und -planung können auf Erkenntnissen der Landschaftswissenschaft aufbauen. Landschaftswissenschaft ist dabei aber von der Landschafts- und Raumplanung[2] und deren Theorien abzugrenzen. Während in der Landschaftswissenschaft derzeit bestehende Evidenzen und Zusammenhänge sowie deren historisches Werden untersucht und in eine logische Folge oder eine Kausalkette im Sinne einer Geschichte, einer «Story», gebracht werden, geht es in der Landschaftsplanung um Ideen für die Zukunft, die vor allem aus gesellschaftlichen Bedürfnissen und dem derzeitigen Zustand der Landschaft, weniger aus deren Geschichte abgeleitet werden.

Insbesondere der ihrem derzeitigen Zustand vorausgegangenen Entwicklung wurde bei Planung von Landschaft immer wieder zu wenig Beachtung geschenkt. Man machte sich nur selten klar, was in einer Landschaft dauerhaft besteht und was einem steten Wandel unterworfen ist, also (gegen das Prinzip von Werden und Vergehen der Natur!) gepflegt werden müsste, wenn man dessen dauerhaften Bestand anstreben möchte. Negiert man dies,

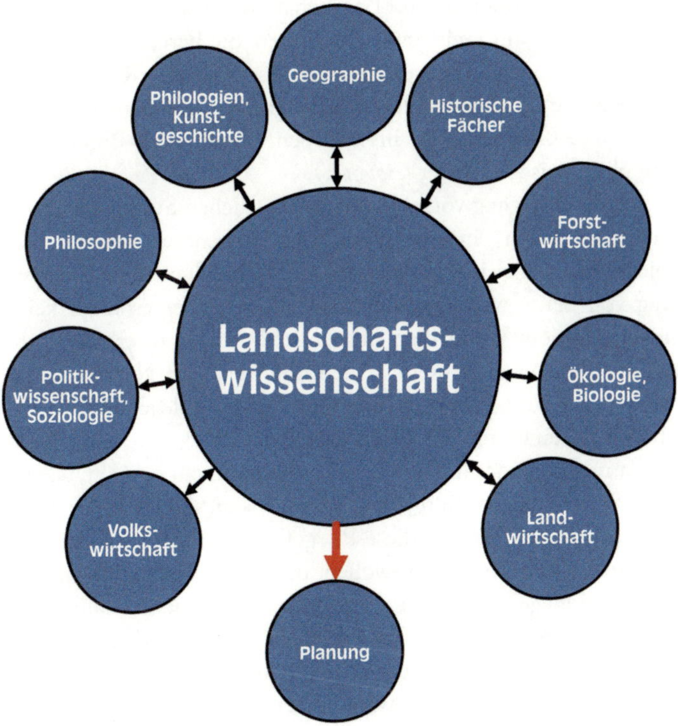

Abb. 1-3 **Stellung der Landschaftswissenschaft zwischen ihren Nachbarfächern. Sie ist Grundlage für die (Landschafts-)Planung.**

plant man womöglich Strukturen, die anschließend nicht erhalten bleiben oder nicht erhalten bleiben können. Gute Planung sollte also konsekutiv auf einer detaillierten Erfassung des Werdens und des Zustandes von Landschaften aufbauen, wie sie von der Landschaftswissenschaft geleistet wird.

Hier liegt eine große Bedeutung der Landschaftwissenschaft. Sie braucht eine eigene disziplinäre Stellung separat von den Planungsfächern; die Tätigkeit des Landschaftswissenschaftlers muss der Planung vorausgehen. Landschaftswissenschaft steht zwischen Natur- und Geisteswissenschaften. Sie berührt Fächer, die traditionell voneinander separiert in diesen beiden «Reichen» der Wissenschaften angesiedelt sind: Geographie, Geologie und Biologie bzw. Ökologie, die historischen Disziplinen, Philosophie und philologische Fächer *(Abb. 1–3)*.

Beim Übergang von einem landschaftlichen System zu einem anderen können einzelne Strukturen umgenutzt werden; beispielsweise kann ein Handelsweg des Mittelalters zum Wanderweg von heute werden. Andere Strukturen aber erhalten keine neue Funktion. Wenn man sich entschließt, sie zu erhalten, obwohl sie im neuen System keinen unmittelbaren Nutzen haben, werden sie zum Denkmal und damit zum Pflegefall. Das gilt ebenso für eine orchideenreiche Viehweide, die man im Systemzusammenhang der intensiven Viehhaltung nicht braucht, wie für die mittelalterliche Burg, von der aus kein Handelsweg mehr überwacht wird. Für alle diese Pflegefälle benötigt man klare Bekenntnisse, sie erhalten zu wollen; die Institutionen, die sich für Denkmalpflege und Naturschutz einsetzen, brauchen dafür landschaftswissenschaftliches Grundlagenwissen. Inhaltliche Zusammenhänge sind deutlich zu machen, in die schützenswerte Strukturen einmal eingebunden waren. Das ist eine wichtige Basis für deren Zukunft: Eine orchideenreiche Viehweide lässt sich am besten dadurch vor dem natürlichen Wandel bewahren, dass man die Art und Weise der Nutzung aus einem überkommenen System fortsetzt oder künftig simuliert.

Der Inhalt dieses Buches

Auf diese und weitere Anwendungen der Landschaftswissenschaft wird am Ende des Buches zurückzukommen sein. Zunächst sollen Definitionen und Methoden des Faches präsentiert werden. Anschließend geht es um die Darstellung von einzelnen Komponenten, die Landschaft entstehen lassen, vor allem aus den Bereichen der Natur und deren Nutzung durch Menschen bzw. der Kultur.

In weiteren Kapiteln werden Systeme von Natur und Kultur dargestellt, in denen Landschaften in typischer Weise geprägt wurden. Sie bestanden nacheinander und eine Zeitlang auch nebeneinander, ohne miteinander kompatibel gewesen zu sein. Letzteres ist für die Entwicklung der Systeme und die Auseinandersetzungen zwischen Menschen, die in sie eingebunden waren, sogar noch entscheidender. Aus Missverständnissen entwickelten sich wichtige Metaphern. Sie nahmen Einfluss auf das Handeln von Menschen, und zwar auch in späterer Zeit, über den Zeitraum des Bestehens eines systemischen Gegensatzes hinaus. Sie sind bis heute im Bewusstsein der Bevölkerung präsent geblieben. Ein prominentes Beispiel dafür sind die Ansichten, die sich an die Konflikte zwischen Römern und Germanen im Zusammenhang mit der sogenannten Varusschlacht knüpfen: In Germanien soll es ausgedehnte Wälder gegeben haben, in denen ein Volk lebte, das die Römer besiegte. Lag das aber an den Wäldern? Gab es überhaupt landschaftliche Ursachen dafür, warum die Römer in der Zeit um Christi Geburt das Land nordöstlich des Rheins nicht erobern konnten?

Es kommt darauf an, Interpretationen wie diese als solche zu erkennen und sie von «harten» wissenschaftlichen Fakten zu unterscheiden. Auch dazu ist wissenschaftliche Anstrengung notwendig.

Zielgruppen

Das Buch richtet sich nicht nur an Landschaftswissenschaftler, die einer noch sehr jungen Disziplin angehören, welche zwischen natur- und kulturwissenschaftlichen Fächern steht *(Abb. 1-3)*. Landschaftswissenschaft gehört zwar in den Kontext von Kulturwissenschaften, weil Landschaft – als Ergebnis einer Reflexion, die zur Interpretation führen kann – immer ein Teil von Kultur ist. Aber sie kann nur von Experten betrieben werden, die (auch) naturwissenschaftlich ausgebildet sind. Diese Grundlage schafft das Verständnis für die Prozesse und die Vielfalt von Natur. Landschaftswissenschaftler sollten Tier- und vor allem Pflanzenarten identifizieren können und mit Grundlagen der Bodenkunde vertraut sein.

Jede Zielgruppe wird in diesem Buch möglicherweise nach anderen Inhalten suchen. Vor allem geht es um die Herstellung der Zusammenhänge von Landschaft, und zwar in Raum und Zeit *(Abb. 1–4)*.

Für Geographen ist es wichtig, ihre Untersuchungsergebnisse im Raum mit historischen Evidenzen in Beziehung zu setzen; Gleiches gilt für Ökologen oder Biologen. Historiker und Vertreter anderer historischer Fächer wie zum Beispiel der Vor- und Frühgeschichte müssen die zeitlichen Entwicklungen, die sie in den Mittelpunkt ihrer Betrachtungen stellen, um den räumlichen Bezug ergänzen, um ihre Disziplin zu einer Landschaftswissenschaft werden zu lassen. Für Land- und Forstwirte, auch für Vertreter des Faches Volkswirtschaftslehre sind landschaftswissenschaftliche Resultate deshalb wichtig, weil sie auf die Grundlagen des Wirtschaftens im Raum verweisen und außerdem aufzeigen können, wie es sich im Lauf der Zeit entwickelte und veränderte. Dabei ist zu bedenken, dass das Wirtschaften in der heutigen Zeit und in der Zukunft durch frühere Tätigkeit im Raum erheblich beeinflusst sein kann, etwa durch zeitweilige Übernutzung, Umnutzung oder Aufgabe von Wirtschaftsräumen.

Landschaftswissenschaft kann noch eine weitere sehr wichtige Aufgabe für Land- und Forstwirtschaft erfüllen: Mit ihren Grundlagen lässt sich die Tätigkeit des in der Landschaft wirtschaftenden Menschen besser und klarer kommunizieren. Diese Aufgabe wird immer wichtiger in einer Zeit, in der nur noch sehr wenige Menschen einen unmittelbaren Bezug zu Land- und Forstwirtschaft haben und meinen, dass sich moderne Formen der Landnutzung immer weiter «von der Natur» entfernen, obwohl Land- und Forstwirte weiterhin davon überzeugt sind, dass sie «mit der Natur» produzieren. Ohne begriffliche Klärungen kann es auf dieser Basis nicht zu einem Dialog zwischen Landnutzern, deren Kunden und deren Gegnern kommen; denn alle Beteiligten gehen von unterschiedlichen Natur- und Landschaftsbegriffen

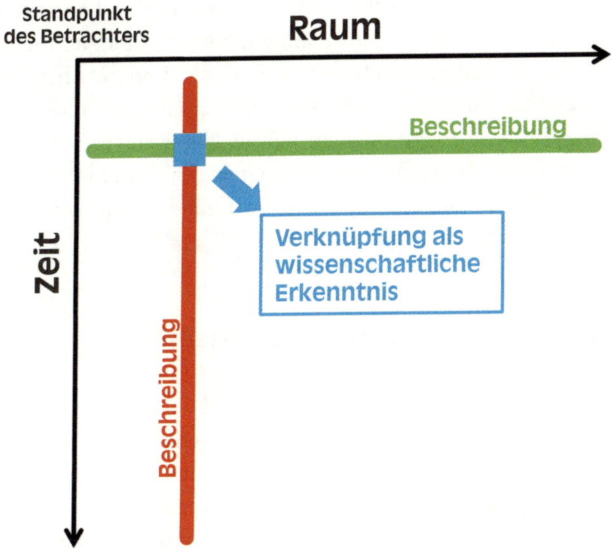

Abb. 1-4 **In der Landschaft werden räumliche und zeitliche Komponenten deutlich, die miteinander zu verknüpfen sind.**

aus. Die Landschaftswissenschaft kann hier entscheidend zur begrifflichen Klärung beitragen.

Für Philologen, und darunter wohl vor allem Kunsthistoriker, mag von Interesse sein, wie die Realität im Bild, das der Künstler auf der Leinwand entstehen lässt, gespiegelt wird. Landschaftswissenschaft ist eine Basis für Architektur, Raumplanung, Landschaftsplanung und -architektur. Planer sollten sich darüber im Klaren sein, dass sie in einem Raum agieren, der durch zahlreiche natürliche Gegebenheiten und sehr lange währende Gestaltung des Menschen geprägt ist. Sie dürfen nicht nur auf andere planerische Größen (z.B. Bevölkerungsentwicklung) oder auf künstlerische Aspekte ihrer Tätigkeit Rücksicht nehmen, sondern sollten auch die besonderen Gegebenheiten eines Raumes kennen, wie sie von der Landschaftswissenschaft erschlossen werden.

Denkbar sind zahlreiche weitere Fächer, die an Landschaftswissenschaft interessiert sein könnten, etwa Soziologie, Philosophie oder Politikwissenschaften. Denn die Landschaftswissenschaft eröffnet einen neuen Blick auf das Verhältnis von Menschen zu ihrer Umwelt. Diese ist nicht nur als Natur zu verstehen, sondern als Landschaft, die von mannigfaltigen Zusammenhängen zwischen Natur und Kultur sowie dazu gehörenden Reflexionen und Interpretationen geprägt ist.

Bedeutung von Landschaftswissenschaft

Landschaftswissenschaft ist ein junges und daher noch wenig entwickeltes Fachgebiet. Sie entspricht nicht genau einem der bislang bekannten Fächer, etwa der Geographie, der Ökologie oder der Kunstgeschichte, sondern es geht bei ihr immer um die Synthese, auch um die Kombination von Wissen aus verschiedenen Fächern.

Die wissenschaftliche Beschäftigung mit Landschaft, wie sie in diesem Buch vorgestellt wird, beginnt in einer Zeit, in der die Zahl der Menschen abnimmt, die unmittelbar etwas mit der Entstehung von Strukturen in der Landschaft zu tun hat. Noch vor wenigen Jahrzehnten war die Situation völlig anders: Damals arbeiteten die meisten Menschen direkt mit und innerhalb der Landschaft, wie wir heute im Rückblick sagen würden, und zwar in der Land- oder Forstwirtschaft. Dabei standen stets ihre Tätigkeit und Arbeit im Mittelpunkt, vor allem die Produktion von Nahrungsmitteln und anderen lebenswichtigen Gütern. Heute braucht man einen anderen, neuen Zugang zu Landschaft, der eher von Ästhetik oder auch einer wissenschaftlichen Analyse und Synthese geprägt ist, auf deren Grundlage man Landschaft erklären kann. Dabei lässt sich Verständnis für das Handeln einzelner Akteure im Raum wecken, unter anderem für das der Land- und Forstwirte sowie der Planer von Siedlungen, Fabrikanlagen und Verkehrswegen. Immer mehr Menschen wollen bei solchen Planungen mitreden. Das setzt aber voraus, dass sie darüber informiert sind, was in «ihrer» Landschaft geschieht.

2 Was ist Landschaft?

Ein Begriff mit mehreren Bedeutungen

Der Begriff «Landschaft» hatte – ebenso wie «Natur» – im Lauf der Jahrhunderte unterschiedliche Bedeutungen.[3] Schon in früher Zeit gab es in China einen Begriff, der «Landschaft» bezeichnete: «Shanshui» setzt sich aus zwei Schriftzeichen zusammen, dem für Berg, das drei Bergrücken anzeigt, und einem anderen für fließendes Wasser.[4] Der gleiche Begriff kann auch die traditionelle chinesische Landschaftsmalerei bezeichnen.[5]

Eine genaue Entsprechung zu einem solchen Landschaftsbegriff gab es in der abendländischen Antike nicht. Man sprach damals von Territorien, Gebieten oder Regionen, wenn man ein Stück Land bezeichnen wollte. Aber man hielt bereits das peloponnesische Hirtenland Arkadien mit dem Fluss Eurotas für eine ideale Landschaft; Vergil übertrug in seinen «Bucolica»-Gedichten den Namen dieser Gegend auf ein bukolisches Süditalien.[6] Im Mittelalter verwendete man «Landschaft» zunächst gelegentlich als Synonym zu Begriffen, die in der Antike bereits geographische Räume bezeichnet hatten. Territorien, Gebiete oder Regionen sind von ihren äußeren Grenzen her definiert; oft entsprachen sie Herrschafts- oder Besitzbereichen, die vor allem von ihren Umgrenzungen her gesehen wurden. Das Gebiet war das Land, über das ein Herrscher gebot; daher besteht eine sprachliche Verwandtschaft zwischen dem Substantiv «Gebiet» und dem Verb «gebieten». Dass der Begriff Landschaft mit ähnlicher Bedeutung verwendet wurde, zeigt die Definition «Landtschaft, als weit ein Statt oder Herr zu regieren und ze bieten hat» aus dem 16. Jahrhundert.[7] Es gibt auch die alte Vorstellung, die Landschaft umgäbe die Stadt und sei ein Gegensatz zu ihr; in Basel wird noch heute zwischen den Halbkantonen Basel Stadt und Basel Land oder Basel Landschaft unterschieden. Damit verwies man auf einen Gegensatz zwischen Stadt und Landschaft. Die Vorstellung von diesem Gegensatzpaar hat sich bis heute latent gehalten, und sie wird daher auch heute noch gelegentlich mit dem Landschaftsbegriff verbunden. Dies ist aber nicht konsequent, denn Städte werden schon seit langer Zeit in Landschaften einbezogen, etwa auf Ansichten von Florenz oder Dresden, dem «Elbflorenz» *(Abb. 2-1)*.

Landschaft bezeichnete im Mittelalter nicht nur einen Raum, sondern auch dessen Bewohner, die vielerorts in Landständen oder Landschaften organisiert waren. Zu den Landständen gehörten Adlige oder Ritter, Bürger und Bauern.

All diesem steht ein anderer Landschaftsbegriff gegenüber, der sich seit der Renaissance entwickelte und im Lauf der Zeit immer größere Bedeutung gewann. Mit diesem Landschaftsbegriff wurde aber offensichtlich kein Wissen aus der Antike wiederentdeckt, was ja eigentlich mit dem Begriff «Renaissance» umschrieben wird, sondern eine neue Geisteshaltung entwickelt; sie lässt sich jedenfalls nicht aus antikem Gedankengut ableiten. Vielleicht aber wirkte die eingangs genannte Vorstellung von Landschaft aus dem alten China über die Vermittlung von Entdeckungsreisenden wie Marco Polo auf das Abendland ein. Marco Polo war zu Ende des 13. Jahrhunderts aus China nach Italien zurückgekehrt, und seine Reiseberichte wurden bald sehr populär: «Am dritten Tag gelangt man zum wichtigen Flusse Caramoran […]. Merkt euch: der Strom ist eine Meile breit und sehr tief, so daß er von schweren Schiffen befahren werden kann. Viele und große Fische schwimmen in seinem Wasser […]. Von unserem jetzigen Standpunkt aus beträgt die Entfernung zur Küste einen Tag. Auf der ganzen Strecke gibt es beidseitig befestigte Ufersiedlungen.»[8] Marco Polo erwähnte hier Charakteristika von Natur, er ging auf deren Gestaltung durch den Menschen ein, und er reflektierte über die Landschaft, indem er die Entfernung zur Küste mitteilte. Dies könnte als eine im Mittelalter neuartige Sicht auf Landschaft aufgefasst werden. Europa erfuhr aus Marco Polos Berichten auch etwas über chinesische Gärten, aber seine Beschreibungen waren vermutlich zu allgemein, als dass von ihnen ein wichtiger Impuls

Abb. 2-1 Gaspare Vanvitelli (Caspar von Wittel; 1653–1736): «Ansicht der Stadt Florenz von den Cascinen». – Die Stadt wird als Teil von Landschaft dargestellt.

für die Gartengestaltung und damit verbunden das Landschaftsverständnis ausgegangen sein sollte.[9]

Der Dichter Francesco Petrarca bestieg wenige Jahrzehnte später, im Jahr 1336, den Mont Ventoux in den französischen Alpen; seine Schilderung dieses Ausflugs gilt als älteste Darstellung einer Landschaft im modernen Sinn. Petrarca blickte vom Berggipfel, von einem zentralen Punkt aus, auf Erscheinungen der Natur und darauf, was Menschen aus ihrer Umwelt gemacht hatten. Von seinem Standpunkt aus konstruierte er Zusammenhänge zwischen den gesehenen Einzelheiten und stellte seine Person und vor allem sein Bewusstsein in Beziehung zu dem, was er sah. Petrarca reflektierte über den Raum und ließ in seinem Kopf Landschaft entstehen: «Der Grenzwall der gallischen Lande und Hispaniens, der Grat des Pyrenäengebirges, ist von dort nicht zu sehen, nicht daß meines Wissens irgendein Hindernis dazwischenträte – nein, nur infolge der Gebrechlichkeit des menschlichen Sehvermögens. Hingegen sah ich sehr klar zu Rechten die Gebirge der Provinz von Lyon, zur Linken sogar den Golf von

Marseille, und den, der gegen Aigues-Mortes brandet, wo doch all dies einige Tagesreisen entfernt ist. Die Rhone lag mir geradezu vor Augen. Dieweil ich dieses eins ums andere bestaunte und jetzt Irdisches genoß, dann nach dem Beispiel des Leibes auch die Seele zum Höheren erhob, schien mir gut, in das Buch der Bekenntnisse des Augustin hineinzusehen.»[10] Die Reflexion ist dabei die Voraussetzung für das Erkennen und die anschließend mögliche Darstellung von Landschaft in Wort oder Bild.[11]

Landschaft und Garten

Im Zeitalter der Renaissance wurden in Italien Gärten auf eine Weise gestaltet, die ebenfalls eine Reflexion über Landschaft ermöglichte. Ein wichtiger Teil des Italienischen Gartens war ein Aussichtspunkt, das Belvedere *(Abb. 2-2)*, von dem aus man die mehr oder weniger weitläufigen Parkanlagen überblickte. Doch man sah von dort aus nicht nur auf gestaltetes Gartengelände, sondern auch auf die Umgebung des Gartens; man blickte also genauso wie Petrarca auf den gesamten Raum von einem erhöhten Standpunkt aus und hatte die Möglichkeit, durch Reflexion daraus eine Landschaft zu konstruieren.[12]

Jeder Garten weist ein Charakteristikum auf, das oft versteckt werden soll: Er hat eine Grenze und wird von ihr aus definiert, ebenso wie die Stadt oder das Gebiet. Die Grenze wird gebraucht; denn demjenigen, der einen Garten anlegt, muss klar sein, bis zu welcher Grenze er gestalterisch tätig sein soll, kann oder darf. Doch geht es auch darum, einen Landschaftseindruck vom Garten aus auf das Umland zu ermöglichen, und das wird deutlich, wenn man das Belvedere als zentralen Aussichtspunkt des Gartens oder Parks versteht. Der Blick des Betrachters reicht über die Grenzen des Gartens hinaus, auch wenn er darüber im Unklaren gelassen wird, wo genau diese Grenzen liegen. Es soll möglichst der Eindruck eines unbegrenzten Raumes entstehen. Der Garten ermöglicht damit das Erkennen von Landschaft, unterscheidet sich aber von ihr. Denn für Landschaft ist primär der Standpunkt

Abb. 2-2 Vom Garten der Villa Carlotta am Comer See blickt man auch auf die spektakuläre Umgebung. Wo der Garten endet, spielt für den Betrachter keine Rolle.

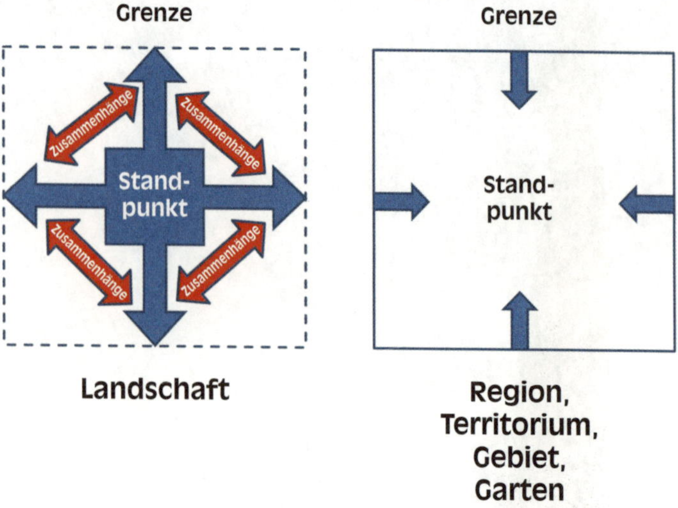

Abb. 2-3 Landschaft und die in ihr bestehenden Zusammenhänge werden von einem Zentrum aus erkannt. Region, Territorium, Gebiet und Garten definiert man dagegen von ihren Grenzen her.

des Betrachters entscheidend, für die Anlage des Gartens – genauso wie für die Region oder das Gebiet – aber darüber hinaus der Zaun als äußere Begrenzung *(Abb. 2-3)*.

Landschaft als Werk des «Landschafters»

Zunächst war derjenige, der eine Landschaft erkannte und darstellte, vor allem der Maler. Er bannte das Gesehene nach gedanklicher Durchdringung auf eine Leinwand. In der Diktion des 18. Jahrhunderts, als Landschaft erstmals als Kategorie von Malerei genannt wurde, war ein solcher Künstler ein «Landschafter», und die Landschaft war das, was auf seiner Leinwand entstand.[13] Land-

Abb. 2-4 Oland, eine Hallig an der Nordsee, liegt in einer spektakulären Landschaft, die jederzeit von Meeresüberflutung bedroht ist.

schaft wird daher als die «künstlerische, bildliche Darstellung einer [...] Gegend» im Deutschen Wörterbuch von Jacob und Wilhelm Grimm erklärt.[14] Die Landschaft als Bild ist stets das Resultat der Reflexion über Natur und menschliche Gestaltung des Raumes. Darin gehen Interpretationen oder Erfahrungen, kulturelle Konstruktionen, Vorstellungen oder Metaphern ein, beispielsweise über das Paradies, Arkadien und die Natur.

Vielleicht weil das Malen eines Landschaftsbildes einen erheblichen Aufwand bedeutete, kam es für einen «Landschafter» zunächst nicht in Frage, jeden beliebigen Raum zu skizzieren, und er konnte nicht jede Skizze zu einem Gemälde werden lassen. Vor allem in der Anfangszeit der Landschaftsmalerei wählte er seine Motive mit Bedacht aus. Das Spektakuläre oder Erhabene faszinierte ihn besonders. Deswegen machte er es zum Objekt seiner Kunst: den Fels oder Berg, einen Wasserfall, eine Schlucht, den Glut speienden Vulkan, die unermessliche Weite einer Ebene *(Abb. 2-4)*.

Texte des 18. Jahrhunderts, in denen Landschaft dargestellt wird und die man als frühe Grundlagen der modernen Geographie betrachten kann, sind Reflexionen über Strukturen von Natur und Kultur im Raum, die zu Interpretationen führen können. Ihre Verfasser sahen diese Strukturen von bestimmten Standpunkten aus und verknüpften das Gesehene mit Grundlagen ihres Erfahrungsschatzes. Jede schriftliche Darstellung von Landschaften lässt sich mit einem Landschaftsbild vergleichen. Schriftliche Landschaftsbilder oder «Naturgemälde» verfassten unter anderem Albrecht von Haller[15] und Alexander von Humboldt.[16] Ebenso wie Landschaftsmaler beschrieben sie Landschaften mit ihrer Natur sowie das in Landschaft erkennbare Menschenwerk, reflektierten darüber und wählten auf Grundlagen von Ideen interpretierende Metaphern, um Landschaft darzustellen.

Auf dem Weg zur Einteilung von Landschaften

Albrecht von Haller und anderen fiel auf, dass sich in Abhängigkeit von der Höhenlage in den Schweizer Bergen unterschiedliche Typen von Landschaft und Vegetation finden ließen, die ihre Entsprechung in den verschiedenen Landschaftsgürteln von Europa zwischen dem Mittelmeer und der Polarregion hatten.[17] Man sah diverse Naturerscheinungen und Formen von Nutzung durch den Menschen in Abhängigkeit von physischen Faktoren; man erkannte bestimmte Typen von Landschaft und Vegetation, und anschließend bemühte man sich herauszufinden, bis zu welcher Höhenlage oder bis zu welcher geographischen Breite die Landschaft und deren Vegetation dem festgelegten Typ zugeordnet werden konnte. Alexander von Humboldt befasste sich sehr intensiv mit dieser Idee. Die Verbreitungsgebiete von Landschaftstypen sollten auf Landkarten voneinander abgegrenzt werden. Humboldt kündigte in seinen «Ideen zu einer Geographie der Pflanzen»[18] an mehreren Stellen an, dass er demnächst eine Landkarte zu einem bestimmten Thema veröffentlichen wolle – was aber nicht geschah.

Vielleicht beließ er es bei der schriftlichen Form der Abgrenzung von Vegetations- oder Landschaftstypen, weil er sah, dass Abgrenzungen auf Landkarten viel strikter empfunden werden konnten als in der schriftlichen Darstellung. Auf seinem berühmten Profil des Chimborazo, der seinem Werk beigelegt ist, sind die einzelnen Landschaftstypen nicht immer scharf voneinander abgegrenzt; dies entsprach sicher den Verhältnissen vor Ort. Die Abgrenzungen waren ursprünglich wohl nicht als materielle Grenzlinien zu verstehen, die im Raum tatsächlich existierten. Aber man brauchte sie, um den Raum insgesamt und dessen einzelne Teile beschreiben zu können. Derartige Grenzen, die man in Landkarten eintrug, sind Ausdruck einer immateriellen Idee. Materiell werden sie nur auf der Landkarte.

Eine Landkarte kann man – im Sinne Humboldts – ebenfalls als ein Landschaftsbild oder Naturgemälde auffassen, das von einem bestimmten Standpunkt aus entworfen wurde; die Karte enthält Grenzen, die aus der Interpretation des Gesehenen abgeleitet werden, aber nicht materiell bestehen. Der Standpunkt des Zeichners einer Landkarte ist nicht mit dem Ort gleichzusetzen, von dem aus man die konkrete Landschaft überblickt, und das gesamte Gebiet, das man auf einer Landkarte als Landschaft beschreibt, muss ebenfalls nicht in konkreter Weise überblickt werden können. Der Standpunkt, von dem aus eine Landkarte entwickelt wird, ist hier in einem abstrakteren Sinn als der Ort aufzufassen, von dem aus man wissenschaftlich argumentiert und Landschaften kategorisiert sowie deren Grenzen festlegt; dies ist eher der Schreibtisch des Wissenschaftlers oder der Zeichentisch des Kartographen. Auf einer solchen Landkarte ist mithin auch nur dargestellt, was man als eine erschlossene oder abstrakte Landschaft bezeichnen kann. Landkarten können einem bestimmten Thema gewidmet sein, das man besonders herausstellen möchte. Humboldt wählte bei vielen Darstellungen die schriftliche Form, zeichnete aber selbst keine Landkarten dazu; den Atlas zu seinem «Kosmos» gab er nicht selbst heraus.[19]

Die Landkarte als kulturelle Interpretation

Im späten 18. und frühen 19. Jahrhundert wurden zahlreiche auch im heutigen Sinne genaue Topographische Karten gezeichnet. Angaben auf ihnen wurden exakt in ein geometrisches Netz von Triangulationspunkten einbezogen; Höhen wurden nach verschiedenen Methoden genau bestimmt. Auf diesen Karten sind Angaben zu Uferlinien, Flüssen und Seen sowie zu den Grenzen zwischen Wald und Offenland vermerkt, die man als detailgetreu erachtete. Landschaften wurden auf diesen Karten wieder zu Territorien, die klar begrenzt waren – wie der alte Begriff aus dem Mittelalter besagt. Innerhalb der Geographie ging man mehr und mehr dazu über, Landschaften von ihren Grenzen her zu definieren. Solche Landschaften bestehen aber weder materiell in unserer Umwelt noch konkret auf einem Landschaftsgemälde. Sie sind vielmehr abstrakt erschlossene Gebilde. Klar unterschieden werden muss hier zwischen den in unserer Umwelt existierenden Elementen und den auf Ideen beruhenden abstrahierenden Interpretationen, die auf einer Landkarte zu sehen sind. Diesen Unterschied verstand man aber in der Zeit nach der Mitte des 19. Jahrhunderts immer weniger: Mehr und mehr wurde die Landschaft auf der Landkarte für eine objektiv bestehende Größe gehalten, und dem Anschein nach entwickelten sich verschiedene Landschaftsbegriffe auseinander.[20]

Dies ist aber ein Missverständnis. Landschaft ist immer mit einer Interpretation verbunden, ganz gleich, ob sie auf dem Bild eines Malers oder auf einer Landkarte dargestellt wird. An einem Beispiel wird das klar: Die Grenze zwischen Land und Meer kann auf dem Landschaftsgemälde eines Malers genauso dargestellt sein, wie er sie im Moment des Erfassens der Landschaft wahrgenommen hat. Er kann aber, wenn dies seinen Intentionen nicht entspricht, den Spülsaum des Wassers auch verlegen; diese Freiheit hat er, und er wird ihr folgen, wenn diese Interpretation das, was er mit seinem Bild ausdrücken möchte, deutlicher macht. Die Küsten- oder Uferlinie auf einer Landkarte ist damit nicht vergleichbar. Sie ist keine Linie, die in einem bestimmten Augenblick bestanden hat, sondern eine Konvention, die sogenannte «Normalnull-Linie», und somit ebenfalls eine Interpretation. Küsten- und Uferlinien sind von Natur aus nicht stabil, sondern verändern sich erheblich, schon unter dem Einfluss von Ebbe und Flut, dazu durch Wind und Witterung. Der ständige Wandel der physischen Grenze zwischen Land und Meer kann auf einer Landkarte nicht eingetragen werden; das kann nur die abstrahierte und daher interpretierte Linie. Es wird deutlich: Das Bild und die Landkarte werden beide von Interpretationen beeinflusst. Die jeweiligen Intentionen unterscheiden sich zwar, aber auch nicht grundsätzlich.

Alle Landschaftsgrenzen auf Landkarten beruhen auf Interpretationen und Konventionen. Konventionen sind Veränderungen unterworfen. Daher können sich auch die interpretierten Grenzlinien auf Landkarten verändern. Dies kann zur Folge haben, dass sich die Flächengrößen bestimmter durch Konvention definierter Landschaften der Landkarte im Lauf der Zeit verändern. Das Gebiet der Alpen ist so groß wie alles, was man für die Alpen hält.

Ein Fluss wie die Elbe ist so lang wie die Strecke von derjenigen Quelle, die man als den Beginn des Flusslaufs ansieht, bis zur Mündung des Flusses ins Meer. In der Antike fasste man wohl die Moldau als den Oberlauf der Elbe auf; die Elbe mit diesem Oberlauf wäre um einiges länger als der heute so genannte Fluss mit einer Quelle, die im Riesengebirge liegt. Besonders problematisch ist es, das Ende eines Flusses objektiv festlegen zu wollen, der in ein von Gezeiten beeinflusstes Meer wie die Nordsee mündet. Das Ende des Flusses könnte dort liegen, wo die Flutströmung und die Flussströmung aufeinandertreffen; in Abhängigkeit vom konkreten Wasserstand des Meeres ist dies aber an immer wieder anderen Orten der Fall. Das Ende des Flusses kann auch an den Punkt gelegt werden, wo sich der Tidenhub am weitesten flussaufwärts bemerkbar macht, obwohl dort in der Regel kein salziges Meerwasser angetroffen wird, sondern abfließendes oder aufgestautes Süßwasser. Ein weiterer möglicher Endpunkt eines Flusses liegt weit draußen im Meer, etwa an der Stelle, wo sich die Strömung des Flusses gerade nicht mehr nachweisen lässt. All dieses könnte aus naturwissenschaftlicher bzw. ökologischer Sicht sinnvoll sein.[21] Doch man geht in der geographischen Statistik von einem festen Punkt aus, an dem ein Fluss endet, der sich allein aus einer Konvention ergibt. Eine solche Festlegung ist die Voraussetzung dafür, dass man eine Aussage zur Länge eines Flusses machen kann, obwohl diese aus ökologischer Sicht nicht korrekt ist und dem konkreten Befund in der Landschaft nicht entspricht. Angaben zu Flusslängen sind in zahlreichen Handbüchern, Lexika und Atlanten zu finden. Sie werden zwar für konkret gehalten, sind aber abstrakte Größen, die auf der Grundlage von Interpretationen normativ festgelegt wurden.

Man braucht diese Angaben zur Erklärung der Welt, muss sich aber immer wieder deutlich machen, dass Linien auf einer Landkarte Abstraktionen sind. Daraus folgt, dass man diese Linien nicht mathematisieren und mithin zur Grundlage einer Simulierung künftiger Entwicklungen machen darf. Dies wird aber paradoxerweise häufig getan, beispielsweise bei der Herstellung einer mathematischen Korrelation von Klimadaten auf der einen und Uferlinien oder Waldgrenzen auf der anderen Seite. Aus landschaftswissenschaftlicher Sicht ist so etwas absurd: Man verknüpft dabei Durchschnitte von Messwerten zum Klima mit abstrakten Linien, die via Konvention festgelegt wurden. Wenn man auf der Grundlage gewandelter Klimadaten dann die Veränderung der Lage von Ufer oder Waldgrenze bestimmen will, ermittelt man lediglich den Wandel einer via Konvention ermittelten Linie, nicht aber eine künftige landschaftliche Situation, die man konkret wahrnehmen könnte. Aus landschaftswissenschaftlicher Sicht lässt sich eine solche Simulation künftiger Verhältnisse nur als wertlos bezeichnen.

Für die Alpen als Landschaft ist es aus ökologischer Sicht nicht entscheidend, wie groß sie sind, für den Charakter der Elbe ist vom Standpunkt des Naturwissenschaftlers aus ebenfalls nicht von Bedeutung, wie lang sie ist. Für die Landschaftswissenschaft spielen solche quasi-objektiven statistischen Bestimmungen keine Rolle. Für sie ist entscheidend, sich mit den individuellen Charakteristika von Landschaften auseinanderzusetzen, wie sie sich von konkreten Standpunkten des Betrachters aus ergeben. Dafür benötigt man keine Mathematisierung des Beobachteten. Die auf Landkarten eingetragenen Abstraktionen werden aber gebraucht, damit man Landschaften erklären und deren Typen voneinander abgrenzen kann.

Auch die Landschaft der Landkarte ist grundsätzlich von Natur, Kultur und Ideen geprägt. Der Landschaftsbegriff der Geographen oder Ökologen unterscheidet sich also nicht von demjenigen von Künstlern oder Laien.[22] Allerdings ist der Landschaftsbegriff des Wissenschaftlers stärker mit Reflexion, derjenige des Laien eher mit Emotionen verbunden. Doch es gibt fließende Übergänge. Auch ein Wissenschaftler lässt emotionale Komponenten in seine Auffassung von Landschaft einfließen, und jeder Nichtwissenschaftler leistet Reflexion, wenn er sich einer Landschaft bewusst wird.

Natur, Kultur und Interpretation

Landschaft ist immer ein Abbild von Natur und damit von natürlichen Parametern oder Entwicklungen geprägt. Natur ist in jeder Landschaft präsent, nicht nur dort, wo man Berge, Bäume oder Wasser sieht, sondern auch in der gebauten Umwelt des Menschen. Auch dort wirkt die Schwerkraft, das Baumaterial ist der Natur entnommen, und natürliche Erosion lässt Gebautes altern und verfallen. Auch auf die Stadt, ja sogar die «Betonwüste» wirkt Natur ein.

In den meisten Landschaften sind Spuren menschlicher Nutzung und Gestaltung zu erkennen, etwa dann, wenn sie Bauwerke, Felder oder Verkehrswege umfassen. Weideflächen sind hier ebenfalls einzureihen, denn sie werden vom Vieh genutzt, das von Menschen gehalten wird, und auch viele Wälder sind genutzte

Räume. Wenn Menschen Landschaften nutzen, beachten sie bewusst oder unbewusst natürliche Parameter, etwa das Klima, die Bodenfruchtbarkeit oder das Relief. Diese Parameter ließen oder lassen sich allerdings durch Nutzung verändern, beispielsweise indem Steilhänge terrassiert wurden. Auf einem Feld herrschen stets andere Temperaturen und Feuchtigkeitsverhältnisse als im angrenzenden Wald, und auch die Luftfeuchtigkeit innerhalb und außerhalb des Waldes ist unterschiedlich. Durch Natur und Kultur bestimmte Eigenheiten einer Landschaft sind materiell; sie lassen sich auf analytischem Wege untersuchen.

Jede Landschaft wird außerdem interpretiert oder bewertet; diese Bewertung ist die immaterielle Komponente von Landschaft. Ohne sie kann es keine Landschaft geben; sie ist immer auch von Ideen, Bezeichnungen oder auch Metaphern geprägt. Diese führen dazu, eine Landschaft als «Wildnis», als «Natur», als besonders schön oder möglicherweise auch als abstoßend aufzufassen. Auch die Bezeichnungen für Typen von Landschaften können Metaphern sein, also beispielweise «alpine Stufe», «Buchenwaldgebiet» oder «Schwarzerdelandschaft».

Für die Untersuchung der drei Komponenten von Landschaft sind unterschiedliche Methoden erforderlich. Naturwissenschaftlich lassen sich nicht nur die Komponenten von Natur untersuchen, die auf eine Landschaft einwirken, sondern auch die Grundlagen und Folgen menschlichen Handelns im Raum. Dabei geht es beispielsweise um die mit der Nutzung verbundene Verlagerung von Mineralstoffen im Boden oder die Veränderung der Vegetation. Die interpretierenden Bezeichnungen, Metaphern und Ideen, die mit Landschaft verbunden werden, müssen von verschiedenen Seiten betrachtet werden. Einerseits ist eine Kulturgeschichte mit ihnen verbunden, andererseits sind sie aus einer Reflexion über materiell Existentes oder in der Landschaft Vorhandenes hervorgegangen. Wie konnte es dazu kommen, dass man die übermäßig genutzte Lüneburger Heide für ein Paradies oder eine «schöne Natur» hielt, mit der Folge, dass alljährlich Tausende von Menschen in die Umgebung des Wilseder Berges kommen, um die dortige «Naturschönheit» zu sehen? Zu diesem Forschungsthema sollten sich nicht nur Kultur-, sondern auch Naturwissenschaftler äußern.

In der Landschaftswissenschaft geht es darum, das Charakteristische individueller Landschaften herauszustellen. Dabei steht nicht wie bei den exakten Naturwissenschaften allein die Analyse im Zentrum der Darstellung, sondern ebenso die Synthese. Unter anderem aus diesem Grund ist die Landschaftswissenschaft ein eigenständiges Fach, das sich klar von anderen Naturwissenschaften absetzt.

Auf der Grundlage der Erfassung individueller Landschaften kann man zu einer Typengliederung von Landschaften gelangen und Namen von Typen festlegen, etwa Gebirgslandschaft, Küstenlandschaft, Waldlandschaft, Savannen- oder Tropenlandschaft. Stets wird dabei auf die drei Komponenten von Landschaft eingegangen, den natürlichen Einfluss, die Nutzung durch den Menschen sowie die Interpretation, Idee oder Metapher. Dies gilt auch für Typen von Landschaft wie Agrarlandschaft, Stadtlandschaft, dörfliche Landschaft oder Industrielandschaft. Sie unterscheiden sich in der Intensität der Gestaltung durch den Menschen, aber prinzipiell sind bei ihrer Beurteilung stets alle drei Parameter zu beachten – natürliche Einflüsse, menschliche Einflüsse sowie Interpretationen. Ihre Charakterisierungen als bestimmte Typen von Landschaften sind bereits Metaphern geworden; mit dem Begriff Stadtlandschaft etwa verbindet man bereits beim bloßen Hören eine metaphorische oder auch abstrakte Vorstellung, schon bevor man die konkrete Landschaft gesehen hat.

Es gibt weitere mit «Landschaft» zusammengesetzte Begriffe, die besser oder schlechter mit ihrer grundsätzlichen Definition im Einklang stehen. Es ist gut möglich, von einer Wohnzimmerlandschaft zu sprechen; auch auf sie haben Natur, Nutzung und Interpretation, Reflexion oder Idee Einfluss – ebenso wie auf eine gebaute Landschaft. Die Mondlandschaft ist durch Natur, kaum durch Nutzung, jedoch ebenfalls durch Metaphern und Reflexion geprägt. Man spricht auch von Theaterlandschaft, Museumslandschaft, Opernlandschaft, Förderlandschaft: Diese Begriffe beziehen sich auf bestimmte Regionen. Sie passen nicht zur allgemeinen Definition von Landschaft; man sollte lieber beispielsweise von Theaterregionen sprechen.

Naturlandschaft, Kulturlandschaft

Schließlich soll noch auf zwei zusammengesetzte Begriffe eingegangen werden, die häufig verwendet werden: Naturlandschaft und Kulturlandschaft. Hier liegt die Betonung darauf, dass die eine Landschaft von Natur oder stärker von Natur, die andere von Kultur oder eher von Kultur geprägt sei. Dies aber steht mit der allgemeinen Definition von Landschaft im Widerspruch. Denn jede Landschaft ist von Natur geprägt, jede auch von kultureller Interpretation, Ideen oder Metaphern. Es gibt lediglich Landschaften, in denen die menschliche Gestaltung weniger oder stärker ausgeprägt ist oder für den Betrachter mehr oder weniger deutlich wird. Weil aber Natur auf jede Landschaft einwirkt, lässt sich eine Kulturlandschaft nicht von einer solchen unterscheiden, die «Naturlandschaft» sein soll, also allein von Natur geprägt ist.

Außerdem ist es stets eine kulturelle Leistung, eine Landschaft zu erkennen. Daher gibt es aus wissenschaftlicher Sicht nur Landschaften, eine Differenzierung in Natur- und Kulturlandschaften hingegen grundsätzlich nicht. Allerdings sind diese Begriffe selbst schon zu Metaphern geworden, indem man Naturlandschaften mit Wildnissen gleichsetzt und Kulturlandschaften für etwas hält, das durch traditionelle Landnutzung geformt wurde und – als sogenannte «historische Kulturlandschaft» – im heutigen Landschaftsnutzungssystem nicht mehr gebraucht wird: etwa der früher von Schafen beweidete Magerrasen oder der Bahndamm, auf dem keine Bahngleise mehr verlaufen.

In den «Richtlinien für die Durchführung des Übereinkommens zum Schutz des Kultur- und Naturerbes der Welt» der UNESCO wird der Begriff Kulturlandschaft aufgeführt. Die UNESCO unterscheidet bei der Benennung von Welterbestätten immer wieder zwischen einem «Naturerbe» und einem «Kulturerbe». Gut ist, dass die Kulturlandschaften als Kulturerbe bezeichnet werden; besser wäre es jedoch, nicht Kulturlandschaften, sondern allgemein Landschaften als Kulturerbe aufzufassen. Dies würde auch zur Definition der UNESCO passen: «Kulturlandschaften stellen (…) gemeinsame Werke von Natur und Mensch dar. Sie sind beispielhaft für die Entwicklung der menschlichen Gesellschaft und Ansiedlung im Verlauf der Zeit unter dem Einfluss der physischen Beschränkungen und/oder Möglichkeiten, die ihre natürliche Umwelt aufweist sowie der von außen und von innen einwirkenden Abfolge von gesellschaftlichen, wirtschaftlichen und kulturellen Kräften.»[23] So könnte man den Begriff «Landschaft» modern definieren, wenn man außerdem noch die Interpretationen oder Ideen erwähnt, die auf sie einwirken. Die UNESCO verweist lediglich darauf, dass die von ihr als Kulturlandschaften bezeichneten Gebiete auch von Natur geprägt sind. Das heißt: Die von ihr geschützten «Kultur»-Landschaften lassen sich nicht von «Natur»-Landschaften unterscheiden; alle Landschaften sind ja von Natur und die meisten auch von (kultureller) Nutzung, alle aber von kultureller Interpretation geprägt. Die als «Welterbe» anerkannten Landschaften am Mittelrhein oder in der Toskana sind ohne die materiellen Komponenten, also die natürlichen Einflüsse und die Gestaltungen durch Menschen, ebenso wenig denkbar wie ohne immaterielle Interpretationen oder Metaphern, die mit diesen Landschaften verbunden werden. Auf der anderen Seite sollte die UNESCO auch deutlich machen, dass als «Naturerbe» geschützte Landschaften wie das Wattenmeer an der Nordseeküste auch in erheblichem Maße von Kultur gestaltet wurden und gerade dieses Faktum ein wichtiger Grund dafür sein sollte, dieses Gebiet besonders zu schützen (*Abb. 2-4*). Nur aus praktischen Gründen ist es gerechtfertigt, in diesem Zusammenhang weiterhin von Kulturlandschaften zu sprechen: Viele Menschen verbinden etwas mit diesem Begriff, der in den letzten Jahrzehnten zu einer wichtigen Metapher geworden ist, mit der sich Landschaft charakterisieren lässt.[24]

Mit sogenannten Kulturlandschaften wird ein weiterer zusammengesetzter Begriff verbunden: Landschaftsschutz. Damit wird eine Form des Schutzes für unsere Umwelt bezeichnet, der im Naturschutzgesetz benannt wird. Was die per Gesetz geschützte Landschaft ist, wird dort nicht definiert; genauso wenig wird erklärt, welche Natur gemeint ist, wenn Naturschutz betrieben wird: die Natur an sich oder das, was man (in Form einer Metapher) dafür hält. Gerade aber, weil die im Gesetz gemachten Aussagen bindenden Charakter haben sollen, ist es stets notwendig, genau zu definieren, was mit ihnen gemeint ist. Auch in diesem Zusammenhang ist es notwendig, auf den Dreiklang von Natur, Nutzung und Interpretationen hinzuweisen, der Landschaften bestimmt.

Vorläufige Definitionen als Resümee

In Landschaften gibt es also stets Zusammenhänge zwischen Natur bzw. ihren Erscheinungen, den Aspekten von Kultur oder Nutzung und Interpretationen, die auf Ideen und Reflexionen beruhen. Alle drei Aspekte können Gegenstände landschaftswissenschaftlicher Untersuchungen sein.

Die Natur in einer Landschaft umfasst alle Naturerscheinungen, die sich ohne Einwirken des Menschen wie in einer Wildnis entwickeln.

Kultur in einer Landschaft ist alles, was vom Menschen ausgeht: eine Gestaltung durch Nutzung des Landes und seiner Naturerscheinungen und eine Gestaltung nach ästhetischen Gesichtspunkten. Teil von Kultur sind außerdem die Interpretationen und Ideen, die mit Landschaft verbunden werden.

3 Methoden

Analyse und Synthese

Zentrales Anliegen der Landschaftswissenschaft ist die Synthese, die Herstellung von Zusammenhängen in einer Landschaft. Voraussetzung für die Synthese sind Analysen einzelner Komponenten, die zu einer Gesamtdarstellung zusammengeführt werden. Einzelne Komponenten von Landschaft werden mit sehr vielen verschiedenen Methoden untersucht, die in unterschiedlichen Feldern der Natur- oder Kulturwissenschaften entwickelt wurden. Der Einteilung in natur- und kulturwissenschaftliche Methoden zu folgen ist nur eine von mehreren Möglichkeiten. Eine andere, die hier gewählt werden soll, geht von einer anderen Zuordnung dieser Methoden aus: Einige davon führen zu einer Momentaufnahme oder einem Tableau eines derzeitigen bzw. früheren Zustandes. Sie haben objektive Ergebnisse oder führen zu Interpretationen, die als subjektiv, intersubjektiv, normativ oder abstrakt bezeichnet werden können. Andere Methoden sind von denjenigen abzusetzen, die zur Erfassung von Tableaus führen; mit ihnen lässt sich kein Zustand, sondern die Entwicklung eines Raumes im Lauf der Zeit charakterisieren *(Tab. 3-1)*. Hier sollen die einzelnen Analysemethoden nicht detailliert beschrieben werden; vielmehr wird gezeigt, wie die Methoden einzelner Fächer zusammenwirken können, um Landschaft so facettenreich wie möglich darzustellen.

Heutiger Zustand (Tableau)	Früherer Zustand (Tableau)	Zustand, interpretiert (Tableau)	Zeitreihe
• Meereshöhen • Relief • Gestein und Boden • Klima • Bestandesklima • Vegetation • Fauna • Siedlung • Landnutzung • Verkehrswege • Hydrologie • …	• Begrabener Boden • Phosphatanalyse • Fossilienfunde • Archäologischer Fund • (Bau-)Denkmal • Analyse Baumaterial • Fotografie • «Historische Landschaftselemente» • …	• Landkarte • Schriftquelle • Archäologische Rekonstruktion • Gemälde • Flurrückschreibung • Baurückschreibung • Mythen, Märchen, Sagen • …	• Stratigraphie • Analyse Erdoberflächenprozess • Pollendiagramm • Sukzessionsforschung • Evolutionsforschung • Klimageschichte (Proxydaten interpretiert) • …

Tab. 3-1 Die Synthese der Landschaft ergibt sich aus der Betrachtung von Tableaus und Zeitreihen.

Der «Totaleindruck einer Gegend»

Wer eine Landschaft betrachtet, empfängt den «Totaleindruck einer Gegend» im Sinne Alexander von Humboldts und beginnt dabei unmittelbar, Grundlagen für eine Synthese zu entwickeln, ohne schon genaue Analysen durchgeführt zu haben. Mit wissenschaftlichem Hintergrundwissen, das etwa aus der Literatur oder aus der Betrachtung vergleichbarer Landschaften stammt, lässt sich rasch ein vorläufiger Eindruck von einer Landschaft gewinnen, indem man sie mit anderen, ähnlichen Landschaften vergleicht. Doch dabei ist Vorsicht geboten. Trotz großer Erfahrung bei der Beurteilung von Landschaften sind Fehler möglich, die in eine völlig falsche Richtung weisen.

Viele Analysen, die sich daran anschließen, werden auf der Grundlage von Hypothesen entwickelt, die sich vom vorläufigen Eindruck der Landschaft ableiten. Die nachfolgenden Analysen können mit der Betrachtung von physischen Eigenschaften als materiellen Fakten beginnen, etwa mit der Analyse des Reliefs oder der Betrachtung unterschiedlicher Meereshöhen des Geländes, besonders im Verhältnis zu Wasserläufen und zu deren Charakter. Andere Diagnosen setzen mit einem Blick auf die Verteilung der Siedlungen ein oder mit der Erfassung der Vegetation. Mit all diesen Ansätzen gelingt es einem geschulten Experten, relativ rasch eine vorläufige Bewertung einer Landschaft vorzunehmen.

Das Gesehene lässt sich mit einer Landkarte vergleichen. Daraus erschließen sich viele Zusammenhänge zwischen Einzelheiten, die man vor sich sieht. Wie wir schon gesehen haben, muss man aber zwischen dem materiell Vorliegenden und der abstrakten Landkarte unterscheiden, auf deren Bild Interpretationen und Konventionen Einfluss genommen haben. In jeder Landkarte sind Generalisierungen und Abstraktionen eingetragen: Nicht jede Wegbiegung, nicht jeder Graben und nicht jeder einzelne Baum können darin detailgetreu übernommen sein; Grenzen zwischen Wald und Offenland, einer Siedlung und ihrer Umgebung oder Wasser und Land sind als abstrakte Linien eingetragen, die dem objektiven Befund in der konkreten Landschaft nicht unbedingt entsprechen. Objektiv sind hingegen die topographischen Koordinaten, die man einer Karte entnehmen kann.

Analysen in aktueller Landschaft: Tableaus aus der Gegenwart

In einer groben Orientierung über die Landschaft stellt man einen Zusammenhang zwischen dem Gesehenen und der interpretierten Landkarte her. Erst im Anschluss daran wird man in eine genauere Analyse der Landschaft einsteigen. Sie kann auf unterschiedliche Weise erfolgen, je nach dem fachlichen Schwerpunkt des Untersuchenden. Es wird dabei nicht der Anspruch erhoben, zuerst alle Details einer Landschaft kennen zu müssen, bevor man sie genauer beschreiben kann. Jede Form der Detailuntersuchung kann zu neuen Fakten und Facetten führen, die das Bild einer Landschaft mit Details anreichern. Der «Totaleindruck einer Gegend», der sich dem Betrachter schon von Anfang an erschließt, wird dadurch immer facettenreicher. Jede Einzelanalyse sollte zu diesem Totaleindruck der Gegend in Beziehung gesetzt werden.

Abb. 3-1 Bodenprofil eines Podsols, der sich unter Heidelandschaften ausbildet.

Das im Untergrund oder an Felswänden erkennbare Gestein lässt sich mit Methoden der Geologie untersuchen.[25] Dabei kommen unterschiedliche physikalische und chemische Methoden zum Einsatz. Sehr wichtig für die Ausprägung einer Landschaft ist die Analyse des Bodens.[26] Dabei geht es beispielsweise um Feststellungen, wie tiefgründig ein Boden ist und wie Feuchtigkeit, Humus- und Mineralstoffe darin verteilt sind. Ausschlaggebend für die bodenkundliche Analyse ist das Bodenprofil, das man an einem Aufschluss sichtbar macht *(Abb. 3-1)*. Die Analyse eines Bodenprofils, die durch physikalische und chemische Diagnostik ergänzt werden kann, führt zur Erkennung eines Bodentyps, der nach bodenkundlicher Systematik bestimmt wird. Böden entwickeln sich in Abhängigkeit von den darunterliegenden Gesteinen, dem Klima und den Lebewesen, die auf ihnen und in ihnen leben, vor allem von der Vegetation, die Wasser und Mineralstoffe aus dem Boden bezieht.

Die Vegetation entwickelt sich in einer unmittelbaren Wechselbeziehung mit dem Boden. Je nach dem Klima, dem Mineralstoff-, Feuchtigkeits- und Kalkgehalt des Bodens stellt sich eine jeweils andere Vegetation ein.[27] Sie ist ferner entscheidend vom menschlichen Einfluss abhängig. Die Vegetation kann mit den Methoden der Pflanzensoziologie untersucht werden: Auf der Fläche, die man für eine Vegetationsaufnahme ausgewählt hat, werden alle vorkommenden Pflanzenarten namentlich erfasst. Anschließend schätzt man die Häufigkeiten der einzelnen Pflanzenarten ab. Die Ergebnisse von Vegetationsaufnahmen lassen sich in das System der Pflanzengesellschaften einordnen, die sich als Typen in Abhängigkeit von Klima, Boden und menschlichem Einfluss ausbilden.

Ergänzend kann man die Fauna erfassen. Tiere sind auf bestimmte Nahrungspflanzen und bestimmte Strukturen der Landschaft angewiesen; die Analyse der Tierwelt führt häufig zu wichtigen Hinweisen bezüglich einer konkreten Landschaft, doch ist sie für die Landschaftsanalyse weniger entscheidend als die Analyse von Böden und Vegetation. Das hängt mit der Mobilität von Tierarten zusammen, die nicht fest an einen Standort gebunden sind, sondern sich von Standort zu Standort bewegen können. Betrachtungen dieser Bewegungen lassen Zusammenhänge zwischen verschiedenen Standorten deutlich werden.[28]

Der Umgang mit Klimaparametern ist kompliziert. Denn dazu benötigt man langjährige Mittelwerte zu Temperaturen, Niederschlagsmengen oder der Sonneneinstrahlung, zur durchschnittlichen Dauer der Vegetationsperiode, zur Kontinentalität oder Frosthäufigkeit in einer Landschaft. Extremwerte können ebenso entscheidend sein: Einzelne Pflanzen- oder Tierarten könnten nach den durchschnittlichen klimatischen Parametern durchaus in vielen Gegenden leben, kommen dort aber dennoch nicht vor, weil es erst vor kurzer Zeit ein extremes Witterungsereignis gegeben hat. Dies kann ein nur ganz kurzfristiger heftiger Frosteinbruch gewesen sein, oder einige extrem trockene Tage haben zahlreiche Pflanzen vertrocknen lassen. Für viele Zwecke sind die in Tabellen enthaltenen Klimawerte zu grob. Für die Ausprä-

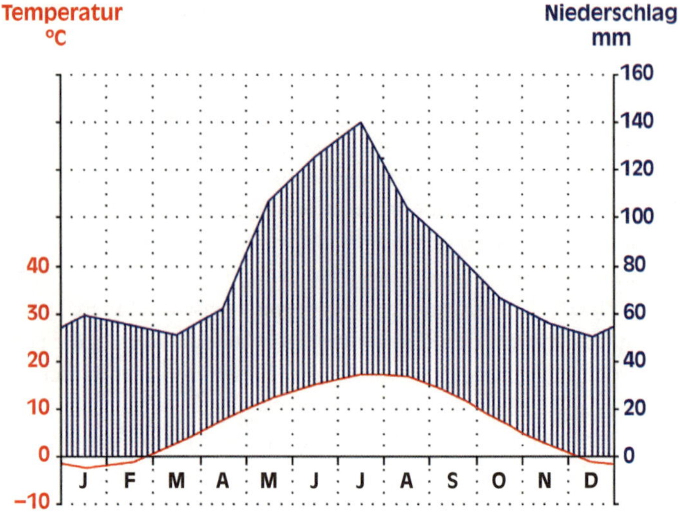

Abb. 3-2 Klimadiagramm von München (nach Walter/Lieth 1960–67).

gung von Vegetation und Landschaft sind Durchschnittswerte des Klimas weniger entscheidend als der jahreszeitliche Gang von Temperatur und Niederschlagsmengen. Angaben dazu sind in sehr gut aufbereiteter Form übersichtlichen Klimadiagrammen zu entnehmen *(Abb. 3-2)*.[29]

Wichtig für die Ausprägung von Vegetation und Nutzungsräumen und damit für wichtige Aspekte konkreter Landschaften ist die Betrachtung des Bestandesklimas, vor allem in der bodennahen Luftschicht.[30] Dabei geht es zum Beispiel um die Analyse, wo sich in Strahlungsnächten Kaltluftseen ausbilden: Kalte (und schwerere) Luft sammelt sich in Niederungen, daher treten dort häufiger als andernorts besonders niedrige Temperaturen auf. In Kaltluftseen ist die Frosthäufigkeit größer und daher die Vegetationsperiode kürzer. Erhebliche Temperaturunterschiede bestehen zwischen den Sonnen- und Schattenseiten eines Berges oder sogar eines einzelnen Felsens. Die tatsächlich an den Boden gelangenden Regenmengen unterscheiden sich außerhalb und innerhalb einer Baumkrone deutlich; besonders viel Wasser tropft an der Außenseite eines Baumes, an dessen Trauf, zu Boden, erheblich weniger Feuchtigkeit gelangt dagegen in den Bereich unter einer Baumkrone.

Sehr schwierig ist die Erfassung der Strahlungsintensität. Einzelne Messungen besagen nicht viel, auch aus der Wiederholung von solchen Messungen im Tageslauf ist kaum eine relevante Aussage zu erwarten. Besser wäre es, zunächst zu erfassen, wie lange ein bestimmter Punkt in der vollen Sonne liegt. Dies hat auf die Fotosynthese und damit die Wuchsleistung der an diesem Ort wachsenden Pflanzen einen viel größeren Einfluss als die in bestimmten Momenten auf sie treffenden Lichtmengen.

Eine ähnlich enge Beziehung wie zwischen Landpflanzen und Boden besteht zwischen Wasser- und Ufervegetation einerseits und Wasserstand und Wasserqualität andererseits.[31] Das Vorkommen von Wasser- und Uferpflanzen hängt von bestimmten Eigenschaften der Gewässer ab, die sich mit physikalischen und chemischen Methoden messen lassen. Wichtig sind die Gewässertemperaturen und deren Veränderung im Jahreslauf sowie das Vorkommen von Substanzen, die Stickstoff und Phosphor enthalten, sowie Magnesium, Kalium und Calcium.

Andere Analysen des momentanen Zustandes einer Landschaft gehen von kulturwissenschaftlicher Seite aus. Dabei befasst man sich mit Siedlungen und einzelnen Häusern, die mit Methoden der Siedlungs- und Bauanalyse betrachtet werden. Es ist wichtig, Größe und Form von Siedlungen zu erfassen, die Anzahl ihrer Bewohner, die Größe und Form der Häuser, die Funktionen, die sie erfüllen, die Baumaterialien, die Bautechniken usw.[32] Analysiert werden können außerdem Straßen und Wege sowie die aktuelle Verteilung land- und forstwirtschaftlich genutzter Flächen. Auch die Nutzungsmethoden, die bei Land- und Forstwirtschaft angewandt werden, und deren Einfluss auf die Landschaft lassen sich einer Analyse unterziehen.[33]

Auf der Grundlage der natur- und kulturwissenschaftlichen Analysen können Typen gebildet werden; auch Analyseergebnisse, die an sehr weit voneinander entfernten Orten erzielt wurden, lassen sich ihnen zuordnen. Oft ermöglicht oder erleichtert ein Erkennen solcher Typen die eingangs dieses Kapitels erwähnte rasche Diagnose zu einer Landschaft. Dabei ist allerdings zu beachten, dass mit dem Erkennen eines Typs noch keineswegs besondere Eigenheiten einer Landschaft erfasst sind.

Die genannten Erfassungsverfahren lassen sich insofern vergleichen, als sie den aktuellen Zustand von Landschaft betreffen. Für jede Form der Erfassung ist ein anderes Spezialwissen notwendig. Die Vegetation erfasst ein Wissenschaftler mit botanischer (biologischer) Expertise, eine Bauaufnahme unternimmt ein Bauhistoriker oder Volkskundler, der eine kulturwissenschaftliche Ausbildung durchlaufen hat. In der Vorgehensweise sind die Methoden aber ähnlich: Etwas, das im Moment zu erkennen ist, wird erfasst und kann zur Grundlage objektiver Ergebnisse werden. Je mehr Analyseergebnisse oder Fakten dabei berücksichtigt werden, desto umfassender ist der «Totaleindruck einer Gegend», desto facettenreicher ist die an die Untersuchungen anschließende Synthese, die auf der Erkennung von Evidenzen und den Zusammenhängen zwischen einzelnen Parametern beruht. Diese Evidenzen können sich widersprechen; dann beispielsweise, wenn ein Bodentyp nachgewiesen wird, den man zunächst nicht mit einem an Ort und Stelle festgestellten Vegetationstyp in Verbindung bringen kann. Solche widersprüchlichen Resultate erfordern spezielle Erklärungen, die eventuell dazu führen, die Besonderheit einer Landschaft herauszustellen.

Alle Erfassungen des momentanen Erscheinungsbildes von Landschaftselementen führen zu Ergebnissen, die als Tableaus oder Momentaufnahmen zu betrachten sind. Häufig nicht beachtet wird, dass die Basis für solche Erfassungen, der Charakter von Tableaus, sich von Augenblick zu Augenblick verändern kann. Aus einzelnen Datenerhebungen sind keine Zustände abzuleiten. Denn man weiß nicht, ob und wie schnell sich die Gegebenheiten verändern, die Grundlagen für die Daten sind. Nur wenn Datenerfassungen mehrfach wiederholt werden, kann man erkennen, ob man – wenigstens unter bestimmten Voraussetzungen – etwas als Zustand darstellen darf oder ob die ermittelten Daten lediglich eine Momentaufnahme innerhalb eines Prozesses repräsentieren.

Analysen zu früheren Landschaften: Tableaus aus der Vergangenheit

Es gibt auch Momentaufnahmen, die ein Schlaglicht auf frühere Zustände von Landschaften werfen. Deren Erfassung erlaubt wichtige Schlüsse auch über den heutigen Zustand eines Ortes. Zum einen kann sich frühere Landnutzung erheblich auf die heutige Standortsqualität auswirken, etwa dadurch, dass der Boden in früherer Zeit verarmte oder Mineralstoffe an bestimmten Stellen angereichert wurden, was sich heute noch feststellen lässt. Zum anderen lässt sich über die Beachtung früherer Landschaftszustände ermitteln, wie Nutzungsmuster entstanden sind und ob Siedlungslagen zu jeder Zeit miteinander vergleichbar waren.

Begrabene Böden bildeten sich in früherer Zeit und wurden anschließend von Ablagerungen bedeckt, die mit diesen Böden selbst nichts zu tun haben. Die Bodenbildungsprozesse sind in einem begrabenen Boden abgeschlossen; er ist dadurch fossil geworden. Allerdings können sich in solchen Böden auch noch nach der Überdeckung natürliche Prozesse abspielen, die aber mit der eigentlichen Bodenbildung nichts mehr zu tun haben. Begrabene Böden können prinzipiell mit den gleichen Methoden untersucht werden wie aktuelle Böden. Auf frühere Nutzung können Phosphatanalysen hinweisen; Phosphate wurden an Siedlungsplätzen, Gräberfeldern, aber auch an Plätzen von Viehweiden akkumuliert. Ihre Interpretation ist zuweilen schwierig, denn es ist nicht immer klar, wann die Phosphate akkumuliert wurden und ob sich diese Akkumulation mit einem archäologischen Fundhorizont, der an gleicher Stelle nachgewiesen wurde, zeitlich parallelisieren lässt.[34]

Funde von Fossilien (darunter lassen sich auch Reste von Organismen aus einer Moorschicht verstehen, die erst vor wenigen

Jahrhunderten entstand) verweisen auf den Zustand von Landschaft zur Zeit ihrer Ablagerung. Versteinerte Überreste eines Meereslebewesens, die auf einem Berg gefunden wurden, belegen, dass sich am Fundort zur Zeit ihrer Ablagerung einmal Meer befunden hat, beispielsweise an der Stelle der heutigen Juragebirge.

Archäologische Funde zeigen ebenfalls bestimmte Zustände an, die in der Vergangenheit bestanden haben. Besondere Relevanz für die Landschaftswissenschaft haben Hausfundamente[35], Ackerspuren oder Überreste von Pflanzen[36] und Tieren[37]. Solche Überreste verweisen auf einen früheren Zustand von Landschaft, geben aber keine Hinweise auf deren Entwicklung. Letztere können sich allerdings aus dem Vergleich zwischen dem damaligen und dem heutigen Zustand ergeben. Bei der Analyse der Verbreitung archäologischer Funde muss beachtet werden, dass man prinzipiell nur einen Teil aller Siedlungshinterlassenschaften finden kann. Löcher für Pfosten, die das Fundament von Häusern bildeten, und Abfallgruben mussten tief in den Boden gegraben worden sein, oder weitere Ablagerungen mussten die Überreste der Siedlung abgedeckt haben, damit Spuren davon die letzten Jahrhunderte oder Jahrtausende überdauerten. Es ist vom Zufall abhängig, ob die Siedlungsspuren unter möglicherweise dicken Ablagerungspaketen überhaupt entdeckt werden. Sie können viele Meter dick sein.[38] Ein großer Teil der Überreste anderer Siedlungen verschwand durch Erosion vollständig. Einen anderen Aspekt archäologischer Funde sollte man nicht übersehen: Sie zeigen, wo jahrtausendelang nicht in tiefere Bodenschichten eingegriffen wurde. Nur an solchen Stellen blieben nämlich Strukturen früher Siedlungen erhalten, die heute mit archäologischen Methoden ausgegraben werden.

Obertägig sichtbare Denkmäler sind nicht nur Elemente der heutigen Landschaft, sondern sie sind auch als Dokumente für einen früheren Zustand von Landschaft zu verstehen. Viele von ihnen erfüllten in früherer Zeit einen anderen Zweck als heute: Aus einer Wassermühle ging nach dem Ausbau von Mühlrad und Mahlwerk ein Wohnhaus hervor; von der Burg aus, die heute eine Ruine ist, wurde ein Weg überwacht; eine heute einzeln stehende

Scheune war früher vielleicht einmal Teil eines Bauernhofes, dessen andere Komponenten nicht mehr vorhanden sind; am heute isoliert stehenden Bahnhofsgebäude hielten noch Züge, und das Gebäude war noch nicht zum reinen Wohnhaus umgebaut. Wichtige Quellen für die Aufdeckung früherer Landschaftszustände erschließen sich bei der Analyse von Baumaterial. Wurde lokales Gestein verwendet? Oder importierte man Baustein? Massive Holzhäuser, Verbretterungen von Giebeln und Schindeln finden sich fast nur in Gegenden, in denen Nadelholz zum Bauen zur Verfügung stand; allenfalls konnte man ersatzweise Erlenholz aus Bruchwäldern verwenden, beispielsweise im Spreewald oder am Steinhuder Meer. In einigen Fällen wurde Nadelholz zum Bau von Häusern importiert; das lässt sich beispielsweise an der waldarmen Nordseeküste nachweisen. Sonst baute man oft mit Eichenholz: Eichenstämme zeigen charakteristische Krümmungen, vor allem, wenn sie in intensiv genutzten Nieder- und Mittelwäldern aufwuchsen. Dort wurden die Bäume im Abstand von wenigen Jahrzehnten geschlagen. Aus den Baumstümpfen trieben mehrfach gekrümmte Sekundärtriebe in die Höhe. Analysieren lassen sich ferner die Jahrringe von Holz. Dies ist einerseits für die Datierung der Gebäude wichtig, erlaubt aber andererseits auch Hinweise auf die ehemalige Bewirtschaftung und das frühere Aussehen von Wäldern.

Zu den Denkmälern, die einen Zustand von Landschaft dokumentieren, gehören nicht nur Bauwerke, sondern auch andere historische Landschaftselemente, die häufig als «historische Kulturlandschaftselemente» bezeichnet werden. Es handelt sich dabei um Strukturen in der Landschaft, die ehemals in einen funktionalen Kontext der Nutzung eingebunden waren, es heute aber nicht mehr sind. Dennoch prägen sie auch im nicht mehr genutzten Zustand das aktuelle Bild der Landschaft. Dazu zählen Überreste von früheren Ackerfluren, beispielsweise Stufenraine von terrassierten Äckern, Grenzsteine, Reste von Wegen, Hecken und markante Einzelbäume. Viele dieser Denkmäler sind schwer zu entdecken und zu deuten; man braucht zu ihrer Analyse eine Anleitung.[39]

Bei der Erfassung historischer Landschaftselemente achtet man gemeinhin zunächst einmal besonders auf Spuren, die sich außerhalb von Siedlungen finden lassen. Elemente von früher in funktionale Kontexte eingebundenen Landschaftsstrukturen verdienen aber ebenfalls Beachtung, wenn man sie innerhalb von Siedlungen findet: Reste von Mühlwehren und Kanälen beispielsweise, die sich sogar in Städten nachweisen lassen. An ihnen ist unter anderem abzulesen, wie Gewässer genutzt und umgelenkt wurden.

Weitere Quellen, mit denen sich frühere Zustände von Landschaften deutlich machen lassen, sind historische Fotografien. So griffig die Analyse dieser Bilder ist, so ist doch Vorsicht geboten: Fotos können mit unterschiedlichen technischen Ausrüstungen angefertigt worden sein, unter anderem mit Weitwinkelobjektiven, mit denen sich Landschaften erheblich verzerrt wiedergeben lassen, oder Fotos sind retuschiert worden.

Es liegt nahe, zur Erfassung eines früheren Zustandes von Landschaft Landkarten zurate zu ziehen und einen Kartenvergleich durchzuführen. Dabei ist aber erneut zu bedenken, dass jede Landkarte das Ergebnis von Interpretationen ist. Exakte, nach Längs- und Hochwerten eingemessene Landkarten wurden seit dem späten 18. Jahrhundert gezeichnet. Ein auf Karten eingezeichneter Wald hat nicht immer genau den gleichen Charakter wie derjenige, der heute existiert: Der unscharfe Rand eines zur Waldweide genutzten Gehölzes unterscheidet sich von der exakt gezogenen Begrenzung eines modernen Forstes. Auf Landkarten sehen aber beide Waldränder gleich aus, weil die allmählichen Übergänge zwischen dichteren Waldpartien und offeneren Flächen eines früheren Hudewaldes abstrahierend wie ein scharfer Waldrand dargestellt wurden. Ältere Landkarten dürfen nur mit großer Vorsicht einem Kartenvergleich unterzogen werden, weil sie in vielfältiger Hinsicht verzerrt und ungenau sein können. Allerdings kann auch ein Vergleich mit sehr alten Landkarten zu hervorragenden Resultaten führen.[40]

In schriftlichen Quellen jeglicher Art, sei es in Dichtungen oder in historischen Beschreibungen, finden sich sehr wesentliche

Hinweise auf frühere Zustände von Landschaften. Zu bedenken ist allerdings, dass sie Interpretationen enthalten, die mehr oder weniger stark subjektiv oder normativ gefärbt sind. Gemälde sind ebenfalls wichtige, aber auch keine objektiven Quellen zur Landschaftsgeschichte. Sie enthalten Bewertungen des Künstlers; ihm stand es ja frei, bestimmte Elemente auf seinem Bild zu betonen, indem er sie beispielsweise größer darstellte, oder eine Staffage zur Landschaftsszenerie hinzuzufügen. Sie erfüllt nicht immer nur dekorative Zwecke, sondern mit ihr oder durch sie kann eine besonders bedeutsame gemalte Struktur hervorgehoben werden, etwa dann, wenn eine Figur auf einen Gegenstand hinweist.

Wichtige Hinweise geben Gemälde darauf, was man in bestimmten Zeiten als malerisch empfand und was man für so wertvoll hielt, dass es zum Bildmotiv wurde. Quellen zur Landschaftsgeschichte sind auch Darstellungen von Metaphern auf den Bildern. Eine solche Bedeutung können beispielsweise der Wald oder Einzelbäume haben, die Caspar David Friedrich auf die Leinwand bannte. Seine Bilder entsprechen keinen realen Szenerien, sondern sind metaphorische Darstellungen des für natürlich, wild oder erhaben Gehaltenen. Die Darstellungen erlauben also wichtige Rückschlüsse auf das Verhältnis von Menschen zu ihrer Umwelt in der Zeit, in der ein Gemälde entstand.

Zu den bewerteten Quellen, die einen früheren Zustand von Landschaft deutlich machen, gehören ferner sämtliche Konstruktionen von Landschaft, die aus archivalischen oder archäologischen Funden abgeleitet wurden. Sie werden oft Rekonstruktionen genannt, sind aber in Wahrheit keine Wiederherstellungen, sondern Neukonstruktionen, die auf der Basis von Interpretationen zu Fakten oder Befunden entstanden. Zu ihnen gehören Darstellungen zur Siedlungsgenese, zur Bau- oder Flurrückschreibung.

Alle diese Analysen, so unterschiedlich die damit verbundenen Methoden auch sind, haben eines gemeinsam: Sie sind Basis für Momentaufnahmen oder Tableaus. Stehen mehrere Tableaus zur Verfügung, die auf methodisch vergleichbaren Wegen ermittelt wurden, kann daraus eine Zeitreihe zusammengesetzt werden, aus der sich die Entwicklung einer Landschaft ablesen lässt.

Zeitreihen bestehen beispielsweise, wenn mehrere aufeinanderfolgende Zustände von Bauten oder Fluren im Gelände dokumentiert sind (was selten der Fall ist) oder wenn mit geologischen oder bodenkundlichen Methoden eine gesamte Stratigraphie untersucht werden kann: Im Allgemeinen liegen ältere Schichten unter jüngeren, wenn es zu einer sukzessiven Ablagerung von Sedimenten gekommen ist. Allerdings können scharfe Schichtgrenzen auf eine mehr oder weniger lange Sedimentationspause verweisen. Die Schichten können auch nach der Ablagerung gekippt oder gedreht worden sein.

Wenn man ökologische Erhebungen, beispielsweise pflanzensoziologische Aufnahmen, in bestimmten Abständen am immer gleichen Ort wiederholt, bringt man in Erfahrung, wie sich die Vegetation im Lauf der Zeit verändert; man betreibt dann Sukzessionsforschung. Sogenannte Dauerquadrate, an denen pflanzensoziologische Aufnahmen mehrfach wiederholt wurden, existieren erst seit wenigen Jahrzehnten.[41] Einzelne Hinweise auf Änderungen der Vegetation können aus der Untersuchung älterer Herbarien abgeleitet werden; entsprechend gibt es Hinweise auf die sich verändernde Tierwelt. Typen von Fossilien lassen sich ebenfalls zu Reihen zusammensetzen; daraus kann der Gang der Evolution abgeleitet werden, der sich im Raum oder in der Landschaft im Lauf von langen Zeiträumen abgespielt hat.

Ein besonders gutes Verfahren, mit dem sich der natürliche Wandel in Zeiträumen von Jahrhunderten oder Jahrtausenden untersuchen lässt, ist die Pollenanalyse. Vorzugsweise untersucht man die Ablagerungen von Pollenkörnern in Sedimenten, die sukzessive abgelagert wurden, beispielsweise in Torf aus Mooren oder in Ton, der sich am Grund von Seen absetzte. Die dünnen Außenwände der nur unter dem Mikroskop erkennbaren Pollenkörner halten sich unter Luftabschluss über Jahrtausende. Sie sehen je nach Pflanzenart unterschiedlich aus; an den Pollenkörnern lässt sich unter dem Mikroskop erkennen, von welchen Pflanzenarten sie stammen. Wenn man sie Schicht für Schicht determiniert und den Wandel ihrer Häufigkeiten feststellt, kann man den Vegetationswandel exzellent erfassen *(Abb. 3-3)*.

Die meisten gefundenen Pollenkörner wurden vom Wind aus der näheren Umgebung des Ortes herbeigeweht, an dem sie, abgelagert im Sediment, die vergangenen Jahrtausende überstanden. Im Pollendiagramm (auf der rechten Seite der Abbildung) zeigt sich, dass nacheinander (von unten nach oben) Kiefern, dann verschiedene Laubbäume (Ulmen, Linden, Eichen), Fichten, Buchen und schließlich wieder Fichten in der Umgebung des Moores vorherrschten. Über Funde von Getreidepollenkörnern kann man herausfinden, wann in der Umgebung des Moores Ackerbau betrieben wurde. Dann bestanden dort auch bäuerliche Siedlungen; für den Fall, dass sich etliche von ihnen in den Sedimenten mit archäologischen Methoden nicht mehr aufdecken lassen, kann ein pollenanalytischer Nachweis einer Siedlung der einzig mögliche sein. Aus ergänzenden Analysen zum Alter des Kohlenstoffes in den Torfablagerungen weiß man, dass die Ablagerungen, deren Pollengehalte im Diagramm dargestellt sind, in einem Zeitraum von etwa 10 000 Jahren entstanden.

Ein sehr wesentliches generelles Resultat der Untersuchungen wird meistens übersehen: Die Anteile der Pollentypen variierten stets von Schicht zu Schicht. Eine Stabilität von Vegetation und Landschaft wurde in den letzten Jahrtausenden nie erreicht, und dies gilt auch, wenn man andere Zeiträume in die Untersuchung mit einbezieht. Stabilität suggerieren allerdings die Landschaftsdarstellungen auf der linken Seite der Abbildung, mit denen die Entwicklung im Pollendiagramm anschaulich gemacht werden soll. Aber auch durch den Vergleich der Bilder wird klar: Natur änderte sich unaufhörlich, sie war zu keiner Zeit stabil.

Die Abläufe der Vegetationsgeschichte, die aus Pollendiagrammen hervorgehen, sind immer wieder vor allem klimageschichtlich gedeutet worden. Diese Interpretation liegt aber keineswegs derart klar auf der Hand, wie man dies behauptet hat. Auch eine ganze Reihe anderer Entwicklungen nahm Einfluss auf die stets dynami-

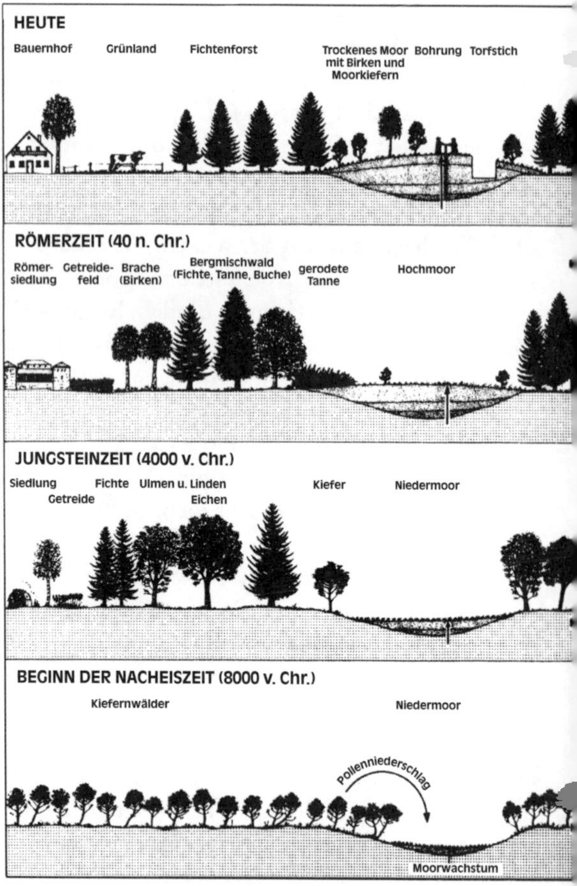

sche Vegetationsentwicklung und deren Folge, die Ablagerung von Pollenkörnern. Zu nennen sind beispielsweise die Bodenentwicklung und vor allem der sich im Lauf der Zeit wandelnde Einfluss des Menschen auf seine Umwelt. Durch den Menschen wurden Wälder verändert oder gerodet, es entstanden Freiflächen, auf denen Getreide angebaut wurde, oder es wurden Flächen aufgeforstet.[42]

Abb. 3-3 Ein vereinfachtes Pollendiagramm aus dem westlichen Oberbayern und Rekonstruktionen von Landschaften verschiedener Zeithorizonte.

Klimageschichtliche Zeitreihen werden heute eher auf der Grundlage schriftlicher Quellen (sie liegen nur für die vergangenen zwei Jahrhunderte in einiger Verlässlichkeit vor) und auf der Grundlage von sogenannten Proxy-Daten ermittelt: Messungen zu den Gehalten von Kohlenstoff- und Sauerstoffisotopen im grönländischen Inlandeis und in der Landschaft dokumentierte Gletscherstände als Marken für Gletschervorstöße lassen sich im Hinblick auf eine Klimageschichte interpretieren.[43]

Auf Interpretation oder Bewertung beruhende Metaphern

Bei der Darstellung oder Beschreibung von Landschaften wurden und werden immer wieder Metaphern verwendet, die der erklärenden Interpretation dienen sollen. Eine schöne oder bemerkenswerte Landschaft wurde beispielsweise als Arkadien, Paradies, Schweiz oder auch «Natur» bezeichnet. Warum gerade diese Begriffe verwendet wurden, könnte Untersuchungsgegenstand einer philologischen Analyse sein. Von wissenschaftlicher Seite kamen zahlreiche weitere interpretierende Benennungen von Landschaften hinzu, etwa Buchenwaldregion, alpine Stufe oder Realteilungsgebiet. Diese Bezeichnungen können für die rasche Charakterisierung oder Typisierung einer Landschaft sehr hilfreich sein. Sie können aber auch in die Irre führen, wenn nicht kritisch überprüft wird, ob die interpretierende Benennung tatsächlich zutrifft. Wichtig ist es auf jeden Fall, die Bewertungen und Metaphern als solche zu erkennen und sie nicht mit Tatsachen zu verwechseln, die sich in einer speziellen Landschaft ohne Überprüfung ermitteln lassen.

Zusammenführung von einzelnen Analysen zu Synthesen

Die aufgeführten Methoden tragen dazu bei, ein detailreiches Bild von heutiger Landschaft als Resultat einer jahrtausendelangen Geschichte sowie von den Bewertungen zu entwickeln, die Zeitgenossen und Nachgeborene dazu gegeben haben. Es wird kaum je gelingen, alle diese Methoden zugleich an einem bestimmten Ort zur Anwendung zu bringen. Doch je mehr von ihnen genutzt werden, desto detailreicher fällt die Synthese zu einer Landschaft aus.

4 Natur

Gegenwart von Landschaft

Eine Landschaft besteht in der Gegenwart. Wenn man allerdings nur ihr augenblickliches Erscheinungsbild berücksichtigt, wird die Bedeutung zahlreicher ihrer Elemente nicht klar und viele Kausalzusammenhänge erschließen sich nicht. Landschaft ist nur zu einem Teil von momentan einwirkenden Gegebenheiten geprägt, zu einem anderen Teil von Faktoren, die nur in der Vergangenheit oder seit langer Zeit auf sie eingewirkt haben. Es ist wichtig zu wissen, mit welchen Einflüssen auf die Landschaft noch zu rechnen ist und welche sie nur in der Vergangenheit geprägt haben. In den folgenden Kapiteln soll auf verschiedene Aspekte des Einflusses von Natur und Mensch auf Landschaft eingegangen werden.

Bestand und Wandel von Natur

Wenn man natürliche Einflüsse auf Landschaften untersucht, wird Natur üblicherweise zunächst einmal so dargestellt, wie sie jetzt ist: Da wird die derzeitige Oberflächengestaltung betrachtet, die Verteilung der Landmassen gegenüber dem Meer, die Formen der Gebirge, die darin eingeschnittenen Flusstäler, die Ebenen. Das Untersuchungsergebnis, in Form eines Bildes, einer Landkarte oder eines Berichtes, ist ein Tableau oder eine Momentaufnahme, es ist nicht die Natur selbst, sondern ein Abbild der Natur. Dieses Abbild ist stabil, aber der Gegenstand, der darin beschrieben ist, verändert sich unaufhörlich. Es besteht also ein wichtiger Unterschied zwischen der Natur und ihrem Abbild in der Beschreibung. Das Wirken der Natur setzt sich aus zahlreichen Prozessen zusammen, die sich überlagern, seit Urzeiten und in der

Gegenwart für Dynamik sorgen und dies auch in Zukunft tun werden.

In den einzelnen Wissenschaftsrichtungen ist man sich zwar mehr oder weniger darüber klar, dass sich die untersuchten Objekte in einem permanenten dynamischen Wandel befinden; häufig wird, wenn dies auch nicht explizit gesagt wird, aber doch der Eindruck erweckt, als seien Berge, Täler, Ebenen und Meere, die Vegetation, Tiere und Pflanzen Konstanten.

Die Beschreibung von Elementen der Natur kann kaum anders erfolgen: Man muss sie zunächst so vorstellen, als seien sie stabil. Aber dazu sollte stets ergänzend klar gemacht werden, dass sie in einen permanenten Wandel oder eine Entwicklung eingebettet sind. In wissenschaftliche Konzepte, die sich mit Aspekten des Wandels befassen, dürfen diese natürlichen Elemente keinesfalls als stabile Größen eingehen.

Erdoberflächenprozesse

Die aktuell erkennbare Oberflächengestalt der Erde ist das Resultat vieler geologischer Prozesse, die nicht abgeschlossen sind, sondern fortwirken. Anstelle von geologischen Prozessen spricht man heute oft von Erdoberflächenprozessen, unter anderem aus dem Grund, weil sich damit ihre ständige Fortdauer in Vergangenheit, Gegenwart und Zukunft besser verdeutlichen lässt. Erdoberflächenprozesse wirkten keineswegs nur auf die Entstehung, die Formung und die Abtragung von Gesteinsschichten ein, die wir in heutigen Landschaften als Ergebnis früherer natürlicher Vorgänge beobachten und beschreiben können, sondern diese Prozesse finden in der Gegenwart und in der Zukunft ihre Fortsetzung.

Besonders wichtige Erdoberflächenprozesse, die mit der Bildung von Landschaften zusammenhängen, sind der Kreislauf des Wassers, die Abtragung und Ablagerung von Materie, die Drift der Kontinentalmassen sowie der Vulkanismus. Weitere wichtige Erdoberflächenprozesse hängen mit der Entwicklung des Lebens auf der Erde zusammen, beispielsweise mit der Fotosynthese.

Je stärker Materie den physikalischen Kräften der Atmosphäre und des Wassers ausgesetzt ist, desto rascher wird sie abgetragen. Erosion und Verwitterung lassen sich also vor allem an weit aus dem Umland aufragenden Bergen, an Steilhängen und an Kaps von Steilküsten beobachten, die weit ins Meer ragen. Materie wird dagegen in trockenen Senken, ebenso in Gewässerbecken, in Flüssen seitlich des Stromstriches und in strömungsarmen Meeresbuchten abgelagert. Ergebnis dieser Prozesse könnte ein vollständiger Ausgleich aller extremen Landformen, eine Nivellierung sein. Doch tektonische Vorgänge, die vor allem mit Kontinentaldrift und Vulkanismus in Verbindung stehen, führen immer wieder neu zur Bildung exponierter Orte, die der Erosion besonders stark ausgesetzt werden, und zur Bildung neuer Becken, in denen sich Materie ansammeln kann. An den Meeresküsten werden die Bedingungen für Abtragung und Ablagerung durch Veränderungen des Wasserspiegels erheblich verändert. Denn eine Änderung des Wasserspiegels bedeutet, dass die Erosion durch Wasser oder Witterung in anderen Meereshöhen ansetzt und auch in anderen Höhenlagen neue Ablagerungen entstehen; dabei kommt es selbst auf geringe Unterschiede an.

Verwitterung und Erosion

Gestein wird durch Verwitterung oder Erosion überall dort abgetragen, wo feste Materie den physikalischen Kräften oder Strömungen der Atmosphäre (Witterung) und von Wasser ausgesetzt ist. Das Gestein wird vor allem durch ein Zusammenwirken von atmosphärischen Parametern und Wasser angegriffen, etwa durch Regen, mehr noch durch Schnee und Eis, das, vom Wind getrieben, mit hoher Geschwindigkeit auf Gesteinsoberflächen trifft. Wasser in seinen verschiedenen Aggregatzuständen wirkt erheblich auf die Erosion ein. Über den Kreislauf des Wassers, den seinem Umfang nach wichtigsten Erdoberflächenprozess, gelangt Wasser immer wieder neu auch in den Bereich der höchsten Bergesgipfel. Wasser rinnt auf Felsen ab oder versickert und tritt in

Quellen wieder zutage. Schmale Rinnsale vereinigen sich zu Bächen, die in Gebirgen mit erheblichem Gefälle eine große Erosionskraft entwickeln können. Vor allem ihre Oberläufe schneiden sich immer tiefer in den Untergrund ein; man bezeichnet dies als rückschreitende Erosion, die sich bei jedem Fließgewässer beobachten lässt. Das Gefälle im Unterlauf eines Fließgewässers nimmt zur gleichen Zeit immer weiter ab, weil der Hauptteil des gesamten Gefälles eines Baches an dessen Oberlauf verlagert wird.

Auch in Bewegung geratenes Eis zerstört Gesteinsschichten, ebenso Salz, das ursprünglich in Wasser gelöst war und nach dessen Verdunstung zurückblieb. In kalten und niederschlagsreichen Gegenden kann in langen Wintern an der Erdoberfläche alljährlich mehr Schnee aufgehäuft werden, als während der kurzen Sommer abtaut. Der Schnee verfestigt sich allmählich zu Eis, das sich schließlich in Bewegung setzt. Das scharfe und tonnenschwere Eis hobelt Materie von der Erdoberfläche ab. Ein auf diese Weise entstandener Gletscher verlagert erhebliche Mengen an Gestein.

Die Verwitterung wirkt außerdem auf steil aufragende Geländekanten und Felsen ein, in ganz ähnlicher Weise übrigens auch auf Hausfassaden. Stein jeglicher Art kann durch Frosteinwirkung auseinandergesprengt werden. Dieser Prozess hängt mit der Dichteanomalie des Wassers zusammen. Bei 4°C weist Wasser die größte Dichte auf. Wird es erwärmt oder abgekühlt, dehnt es sich aus. Wenn Wasser in Gesteinsritzen eindringt und zu Eis gefriert, das sich bei Abkühlung immer weiter ausdehnt, wird die Gesteinsritze erweitert. Taut das Eis in der Ritze auf, wird der von der Ritze durchzogene Gesteinsbrocken nicht mehr in gleicher Weise zusammengehalten wie vor dem Frostereignis. Wenn es immer wieder zur Bildung und zum Auftauen von Eis in einer Gesteinsritze kommt, wird sie so lange erweitert, bis ein Gesteinsbrocken vom Felsen abgesprengt wird und an den Grund der Felswand (oder auch der Hauswand) fällt. Stück für Stück weichen auf diese Weise Felswände zurück, und zwar auch dann, wenn kein Meer an ihren Fuß brandet und kein Fluss von der Basis her einen Steilhang abbaut. An Steilküsten des Meeres und

Felswänden in Tälern kommt es stets zu einem Miteinander von Felserosion durch Gewässerströmungen und Frostsprengung in der Steilwand. Jede Felswand wird auf diese Weise immer weiter zurückverlagert und abgebaut.

Felsen werden auch durch die Wirkung von Salz zersprengt, und zwar unter dem Einfluss eines sehr trockenen Klimas. Wasser verdunstet, Salz bleibt in Gesteinsritzen zurück. Es beansprucht dadurch mehr Platz, dass es erneut Wasser anzieht; auf diese Weise zerfällt der Stein. Von dieser Form der Verwitterung ist besonders Sandstein betroffen. Liegt unter einer Sandsteinschicht ein wasserundurchlässiger Gesteinshorizont, sammelt sich im Bereich der Schichtgrenze regelmäßig Wasser an. Wenn es verdunstet, bleibt Salz zurück, das Stück für Stück eine Kerbe aus dem unteren Teil der Sandsteinschicht heraus präparieren kann. So entsteht ein geschützter Platz unter einem Gesteinsvorsprung, der wie ein Vordach aus Stein aussieht. Man nennt ihn Abri oder Balm; Tiere und Menschen können dort Schutz finden.

Der Abtrag wirkt einerseits dort besonders stark, wo kräftige Strömungen der Luft oder des Wassers, auch Eisbewegungen auf die Erdoberfläche einwirken, andererseits an steilen Felswänden. In Trockengebieten spielt ferner die Verwitterung von Gestein unter dem Einfluss von Salz eine erhebliche Rolle.

Das auf verschiedene Weise abgetragene Gesteinsmaterial kann durch die Wirkung des Windes weiter zerkleinert werden: Eis und Sand, die wie von einem Sandstrahlgebläse stets mit scharfer Strömung in die gleiche Richtung verweht werden, hinterlassen ihre Spuren als «Windschliff» auf Steinen. In der Strömung von Gewässern und bei der Bewegung von Gletschern werden Gesteinsbrocken zu Kieseln oder Schotter abgerundet. Im Geschiebe (so nennt man das Material, das vom Gletscher bewegt wurde) findet man als Resultat davon abgerundete Steine, die Flusskieseln ähneln.

Verlagerung und Sortierung durch Wasser und Wind

Im Wasser wird Gesteinsmaterial nicht nur zerkleinert, sondern auch nach der Größe sortiert und abgelagert. Schwere Felsbrocken können nur von sehr starker Strömung ein Stück weit bewegt werden. Kleinere Partikel werden weitergetragen: Sand und noch feinere Gesteinsbestandteile, die als Schluff und Ton bezeichnet werden. Zur Bewegung von Sand und allen größeren Gesteinsbruchstücken wird eine geringere oder stärkere Strömung benötigt. Die kleinsten und leichtesten Bestandteile, Schluff und Ton, gelangen aber auch in das Zentrum von Stillgewässern, von Meeren und Seen, und sinken dort allmählich zu Boden, oder sie werden am Rand dieser Gewässer in strömungsarmen Bereichen deponiert.

Wenn Sand, Schluff und Ton am Rand von fließendem Wasser liegen bleiben und abtrocknen, kann der Wind feine, inzwischen trockene Partikel aufnehmen und verlagern. Das ist etwa dann der Fall, wenn die Menge an Wasser in Flussbetten abnimmt und der Fluss sich auf eine schmale Wasserbahn in der Mitte seines Tals zurückzieht. Auch der Wind sortiert die Gesteinsbruchstücke nach dem Gewicht. Sand trägt er weniger weit als Schluff und Ton. Sand wird zu Dünen aufgehäuft, die man oft unmittelbar am Rand der Täler findet. Feine Bestandteile können dagegen sehr weit transportiert werden. Sie bleiben erst dort liegen, wo die Kraft des Windes stark nachlässt und wo Erdoberflächenstrukturen aufragen, die als «Staubfänger» wirken: Gebirge oder auch kleine Hügelzüge.

Sedimentation

Damit sind bereits die Orte angesprochen, an denen es zur Ablagerung, zur Sedimentation, kommt. Prinzipiell können äolische Ablagerungen, also Substanzen, die vom Wind transportiert wurden, überall auf der Erdoberfläche deponiert werden, und zwar in Form von feinem Staub. In besonders großen Mengen bleiben diese Staubpartikel in Senken liegen, auch vor den Hängen von Gebirgen: Eine Luftströmung, die auf einen Hang trifft, muss dort aufsteigen. Dadurch verliert sie an Kraft, und der mitgeführte Staub bleibt am Fuß des Berghanges zurück.

Diese Erdoberflächenprozesse lassen sich sehr gut in Gegenden erkunden, die während der Eiszeiten von Gletschern geprägt wurden. Gletscher trugen Gesteinsmaterial beispielsweise von den skandinavischen Gebirgen ab und verfrachteten es in den Norden Mitteleuropas. Am Rand des Eises, sowohl an den Seiten wie an dessen Front, und auch unter ihm blieb lockeres Gesteinsmaterial in Form von Moränen liegen. Schmelzwasser riss Steine, Sand, Schluff und Ton aus den Moränen und verfrachtete diese Partikel ins Gebiet außerhalb der Moränen. Nach Größen sortiert blieben die einzelnen Fraktionen des zerkleinerten Gesteins im Gletschervorfeld liegen. Wenn Sand abgetrocknet war, formte der Wind daraus die Dünen, die man beispielsweise an Aller, Weser und Elbe findet.[44] Große Mengen an Schluff und Ton wurden bis zum Rand der Mittelgebirge getragen und dann dort sowie zwischen den Bergketten abgelagert – und zwar in Form von Löß. Den Streifen vor den Mittelgebirgen, wo Löß abgelagert wurde, nennt man Börde. Löß, der zwischen Gebirgs- und Hügelketten deponiert wurde, bezeichnet man als intramontanen Löß. Am Nordrand der Alpen werden intramontane Lößgebiete, deren Ablagerungen aus den Vorfeldern von Gletschern aus den Alpen stammen, Gäulandschaften genannt.

Andere Senken, in denen Sedimente akkumuliert wurden und werden, sind Becken von Flüssen, Seen und Meeren. Dort werden Gesteinsbestandteile ebenfalls nach Größe und Gewicht sortiert. An Unterläufen von Flüssen kommt es zur Aufschotterung: Von Wasser bis dorthin transportierte Steine bleiben am Grund von Flussbetten liegen, weil die Strömung nachlässt. Daher steigt der Wasserspiegel des Flusses, der darüber hinwegströmt, an. Sand lagert sich seitlich des Stromstriches ab; es bilden sich zwei Wälle. Dort reicht die Kraft der Flussströmung nicht mehr aus, um Sand

Abb. 4-1 Steine bleiben direkt vor der Steilküste liegen. Sand lagert sich vor der Küste in Sandriffen ab, die im klaren Wasser als helle Streifen zu erkennen sind. Dort treffen sich ab- und auflaufende Wassermengen (Insel Vilm vor Rügen).

weiterzutragen. Man bezeichnet diese Wälle in manchen Gegenden als Hochland, weil sie bei Hochwasser aus dem Wasser herausragen. Nur wenn der Fluss ausufert und über die seitlichen Wälle tritt, werden die hinter ihnen liegenden Niederungsbereiche überflutet. Nur dann gelangen auch vom Wasser mitgeführte Gesteinspartikel in diesen Teil des Tales. Die Strömung ist dort stets gering; daher werden nur kleine Partikel, feiner Schluff und Ton, an den Talrändern deponiert. Dieses tief gelegene Land an den Talrändern wird in Norddeutschland Sietland genannt; es ist länger überflutet als das Hochland direkt am Fluss.

Ein Fluss, an dessen Grund und an dessen Seiten Sediment liegen bleibt und der sich dabei aufschottert, entwickelt sich allmählich zu einem Dammfluss, dessen Wasserniveau höher liegt als die Oberfläche der seitlichen Talbereiche oder des Sietlandes. Aus den Senken des Sietlandes kann seitlich zufließendes Wasser immer schlechter zur Talmitte gelangen und in den dort verlaufenden Fluss einmünden. Wasser sammelt sich in Talrandmooren und Talrandbächen, die auf weite Strecken parallel zum Hauptstrom entlangfließen und dann erst zum Fluss in der Talmitte durchbrechen. Wenn Nebenflüsse neben einem Hauptstrom im gleichen Tal verlaufen und erst ein Stück weit unterhalb in ihn münden, spricht man von verschleppten Flussmündungen.

Vor allem in der Nähe der Flussmündungen ins Meer (oder in einen See, beispielsweise den Bodensee) bleibt viel Sand liegen. Er kann von den Strömungen des Meeres aufgenommen werden, ebenso wie das Material, das von Steilküsten auf den Strand fällt. Steine bleiben unterhalb der Steilküsten liegen; sie werden aber – je nach Größe und Gewicht mehr oder weniger weit – von der Brandung bewegt und dabei zerkleinert. Sand, Schluff und Ton können dagegen von den Meeresströmungen über kleinere oder größere Distanzen bewegt werden – in Abhängigkeit von deren Gewicht.

Ausgleichsküsten

An Meeresküsten wird beständig Gesteinsmaterial mit den Strömungen umgelagert. Das Material wird weiter zerkleinert und immer perfekter nach Größe und Gewicht sortiert. Diese Prozesse spielen sich in der Brandung am Ufer ab. Jede Welle läuft schräg auf die Küstenlinie zu; das Wasser weicht auch schräg von der Küste zurück. Eine Welle kann Sand nur so lange tragen, bis sie mit der nächsten auf die Küste zulaufenden Welle zusammenstößt. Dort reicht die Kraft der Strömung zwar noch zum Weitertransport der feinen schluffigen und tonigen Partikel aus, aber Sand sinkt an den Grund des flachen Meeres.

Weil sich die vor- und zurücklaufenden Wellen bei etwa gleich bleibendem Wasserstand in einem identischen Abstand zur Küste treffen, bildet sich einige Meter vor der Uferlinie ein Wall aus, der als Sandriff bezeichnet wird. Parallel zu ihm können weitere Sandriffe bestehen, die dann aufgebaut werden, wenn der Wasserstand ein anderes Niveau aufweist. In der Regel liegen mehrere Sandriffe nebeneinander *(Abb. 4-1)*. Zwischen den Sandriffen wird Sand zickzackförmig mit den auf- und ablaufenden Wellen weitergetragen. Das Sandriff wird nach den Seiten verlängert. Es kann sogar über eine Bucht hinauswachsen und dessen Wasserfläche allmählich vom Meer abschnüren.

Bei niedrigem Wasserstand ragen hohe Bereiche eines Sandriffs über die Wasserfläche hinaus. Der Sand trocknet rasch; anschließend kann er vom Wind weitergetragen werden, der ihn zu kleinen Dünen aufhäuft. Die Kämme der Dünen liegen höher als das ursprüngliche Sandriff; sie werden nicht mehr überflutet. Auf diese Weise entsteht ein landfester Haken, der sich immer weiter ausdehnt und sogar die gegenüberliegende Seite der Bucht erreichen kann. Dabei wird der Haken zur Nehrung oder zum Lido. Das Wasser in der Bucht wird auf diese Weise vom Meer abgetrennt, und der flache Wasserbereich der ehemaligen Bucht wird zum Strandsee, den man in einigen Gegenden auch als Lagune, Haff oder Bodden bezeichnet. Auf dem Haken oder der Nehrung können nun die Sandmassen zu Dünen von beachtlicher Höhe aufgeweht werden *(Abb. 4-2)*. Doch auch an Haken und Nehrungen setzt erneut Wassererosion ein: Der Sand wird immer weiter verlagert, die Sandgebilde verändern ihre Gestalt, und der Sand kommt niemals zur Ruhe.

Die feinen Partikel, Schluff und Ton, bleiben länger im Wasser suspendiert. Sie lagern sich beispielsweise hinter Haken und Nehrungen ab, wo die Strömung erheblich geringer ist. In Lagunen-, Haff- und Boddenbereichen findet man daher eine Menge feines Sediment, das den Flachwasserbereich allmählich noch seichter macht, so dass er verlanden und vermooren kann. Mooriges Terrain in einem ehemaligen Strandsee nennt man mancherorts «Noor».

Haken und Nehrungen mit Strandseen können sich nur an einer Meeresküste ausbilden, an der der Tidenhub gering ist – an der Ostsee,[45] an der jütischen Nordseeküste, am Mittelmeer, in Florida. An anderen Küsten sind die Unterschiede zwischen Hoch- und Niedrigwasser größer, und es bilden sich im Wechsel der Tiden starke Flut- und Ebbströmungen aus. Vor allem das während der Ebbe abfließende Wasser verhindert die Bildung zu-

Abb. 4-2 Die Kurische Nehrung schließt das Kurische Haff gegenüber der Ostsee ab. Der Wind formte aus dem Sand der Nehrung Dünen, die auch heute ständig wandern.

sammenhängender Nehrungen. Die Sandablagerungen werden dort von tief eingeschnittenen Gewässerbahnen unterbrochen, den Gatts, Gaten oder Tiefs. Wenn der Tidenhub höher als ungefähr zwei Meter ist, entstehen längliche Barriereinseln; Beispiele dafür sind die West- und Ostfriesischen Inseln an der südlichen Nordseeküste.[46] Bei noch höherem Tidenhub bilden sich andere Sandablagerungen heraus: rundliche Sandbänke, die sich zu Platen und dann auch zu Inseln weiterentwickeln können. Solche Inseln findet man in der inneren Deutschen Bucht, im Mündungsbereich von Elbe und Weser. Beispiele für solche Platen sind Neuwerk und Scharhörn. Hinter den Barriereinseln lagern die schwach gewordenen Meeresströmungen nur feine Partikel ab: Schluff und Ton.

Der Bereich, der bei Flut überströmt wird und aus dem sich bei Ebbe das Wasser zurückzieht, wird Watt genannt. Vor Steilküsten gibt es ein Felswatt. Wo feinkörnige Ablagerungen des

Meeres das Watt bilden, wird es je nach Konsistenz Sandwatt (an der Außenseite der Inseln) oder Schlickwatt (an der Rückseite der Inseln) genannt.

Langfristige Veränderungen des Meeresspiegels

Das Niveau des Meeresspiegels ist keine Konstante. Abgesehen von regelmäßigen Schwankungen des Wasserspiegels, die mit den Tiden zusammenhängen, und auch von Windströmungen, die Wasser vom Ufer wegdrücken oder in Richtung der Küste pressen, gibt es weitere, langfristigere Meeresspiegelschwankungen. Sie können einerseits damit zusammenhängen, dass Land gehoben wird oder absinkt. Man spricht dann von isostatischen Meeresspiegelschwankungen. Andererseits gibt es eustatische Schwankungen der Wasserspiegelhöhen. Sie hängen vor allem davon ab, wie viel Wasser weltweit als Eis gebunden und daher nicht in den Meeresbecken zu finden ist. In der letzten Eiszeit war so viel Wasser in den Gletschern auf der Erdoberfläche gebunden, dass der Wasserspiegel der Weltmeere 120 bis 130 Meter unter dem heutigen Niveau lag. Für die flachen Meere am Rande Europas hatte dies erhebliche Auswirkungen: Es gab damals keine Verbindung zwischen Mittelmeer und Schwarzem Meer, der Englische Kanal war nicht durchströmt, und die Nordseeküste lag im Bereich der Doggerbank.

Lithogenese

Lockere Sedimente, die vom Wind oder Wasser abgelagert wurden, können durch den Druck weiterer Ablagerungen, die sie überdecken, allmählich zu Gesteinen zusammengepresst werden. Aus dem Material, das sich in durchströmten Bereichen ablagerte, beispielsweise an Flussmündungen, kann Sandstein werden, aus feinem Ton Tonstein, Schiefer oder, wenn die Ablagerungen kalkhaltig sind, Kalkstein. Wenn flache Seen oder Meeresarme unter dem Einfluss eines trockenen und heißen Klimas austrocknen, wird Salz akkumuliert, das unter erheblichem Druck, der von weiteren, darüberliegenden Ablagerungen ausgeht, zu Steinsalz wird. Die Bildung von festem Gestein aus lockeren Ablagerungen wird Lithogenese (Steinbildung) genannt.

Kontinentaldrift, Oro- oder Epirogenese

Der Einebnung der Erdoberfläche wirken tektonische Prozesse entgegen, vor allem die Kontinentaldrift und der Vulkanismus. Im Lauf der Erdgeschichte verschoben sich die Kontinentalmassen über zum Teil große Distanzen auf der Erdoberfläche. Sie lagen zu gewissen Zeiten in arktischen, dann in gemäßigten, subtropischen und tropischen Breiten. Im Verlauf ihrer Bewegungen stießen sie immer wieder einmal aneinander, was dazu führte, dass Teile von Kontinentalplatten übereinander und untereinander geschoben wurden. An diesen Stellen wurde die Erdoberfläche weit in die Höhe gedrückt, so dass hohe Gebirge entstanden. Relativ rasch ablaufende Prozesse der Gebirgsbildung bezeichnet man als Orogenese, langfristige Vorgänge als Epirogenese; beide sind von der Gesteinsbildung oder Lithogenese zu unterscheiden. Europa wurde einerseits durch sehr alte, andererseits recht junge Gebirgsbildungsprozesse geprägt: Die Nordwanderung der afrikanischen Kontinentalplatte hatte die Entstehung einer Hochgebirgskette zur Folge, zu der Pyrenäen und Alpen gehören. Kalkablagerungen, die sich einst im Meer gebildet hatten, wurden auf diese Weise mehrere Kilometer in die Höhe gehoben. Manche der höchsten Alpengipfel bestehen aus diesem Material.

Im Verlauf der Bewegungen von Kontinentalmassen entstanden auch Senken, in denen sich flache Becken ausbildeten. Eine solche Senke befand sich zu verschiedenen Zeiten immer wieder im nördlichen Mitteleuropa, im Bereich von Nord- und Ostsee, und auch das Mittelmeer kann als eine solche Senke verstanden werden.[47]

Abb. 4-3 Blick über den Rhonegraben bei Mâcon (Burgund) nach Osten.

Kontinentalplatten können auch zerbrechen und dann auseinanderdriften. Alfred Wegener zeigte in seiner bahnbrechenden Kontinentaldrifttheorie, dass die beiden Amerikas, Afrika und Eurasien einmal eine zusammenhängende Kontinentalmasse gebildet hatten.[48] An der Bruchnaht der Mittelatlantischen Schwelle trennten sich die Kontinentalplatten und begannen, sich voneinander zu entfernen. Eine weitere markante Bruchnaht bildet sich derzeit, das heißt, in Wirklichkeit im Verlauf von vielen Jahrmillionen, in Europa, im Mittelmeerraum und Afrika. Dort bricht ein Graben ein, den man vom Oslofjord im Norden über den Leine-, den Oberrhein- und Rhonegraben *(Abb. 4-3)*, dann quer durch das Mittelmeer und das Rote Meer bis nach Ostafrika verfolgen kann. In Südnorwegen, am Mittelmeer und am Roten Meer sind bereits Wassermassen in den Graben eingedrungen; dies wird in ferner Zukunft mutmaßlich auch in anderen Bereichen des Kontinentalbruches geschehen.

In einigen Bereichen dieses Grabens sind im Zusammenhang mit den Bruchvorgängen die Ränder der auseinanderweichenden Kontinentalmassen emporgehoben worden. Dadurch wurden Teile der Erdoberfläche in der Nähe der Bruchnaht schräg gestellt. Zuvor tief im Untergrund versunkene Gesteinsmassen liegen nun als Gebirge und Hügelländer an den Seiten des Grabenbruchs. Ehemals ragten diese emporgedrückten Felsmassen noch höher auf. Was auf den schräg gestellten Gesteinsschichten lag, ist bereits abgetragen, weil es den erodierenden Kräften an der Erdoberfläche besonders stark ausgesetzt wurde. Die Kanten jüngerer Ablagerungen sind bereits weit von der Bruchnaht entfernt, ältere Ablagerungen hielten sich noch in deren Nähe.

Jede harte Gesteinsschicht wurde durch die Kraft der Erosion herauspräpariert, und so entstand eine Schichtstufenlandschaft *(Abb. 4-4)*. Zum Grabenbruch hingewandt sind steile Hänge, die von hartem Stein bekrönt werden, vom Graben weg fallen Platten sanft bis zum nächsten Steilhang harten Gesteins ab. Schichtstufenlandschaften finden sich an den Rändern des Grabenbruchs in Europa: Östlich des Grabens, in Süddeutschland, sind die Bruchkanten nach Westen orientiert, die Bruchkanten in Frankreich dagegen nach Osten hin. In Frankreich werden die schräg gestellten Bergrippen mit ihren Kanten «Côte» genannt. Man bezeichnet sie also genauso wie eine Steilküste am Meer; tatsächlich sehen die Bruchkanten der Schichtstufenlandschaft und Steilküsten ähnlich aus. Gut ausgebildete Schichtstufenlandschaften findet man auch im südlichen Niedersachsen, beidseits des Leinegrabens.

Die Entstehung einer anderen Schichtstufenlandschaft könnte mit dem Auseinanderbrechen von Europa und Nordamerika zusammengehangen haben: Auch auf dem weit in die Höhe gedrückten skandinavischen Gebirge aus altem Gestein liegen jüngere Kalksteinablagerungen, die im Ostseeraum und am Rand der russischen Tafel Steilkanten bilden, die nach Westen und Norden orientiert sind. Sie werden Glint oder Klint genannt und prägen die Küsten von Estland sowie einiger großer Ostseeinseln, beispielsweise von Gotland und Öland.[49]

Abb. 4-4 Schichtstufenlandschaft in Burgund. Die Rippen mit ihren Steilhängen werden «Côte» genannt.

Die Kontinentaldrift führte auch dazu, dass die Kontinentalmassen von einer Klimazone in eine andere verschoben wurden, so dass es dem jeweiligen Klima entsprechend zur aufeinanderfolgenden Ablagerung von Sedimenten kam, deren Entstehung an bestimmte klimatische Bedingungen gebunden war. Kalk lagerte sich vor allem in einer warmen Klimazone im flachen Wasser ab, Sand und später Sandstein entstanden dort, wo es einmal Flussmündungen und von anderen Wasserströmungen geformte Bereiche gab. Sandakkumulationen können aber auch beim Vorherrschen eines trockenen Wüstenklimas entstanden sein. Gletscherschutt wurde auf der Oberfläche einer Kontinentalplatte deponiert, wenn sich diese am Rand eines Gebietes mit kaltem Klima befand, und Salz lagerte sich nur dann ab, wenn die Platte in den Bereich heißen Klimas gedriftet war, so dass dort ein flaches Gewässer austrocknete. Abhängig vom vorherrschenden Kli-

Abb. 4-5 Der Laacher See ist ein mit Wasser gefüllter Überrest eines Vulkans, der noch vor wenigen Jahrtausenden aktiv war.

ma wirkte auch die Erosion auf ein Stück der Erdoberfläche in immer wieder anderer Weise an dem Ort ein, an dem sie sich im Verlauf der Kontinentalverschiebung gerade befand.

Vulkanismus, Meteoriteneinschläge, Salztektonik

An immer wieder anderen Stellen der Erdoberfläche kam es zu bestimmten Zeiten zu Vulkanismus. Materie aus tieferen Erdschichten gelangte dort über Eruptionen an die Erdoberfläche. Durch vulkanische Tätigkeit wurden riesige Mengen an Gestein abgelagert, das anschließend der Erosion ausgesetzt war. Je stärker die Witterung und die Strömung von Wasser und Eis auf die vulkanischen Gesteine einwirkten, desto erheblicher wurden sie abgetragen. Bei vulkanischen Eruptionen konnten auch unterschiedlich große Mengen an Staub in die Erdatmosphäre gelangen. Dieses feine Material wurde vom Wind aufgenommen und an anderen Orten in Form von vulkanischem Tuff deponiert. In ehemaligen Vulkankratern konnten sich Kraterseen bilden. Ein Kratersee wird auch Maar genannt *(Abb. 4-5)*.

Selten wird die Erdoberfläche von Meteoriten getroffen. Sie formen kraterförmige Senken von zum Teil beträchtlichem Ausmaß. Ein gutes Beispiel für einen solchen Meteoritenkrater ist das Nördlinger Ries, an dem die Grenze zwischen Schwäbischer und Fränkischer Alb gezogen wird.

Kleinere Teile der Erdoberfläche sind von Salztektonik geprägt. Wenn Salzablagerungen unter massiven Paketen daraufliegender Sedimente zusammengepresst werden, nehmen sie eine plastische Struktur an und können verformt werden. Durch Klüfte werden sie schließlich in die Höhe gedrückt. Dabei heben sie über den Klüften liegende Gesteinsmassen mit an. Auch auf diese Weise entstehen kleine Gebirge und Inseln, die fortan der Erosion ausgesetzt sind, ein Beispiel dafür ist Helgoland *(Abb. 4-6)*.

Abtragung und Ablagerung unter dem Einfluss biotischer Faktoren

Seit etwa drei Milliarden Jahren gibt es Leben auf der Erdoberfläche. Dadurch wurden auch die Bedingungen für Abtragung und Ablagerung von Sediment erheblich verändert. Mit der Entstehung des Lebens verbunden ist der zweitwichtigste Erdoberflächenprozess, die Fotosynthese. Damit hängt einerseits zusammen, dass Kohlendioxid aus der Atmosphäre abgebaut wird und stattdessen Sauerstoff in die Lufthülle der Erde gelangt. Aus Kohlendioxid entstehen andererseits organische Kohlenstoffverbindungen als Bausteine biologischer Strukturen. Ein Teil von ihnen wird im Prozess der Atmung abgebaut und zur Gewinnung von Energie für weitere Biosynthesen verwendet. Für die Prozesse an der Erdoberfläche ist sehr bedeutsam, dass niemals alle organischen

Abb. 4-6 Helgoland ist ein durch Salztektonik emporgehobener Sandsteinfelsen. Auf dem Sandstein lagert Kalk, der den Untergrund der Insel rechts bildet. Sie wird «Düne» genannt.

Kohlenstoffverbindungen wieder abgebaut wurden und werden. Sie können an verschiedenen Orten gespeichert werden, und zwar für kürzere oder längere Zeit. Abgestorbene organische Substanz sammelt sich in Böden an, und zwar in Form von Humus. Beim Abbau organischer Substanzen bilden sich im Boden Humin- und Fulvosäure. An der Oberfläche von Wurzeln werden Wasserstoffionen gegen Mineralstoffionen ausgetauscht, die die Pflanze zum Leben braucht. Die Wasserstoffionen säuern den Boden weiter an. Die Säuren insgesamt lassen Gestein unter dem Boden chemisch verwittern. Aus dem Gestein werden dabei Mineralstoffe freigesetzt, die von den Pflanzenwurzeln aufgenommen werden können.

In Sümpfen und Mooren sammelt sich besonders viel Humus an. Die abgestorbene organische Masse wird dort wegen des Mangels an Sauerstoff unterhalb des Wasserspiegels nicht abgebaut; denn Organismen, die abgestorbene pflanzliche Masse zersetzen, können an diesen Orten nicht leben. Dort bildet sich zunächst Dauerhumus oder Torf. Unter dem Druck weiterer Ablagerungen, die sich über die Torfschicht legen, kann aus Torf Kohle werden. Organische Substanz, die sich beispielsweise in flachen Strandseen unter warmen Klimabedingungen ansammelte, konnte im Lauf der Zeit durch hohen Druck in Erdöl oder Erdgas verwandelt werden.

Vor allem im Wasser lebende Organismen bauen aus Carbonaten, die aus organischen Substanzen entstehen, und Calcium Kalk auf. Dieser Kalk kann abgelagert werden als – neben Kohle, Erdöl und Erdgas – weiteres äußerst wichtiges biogenes Sediment, das als Abbauprodukt aus früheren Organismen die Zeiten überdauert hat. Zu einer Kalkablagerung kann es nur dann kommen, wenn der Druck im Wasser gering ist, und dies ist nur in Flachwasserbereichen der Fall, einerseits in Seen, andererseits in flachen Meeresarmen, die allmählich verlanden, beispielsweise in einer Lagune. Auch Korallenriffe, die sich in geringer Wassertiefe befinden, werden aus Kalk aufgebaut und nehmen an Höhe zu, aber nur unmittelbar unterhalb der Wasseroberfläche. Wachsen sie über den Meeresspiegel hinaus, können ihre «Gipfel» von der Brandung zerstört und der daraus entstehende feine Sand verlagert werden, so dass es zur Bildung von hakenähnlichen Gebilden kommt. Wenn der feine Sand abtrocknet, bilden sich Dünen, und auf diese Weise kann ein Korallenriff zur Insel werden. Wird sie bei steigendem Wasserspiegel erneut überspült, wächst das Riff weiter nach oben, bis sein Gipfel wieder unmittelbar an der Wasseroberfläche liegt. Dort empfangen die mit den Korallen zusammenlebenden Algen das meiste Licht, um Fotosynthese zu betreiben und organische Substanzen aufzubauen, aus denen später auch weitere Carbonate und damit Kalk werden können.

In Kohle und Kalk finden sich besonders viele Fossilien, die noch exakt die Formen früherer Lebewesen aufweisen. Berühmt sind die Holzfossilien aus der Steinkohle oder die Versteinerungen aus Ablagerungen des Muschelkalks oder aus Schichten von Jura und Kreidekalk. Mit den Fossilienfunden lassen sich aber nur diejenigen Organismen nachweisen, die in dem speziellen Lebensumfeld vorkamen, in dem die Ablagerungen entstanden. Aus der Steinkohlezeit, dem Zeitalter des Karbon, kennt man nur die Holzgewächse, die in den Sümpfen wuchsen, in deren Ablagerungen sie später eingebettet wurden. In Kalksteinschichten findet man vor allem Überreste von Organismen aus dem Flachwasserbereich, wo Kalk ausfiel und der daher verlanden konnte. Wenn solche Lagunen zu Land geworden waren, starben sämtliche Organismen aus, die ausschließlich in Flachwasserbereichen lebten. Möglicherweise war dies der wesentliche Grund dafür, dass bestimmte Echsenarten, die wir als Saurier bezeichnen, am Ende des Kreidezeitalters verschwanden.

Karst

Wenn Kalkschichten nach ihrer Bildung angehoben werden, wenn es also nach der Lithogenese im flachen Wasser zu einer Oro- oder Epirogenese kommt, entsteht ein Kalkgebirge, das besondere Eigenschaften aufweist. Kalk ist in geringem Maße wasserlöslich. Daher kommt es zu Karsterscheinungen. Man nennt sie so nach Beobachtungen im kroatischen Karstgebirge, das neben der Schwäbischen Alb als das typische Kalkgebirge mit allen seinen besonderen Landschaftsformen gilt. An der Oberfläche eines Kalkgebirges gibt es viele trockene Standorte, weil Wasser in Kalkklüften versickert, die durch das Wasser ständig erweitert werden. Nur in wenigen Senken sammelt sich Wasser, beispielsweise über wasserundurchlässigen Schichten aus Feuersteinlehm. Wenn der Untergrund gefroren ist, versickert das Wasser ebenfalls nicht. Daher können in einem Kalkgebirge während einer Kaltzeit Täler entstehen, die in einer warmen Klimaperiode trocken fallen. Man bezeichnet sie als Trockentäler. Weitere Senken im Kalkgebirge nennt man Doline und Polje. Eine Doline ist ein kleiner Erdfall, der dadurch entsteht, dass über einem durch Kalklösung entstandenen Hohlraum das Gesteinsmaterial einbricht. Auf ähnliche Weise bildet sich ein Polje; es ist aber erheblich größer als eine Doline. Im kroatischen Karstgebirge ist es nur am Grund eines Polje und auf der Schwäbischen Alb in Talsenken feucht genug für den Ackerbau *(Abb. 4-7)*. Polje ist eigentlich der kroatische Begriff für ein Feld, und von diesem Begriff ist die Benennung für die spezielle Landschaftsform einer ausgedehnten Senke im Karstgebirge abgeleitet. In regenreichen Perioden oder bei der Schneeschmelze bilden sich in manchen Senken eines Karstgebietes für eine gewisse Zeit flache Karstseen, die in trockeneren Witterungsphasen wieder austrocknen.

Abb. 4-7 In einem Kalkgebirge wie der Schwäbischen Alb reicht die Wassermenge nur in der Talsenke für den Ackerbau aus. Die trockenen Hänge werden beweidet, auf Steilhängen befindet sich Wald.

Das Wasser sammelt sich im Untergrund eines Karstgebirges, und zwar über einer wasserundurchlässigen Schicht. Auch sie kann aus Feuersteinlehm bestehen. Dort entstehen unterirdische Wasserläufe, die beständig vom Wasser erweitert werden. Die unterirdischen Hohlräume werden an vielen Stellen nicht vollständig von Wasser ausgefüllt. Auf diese Weise bilden sich weit verzweigte Höhlensysteme, von denen einige von seitlichen Felsabbrüchen des Kalkgebirges aus zugänglich sind. Am Rand des Karstgebirges treten die Wassermassen an sehr starken Quellen zutage, die man Quelltöpfe nennt. Im Untergrund des Kalkgebirges hat Wasser eine recht hohe Temperatur und kann demzufolge eine Menge Kalk lösen. An den Quelltöpfen nimmt die Temperatur des aus-

Abb. 4-8 Am Rand der Schwäbischen Alb treten große Wassermengen aus, z. B. am Uracher Wasserfall.

tretenden Wassers sehr rasch ab. Dabei wird Kalk ausgefällt, denn in kälterem Wasser kann weniger Kalk gelöst werden. An den Quelltöpfen entsteht aus ausgefälltem Kalk Sinter, über den das Wasser aus dem Quelltopf rinnt. Berühmt sind die auf diese Weise sich immer weiter bildenden Sinterterrassen, die man an den Plitvicer Seen in Kroatien und an vielen anderen Orten der Welt bewundern kann. Tritt das Wasser aus einer Felswand aus, kann sich unterhalb der Quelle ein Wasserfall bilden. Ein spektakuläres Beispiel dafür ist der Uracher Wasserfall am Rand der Schwäbischen Alb *(Abb. 4-8)*.

Mit den grundsätzlich wichtigen Erdoberflächenprozessen sind Risiken verbunden, die sich in unterschiedlicher Stärke auf bestimmte Landschaften auswirken können: vor allem in den Bereichen starker Abtragung und starker Erosion, dort, wo es zu Vulkanismus kommt oder plattentektonische Bewegungen häufig Erdbeben auslösen. Die Risiken lassen sich klar umreißen, werden aber oft von den dort lebenden Menschen nicht in aller Deutlichkeit erfasst, weil sie sich infolge von getroffenen Schutzmaßnahmen sicher fühlen. Es ist notwendig, sie besser über die Risiken an ihrem Wohnort aufzuklären, damit sie sich noch besser schützen können. Wichtig ist es auch, Debatten darüber zu führen, wie lange man ein Leben in Stabilität an einem von besonderer Dynamik betroffenen Wohnort befürworten kann. Eine sorgfältige Betrachtung der Naturkräfte in einer Landschaft könnte auch zu der Empfehlung führen, Wohnorte oder Industriestandorte für immer aufzugeben oder von Zeit zu Zeit zu verlagern.

Die Abschätzung von Risiken ist kompliziert; man darf keineswegs von Pauschalaussagen ausgehen. Erosion von weichem Gestein erfolgt rascher als die von hartem Fels, Kalk wird eher von Wasser zersetzt als Granit, die Auswirkungen des Meeresspiegelanstieges sind von den jeweils am betreffenden Ort eintretenden Tidenhöhen abhängig. Durch Analyse von Sedimenten muss herausgefunden werden, wie weit Überschwemmungen von Flüssen in der Vergangenheit reichten und daher auch wieder reichen können. In einigen Gegenden kann davon ausgegangen werden, dass prinzipiell der gesamte Talboden mit den unteren Bereichen der Talflanken überschwemmt werden kann. Das ist vor allem dort der Fall, wo Flüsse in ihrer derzeitigen Gestalt ein Tal selbst geschaffen haben. In anderen Fällen legten sich die Flüsse lediglich in Niederungen hinein, die unter anderen klimatischen und hydrologischen Bedingungen von anderen Fließgewässern geschaffen worden waren oder die sogar eine völlig andere Genese hatten. So wird der oben erwähnte Grabenbruch in Europa von verschiedenen Flüssen durchzogen; die Senke ist aber nicht insgesamt als ihr Tal zu verstehen. Keinesfalls ist daher also die gesamte Oberrheinebene von Hochwasser bedroht. Die von Flüssen durchzogenen Niederungen in den Ebenen des nördlichen Mitteleuropas sind Relikte aus den Eiszeiten. Damals flossen erhebliche Schmelzwassermengen in ihnen ab; sie formten viele Kilometer breite Ströme und Täler. Heute befindet sich normalerweise viel weniger Wasser in diesen Strömen, so dass zwar Teile der Senken, nicht aber die gesamten Ebenen überflutet werden können.

Die Auswirkungen von Überflutungen hängen vom Gefälle des Fließgewässers ab, in dem sie auftreten. Besonders heftige Überflutungen gibt es an den Oberläufen: Reißende Wassermassen führen zu erheblicher Zerstörung. An den Unterläufen der Flüsse geht die zerstörende Wirkung vor allem von der langen Dauer der Überflutung aus, die Dämme zum Brechen bringen kann. Besonders lange halten sich die Fluten dort, wo mehrere Flüsse ineinander münden und sich gegenseitig aufstauen.

Wo erhebliche Naturrisiken herrschen, kann es eher zur sogenannten Naturkatastrophe kommen. Deren Charakter muss man aber grundsätzlich richtig einschätzen: Das katastrophale Geschehen liegt immer im Rahmen der Dynamik von Natur. Wenn es zur Katastrophe kommt, bedeutet dies, dass sie von Menschen nicht vorhergesehen wurde oder dass eine ausreichende Strategie für den Schutz vor der Katastrophe noch nicht gefunden war oder ist. Es ist notwendig, sich immer besser auf das Wirken der Naturkräfte einzustellen. Die Menschheit tut dies bereits seit Jahrtausenden, denn in jeder konkreten Landschaft war damit stets zu rechnen. Das Wissen darüber ist nicht in jedem Fall aufgeschrieben worden. Aber es kann bei einer sorgfältigen Landschaftsanalyse aus der Betrachtung von Siedlungsstrukturen erschlossen werden, die ebenso wie schriftliche Quellen als wichtige Dokumente für den Umgang mit Landschaft herangezogen werden müssen.

5 Ökosysteme

Systemische Beziehungen in der belebten Natur

Die Dynamik der unbelebten Natur kann unberechenbar sein: Vulkanausbrüche oder Erdbeben lassen sich kaum vorhersagen, Wetterereignisse treten immer wieder nicht so ein, wie sie vorhergesagt wurden. In Witterungsperioden mit häufigem Frostwechsel, wenn mehrmals Wasser in Gesteinsritzen gefriert und wieder auftaut, brechen mehr Felspartien ab als zu anderen Zeiten. Deshalb kann der Aufenthalt unter steil aufragenden Felsen, etwa an der Steilküste von Rügen, im Winter gefährlich sein. Vulkanausbrüche können mit Erdbeben verbunden sein, die Witterung hat auf den Abtrag von Felsen Einfluss, aber nicht zwischen allen Teilen der unbelebten Natur lassen sich Beziehungen herstellen.

Zwischen Lebewesen herrschen viel engere Abhängigkeiten als zwischen Elementen der unbelebten Natur: Tiere fressen Pflanzen oder andere Tiere, Mikroorganismen stellen aus Stickstoff der Luft Stickstoffverbindungen her, die Pflanzen und Tiere zum Leben brauchen, bestimmte Pflanzen gedeihen in der prallen Sonne, andere nur im Schatten anderer Gewächse. Diese Abhängigkeiten lassen sich in Zusammenhängen von Systemen darstellen, die als Ökosysteme bezeichnet werden. Mit ihnen befasst sich unter anderem die Landschaftsökologie, ein Fachgebiet, das zwischen den Fächern Geographie und Ökologie angesiedelt ist. Das Ökosystem wird als ein Wirkungsgefüge zwischen Lebewesen und ihrer unbelebten sowie belebten Umwelt definiert. Man beschreibt ein Ökosystem dabei so, als sei es nach außen abgeschlossen. Doch diese Abgrenzung braucht man eigentlich ausschließlich für dessen Darstellung.[50]

Auch Landschaften begrenzt man, um sie beschreiben zu können; hierbei wird eine Gemeinsamkeit von Landschaft und Ökosystem erkennbar. Doch in Ökosystemen werden nur objektiv bestehende Elemente und Abhängigkeiten dargestellt, während in die Betrachtung von Landschaft eine Bewertung eingehen kann. Entsprechend befasst sich die Landschaftsökologie ausschließlich mit objektiv zu beurteilenden Untersuchungsgegenständen, während die Landschaftswissenschaft auch die Bewertungen einbezieht.

Man kann die gesamte Erdoberfläche oder die gesamte Biosphäre, den belebten Raum auf der Erde, als ein großes Ökosystem beschreiben. Denn letztlich bestehen zwischen allen Lebewesen auf der Erde Beziehungen. Doch so umfassend dieses Ökosystem auch ist: Nach außen lässt es sich nicht strikt begrenzen. Ohne Sonnenlicht gäbe es keine Fotosynthese und daher kein Leben auf der Erde.

Im Meer, wo das Leben entstand, sind die anorganischen Stoffe, die für Fotosynthese, Atmung und für weitere Stoffwechselprozesse notwendig sind, überall verfügbar. Nicht so auf dem Land – dort mangelt es vielerorts an Wasser oder an bestimmten Mineralstoffen. Im Lauf der Evolution entwickelten sich Landpflanzen und Landtiere, die unterschiedlich effizient an Mineralstoffe, Wasser und Licht herankommen können. Bei der Selektion, einem sehr wichtigen Evolutionsfaktor, wurden an jedem Ort andere Individuen innerhalb von Populationen der Organismen begünstigt, so dass sich im Lauf der Zeit unterschiedliche Arten von Lebewesen daraus entwickeln konnten.

Nur in einem Teil der Pflanzenzellen findet Fotosynthese statt, bei der Zucker bzw. Kohlenhydrat aufgebaut und Sauerstoff abgegeben wird. In allen lebenden Pflanzenzellen gibt es jedoch Zellatmung: Kohlenhydrat wird unter Verbrauch von Sauerstoff abgebaut. Freigesetztes Kohlenstoffdioxid wird erneut für die Fotosynthese bereitgestellt. Dies kann den Eindruck erwecken, dass in der Pflanze ein immerwährender Kreislauf besteht, in dessen Verlauf unablässig organische Stoffe auf- und wieder abgebaut werden. Doch andere Aspekte dieser ökosystemaren Prozesse verdienen viel eher hervorgehoben zu werden. Im Nacheinander von Fotosynthese und Zellatmung wird Energie irreversibel umgewandelt: Aus Lichtenergie wird letztlich Wärmeenergie. Und nicht alle Kohlenhydratmoleküle werden sofort wieder abgebaut. Ein Teil davon wird – unter Nutzung von Energie, die beim Abbau anderer Kohlenhydratmoleküle bereitgestellt wird – in andere organische Substanzen überführt. Dabei können aus einfachen, wasserlöslichen Zuckermolekülen schwer lösliche und auch schwer abbaubare, haltbare Substanzen aufgebaut werden, unter anderem Zellulose, aus der Zellwände bestehen.

Tiere und Pilze können keine organische Substanz aus einfachen anorganischen Stoffen aufbauen. Sie müssen Stärke, Kohlenhydrate, Fett, Eiweiß und weitere Stoffe aufnehmen, so dass daraus einerseits Körpersubstanz aufgenommen werden kann, andererseits Energie gewonnen wird – dies geschieht ebenso wie bei Pflanzen durch den Prozess der Zellatmung. Auch in Pilzen und Tieren werden stabile Substanzen aufgebaut, die nicht sofort wieder abgebaut werden können: vor allem Chitin und Kalk. Aus den Überresten abgestorbener Organismen entstehen ferner Huminstoffe, die ebenfalls längere Zeit erhalten bleiben können.

Seit etwa drei Milliarden Jahren betreiben Lebewesen Fotosynthese. Ein kleiner Teil der in dieser Zeit aufgebauten organischen Substanz wurde an der Erdoberfläche gespeichert, und zwar vor allem in Form von Zellulose oder reiner Kohle, die durch Druck daraus hervorging, und als Kalk. Ein kleiner Teil des bei der Fotosynthese freigesetzten Sauerstoffs blieb in der Atmosphäre. Dies ist der Sauerstoff, der eigentlich zu den auf der Erde gespeicherten Kohlenstoffverbindungen «gehört»; nur weil er nicht zum Abbau organischer Stoffe bei der Zellatmung gebraucht wurde, sammelte er sich in der Atmosphäre an.

In den Ökosystemen kommt es seit der Entstehung des Lebens einerseits zur Ansammlung von organischen und weiteren Substanzen, die wie beispielsweise Kalk Carbonate enthalten, andererseits zur Anreicherung von Sauerstoff in der Atmosphäre. Die erdnahe Atmosphäre war ursprünglich frei von Sauerstoff. Daher bestand an der Erdoberfläche ein reduzierendes Milieu. Mit der Entstehung des Lebens entwickelte sich allmählich eine oxidierende Atmosphäre. Der durch Fotosynthese bedingte Abbau von Kohlenstoffdioixid und die Anreicherung von Sauerstoff machten nicht nur überall auf der Erde tierisches Leben möglich, sondern dadurch änderte sich auch die Temperatur an der Erdoberfläche. Sie sank auf ein für die Entwicklung des Lebens günstiges Niveau, das seitdem grob gesprochen ein Stück weit über dem Gefrierpunkt, aber erheblich unterhalb des Siedepunktes von Wassers liegt.

Veränderungen von Ökosystemen

Die allmählich immer größer werdende Menge von Sauerstoff in der Erdatmosphäre ermöglichte es, dass die Distanzen zwischen Orten der Fotosynthese und der Zellatmung immer weiter voneinander entfernt liegen konnten. Organische Substanz, die ursprünglich von grünen Pflanzenzellen aufgebaut worden ist, kann prinzipiell an jedem Ort der Erde von anderen Organismen abgebaut werden, die daraus schließlich Wärmeenergie bereitstellen. Die Stoff- und Energieflüsse verlaufen dabei über sehr verschiedene Zwischenstationen der Nahrungsnetze ab. In ihnen werden organische Stoffe und Energie von Lebewesen zu Lebewesen weitergegeben. Im Verlauf der Evolution bildeten sich immer wieder neue Lebewesen heraus, die auf neue Weise organische Substanz als Nahrung nutzten. Die Biodiversität nahm auch aus diesem Grund zu, und die Nahrungsnetze wurden immer komplizierter.

Die vielfach miteinander verwobenen ökosystemaren Prozesse stellt man in Fluss- und Kreislaufdiagrammen dar, die grundlegend für die Ökologie und vor allem die Landschaftsökologie sind *(Abb. 5-1)*.[51] In solchen Diagrammen wird betont, dass sich alle Stoffe eines Ökosystems in einem ewigen Kreislauf befinden, dessen Wege in kürzerer oder längerer Zeit geschlossen werden können. Alle lebende Natur scheint in einen ewigen Kreislauf einbezogen zu sein. Doch dies ist eine Illusion, die von solchen Grafiken hervorgerufen wird. Nicht berücksichtigt ist nämlich, dass ein Teil der in den Ökosystemen gebildeten Substanzen anschlie-

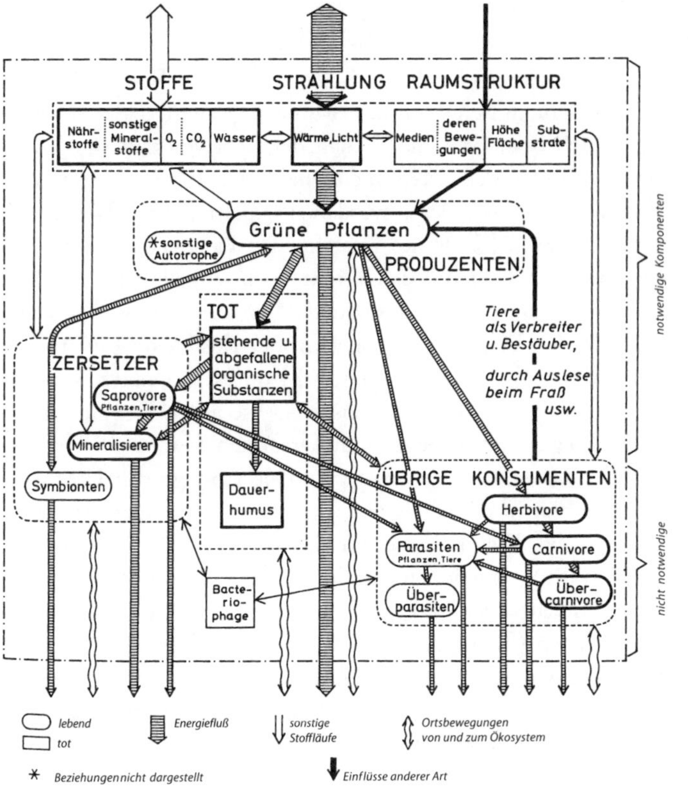

Abb. 5-1 Kreisläufe von Stoffen und Energie in einem Ökosystem (nach Ellenberg 1973).

ßend für den Ablauf des Kreislaufes nicht mehr zur Verfügung steht. Dieses Quantum an Substanz mag klein sein; es ist aber entscheidend für die Entwicklung von Ökosystemen und Landschaften sowie für die dauerhafte Existenz von Leben an der Erdoberfläche: Aller Sauerstoff in der Atmosphäre könnte verbraucht werden, wenn sämtliche Kohlenstoffspeicher auf der Erde geleert und alle Kohlenstoffverbindungen abgebaut werden würden.

Durch die mit dem Leben zusammenhängenden ökosystemaren Prozesse beschleunigte sich die Dynamik natürlicher Prozesse auf der Erdoberfläche: Pflanzen entzogen dem Boden Mineralstoffe, tote organische Substanz wurde abgelagert, dadurch veränderten sich Standorte, die Vielfalt der Lebewesen wurde größer. Es entwickelten sich unterschiedliche Böden: Einige verarmten an Mineralstoffen, in anderen wurden sie akkumuliert. Pflanzenwurzeln drangen in Klüfte des Gesteins vor, Tiere erweiterten Wurzelbahnen zu Gängen: Das Gestein brach schneller ab. Gemische aus toter organischer Substanz und Mineralstoffen wurden abgelagert, in den Böden, in Mooren, an der Küste, an Seeufern. Als Folge der Ablagerung von Material kam es zu einer Sukzession von Lebensgemeinschaften, beispielsweise am Ufer eines eutrophen, also gut mit Mineralstoffen versorgten Sees.

Als Sukzession bezeichnet man eine Abfolge von Lebensgemeinschaften in Abhängigkeit von sich verändernden Standortbedingungen: Wenn Wasser an einem Ort durch Ablagerungen flacher wird, gewinnen nacheinander Unterwasserpflanzen, Schwimmblattgewächse (zum Beispiel See- und Teichrose), Röhrichtpflanzen (Schilf, Rohrkolben), Seggen, Weidengebüsch und Erlenbruchwald die Oberhand *(Abb. 5-2)*. In den sich mit der Zeit verändernden Lebensgemeinschaften breiten sich unterschiedliche Tiere aus und verschwinden wieder. Über einem Unterwasserboden wird der Boden eines von Erlen bestandenen Niedermoores abgelagert. Eine solche Sukzession, bei der sich Boden, Pflanzen- und Tierwelt zugleich verändern, nennt man Primärsukzession.

Im Verlauf der Standortveränderungen etablierten sich immer wieder neue Pflanzen- und Tierarten. Bestimmte Individuen besiedelten den sich verändernden Standort am erfolgreichsten; sie setzten sich im Verlauf der Evolution am besten durch. Weil Sukzessionen und Besiedlungsprozesse durch Pflanzen und Tiere wieder und wieder abliefen, wurden sie zu entscheidenden Entwicklungen, in deren Verlauf sich Leben auf der Erde immer weiter veränderte. Dabei wird deutlich, dass die Sukzession von Lebewesen an einem Standort und die Evolution zwei miteinander verbundene Prozesse sind, die beständig zur Veränderung des Le-

Abb. 5-2 Die Zonierung der Vegetation am Rand eines Sees entspricht der dort auftretenden Sukzession. Mit der Verlandung verlagern sich die Vegetationsgürtel zur Seemitte hin.

bens allgemein und von einzelnen Ökosystemen im Speziellen führen.

Auch die Vielfalt an Standorten, an denen sich Leben etablieren konnte, nahm mit der Zeit zu. Zunächst gab es Leben nur in den Meeren, dann auch an deren Ufern, in Gewässern mit unterschiedlichem Salzgehalt, dicht oberhalb des Grundwasserspiegels. Leben entwickelte sich später auch an Standorten, an denen weniger Wasser verfügbar war, an denen einzelne Mineralstoffe im Überschuss vorhanden waren oder wo es an einzelnen wichtigen Mineralstoffen mangelte. Sehr lichtarme Standorte wurden besiedelt, sogar Höhlen, die Höhen der Berge, heiße Quellen, die Umgebung von Vulkanen. Je größer die Biodiversität wurde, desto mehr Standorte konnten besiedelt werden. Der Umkehrschluss dazu ist mindestens ebenso wichtig: Je mehr Standorte besiedelt werden konnten, desto besser waren die Voraussetzungen dafür, dass sich eine immer noch größere Biodiversität entwickelte.

An jedem Wuchsort von Pflanzen, dem Biotop, bestehen charakteristische Abhängigkeiten zwischen Klima, Boden und Vegetation, wenn auch vielleicht nur auf Zeit, etwa im Verlauf der Verlandung eines Sees. Je nach den unterschiedlichen klimatischen Bedingungen, und je nachdem, ob viel oder wenig Säure im Boden vorhanden ist, stellen sich in einem Biotop unterschiedliche Pflanzen ein. In Landschaften kann man Biotoptypen mit charakteristischen Pflanzengemeinschaften erkennen. Dies soll hier am Beispiel der mitteleuropäischen Buchenwälder gezeigt werden.

Rotbuchen prägen das Biotop, an dem sie wachsen, in charakteristischer Weise: Unter ihrem dichten Blätterdach ist es im Sommer derart schattig, dass dann dort nur wenige Kräuter und Sträucher Fotosynthese betreiben können. Nur wenige andere Baumarten schaffen es, unter Buchen in die Höhe zu kommen. Aber die Buche treibt erst relativ spät im Frühjahr ihre Blätter aus; bis zu diesem Zeitpunkt dringt viel Licht an den Boden vor. Dann können sich dort Pflanzen entwickeln, die sehr rasch hintereinander Blätter, Blüten und Früchte ausbilden und im Sommer kaum noch zu sehen sind, beispielsweise Anemone, Lungenkraut und Lerchensporn.

Rotbuchen wachsen auf unterschiedlichen Böden; je nach den Bodenverhältnissen stellt sich unterschiedlicher Unterwuchs ein, an dem man verschiedene Typen von Buchenwäldern erkennen kann. Die Pflanzen, die man in diesen Wäldern findet, erlauben daher auch einen Rückschluss auf den Boden und das darunter liegende Gestein, ferner auf die Temperaturverhältnisse, die einen Wald prägen. Typisch für kalkreiche, mineralstoffreiche Böden sind Waldmeister-Buchenwälder *(Abb. 5-3)*, in denen man neben dem charakteristischen Waldmeister auch Perlgras, Lungenkraut und Sanikel finden kann. An Südhängen und auf weniger tiefgründigen Böden kommt der Waldgerste-Buchenwald mit Waldgerste, Leberblümchen und Frühlingsplatterbse vor. Noch flachgründiger

Abb. 5-3 Waldmeister-Buchenwald auf Kalksteinuntergrund am Dinkelberg (bei Basel).

und steiler sowie dadurch noch stärker von der wärmenden Sonne beschienen sind Standorte des Seggen- oder Orchideen-Buchenwaldes, in denen man mancherorts das Rote und das Weiße Waldvögelein sowie weitere Orchideenarten antreffen kann.

Weniger kalkreich als Standorte des Waldmeister-Buchenwaldes sind diejenigen des Flattergras-Buchenwaldes, in denen neben

dem Flattergras das Schattenblümchen vorkommt. Noch ärmer an Kalk und noch saurer sind die Böden von Standorten des Hainsimsen-Buchenwaldes. Weithin findet man in diesen Wäldern kaum Unterwuchs; nur selten trifft man auf Hainsimse, Drahtschmiele oder Heidelbeere.[52]

Auch diese einzelnen Biotope können als Ökosysteme voneinander unterschieden werden. Notwendig ist ihre Abgrenzung aber ausschließlich zu ihrer Beschreibung. In diesen Ökosystemen steht Sauerstoff auch für die Atmung von Organismen zur Verfügung, die keine Fotosynthese betreiben. Es gibt spezielle Pilze, die nur auf einigen Pflanzenarten gedeihen, und viele Tiere ernähren sich ebenfalls nur von ganz bestimmten Pflanzenarten. Viele Moose können sich nur dann entwickeln, wenn ihre Polster beschattet werden und zwischen ihren Blättchen Feuchtigkeit festgehalten wird.

Auf kalkhaltigem Untergrund werden abgestorbene Überreste von Tieren und Pflanzen, vor allem das im Herbst fallende Laub, im Allgemeinen rascher zersetzt als auf einem stark versauerten Boden. Doch auf jeden Fall bleibt ein Teil der in jedem Jahr aufgebauten organischen Substanz über kürzere oder längere Zeit erhalten: in Form von Holz, das erst nach mehreren Jahren vollständig zersetzt ist, als Kalk von Schneckenhäusern oder Knochen oder im Humus des Bodens. Nicht die gesamte Substanz, die in einem Ökosystem aufgebaut wird, wird also in kurzer Zeit wieder abgebaut. Die in Diagrammdarstellungen von Ökosystemen angezeigten Kreisläufe sind nie vollständig geschlossen. Vielmehr führt die Tatsache, dass Leben an einem Standort oder in einem Ökosystem abläuft, zu Veränderungen von Standort und Ökosystem, indem dort Substanzen gespeichert werden, die zuvor nicht vorhanden waren. Alle diese Veränderungen von Standort und Ökosystem sind in einer Landschaft sichtbar. Daher werden nicht nur die Bilder von Landschaften, sondern auch deren physische Eigenschaften durch das Leben geprägt, das sich im Lauf der Zeit in ihnen «ereignet» hat.

Zonale, extrazonale und azonale Ökosysteme

Wenn sich über lange Zeiträume hinweg die Bodenbedingungen an Pflanzenstandorten verändern, können sich auch Pflanzenbestände so weit entwickeln, dass sie anderen Biotoptypen zugeordnet werden müssen. Weitgehend Bestand hat dann aber eine andere Differenzierung von Ökosystemen, und zwar die Einteilung in zonale, extrazonale und azonale Ökosysteme.
Am weitesten verbreitet in jeder Region, aber sicher keineswegs am ursprünglichsten sind solche Ökosysteme, die sich dem derzeit vorherrschenden Klima entsprechend entwickelt haben. Dort gibt es zonale oder klimazonale Standorte. Zu ihnen gehören die tropischen Ökosysteme der Regenwälder und Savannen, der außertropischen Trockengebiete mit ihren Wüsten und Steppen, der mediterranen Hartlaubwälder, der Laubwälder des gemäßigt-feuchten Klimas, der borealen Nadelwälder, der Tundra und der arktischen Kältewüsten. Zonale Buchenwälder in Mitteleuropa sind der Waldmeister-Buchenwald, der Flattergras-Buchenwald und der Hainsimsen-Buchenwald, die sich in ebenen Lagen, aber auf unterschiedlichen Böden ausprägen.

Innerhalb von Gebieten mit vorherrschenden zonalen Lebensgemeinschaften bestehen an einzelnen Orten extrazonale Ökosysteme. Dies ist besonders im Gebirge und an Berghängen der Fall, an denen Standortbedingungen entwickelt sind, die denjenigen in höheren oder geringeren geographischen Breiten ähneln. Sie sind also ähnlich ausgeprägt wie zonale Ökosysteme weiter im Norden oder im Süden. In einem hohen Gebirge im Mittelmeergebiet kommen Wälder vor, die denen des gemäßigt-feuchten Klimas weiter im Norden entsprechen. Im Apennin oder in den Pyrenäen gibt es extrazonale Buchenwälder, die zonalen Wäldern in Mitteleuropa ähneln. An besonders warmen Südhängen kann innerhalb des zonalen Ökosystems gemäßigter Breiten aber auch ein Ökosystem bestehen, das einem submediterranen ähnelt. Beispielswei-

Abb. 5-4 Extrazonaler submediterraner Flaumeichenwald bei Achkarren am Kaiserstuhl mit blühendem Diptam.

se gibt es am südlichen Oberrhein submediterrane Flaumeichenwälder *(Abb. 5-4)* inmitten von Gebieten, in denen zonal die Buche dominiert. Doch auch die Buchenwälder an stark von der Sonne beschienenen Hängen, Waldgerste-Buchenwald und Orchideen-Buchenwald, kann man als extrazonale Ökosysteme auffassen.

Extrazonale Standorte sind in der Regel kleinflächig ausgebildet; sie werden von zonalen Standorten umgeben. Extrazonal sind

Abb. 5-5 Azonaler Auenwald an der Elbe bei Dessau. Der Bereich der Hartholzaue (mit vorherrschender Stieleiche) wird nur selten überflutet.

mitteleuropäisch wirkende Laubwälder an manchen Küsten Skandinaviens, Finnlands und des Baltikums zu finden, weil dort dank der temperaturausgleichenden Wirkungen des Meerwassers seltener starke Kälte im Winter und große Trockenheit im Sommer auftreten – mit dem Resultat von Standortsbedingungen, die denen in Mitteleuropa ähneln.

Es gibt außerdem azonale Standorte. Ihre Ausbildung wird zwar auch vom Klima bestimmt, doch ihre Entwicklung wird vor allem durch einen markant hervortretenden weiteren Standortsparameter maßgeblich beeinflusst. An azonalen Standorten gibt es lokal zu viel oder zu wenig Wasser für die Entwicklung von Lebewesen zonaler Standorte, die Böden sind extrem sauer oder alkalisch, oder es liegen dort hohe Konzentrationen an Kochsalz oder Schwermetallen vor, die für die meisten Lebewesen zonaler Standorte toxisch sind. Manche Böden sind besonders flachgründig, oder sie sind instabil und rutschen langsam ab, oder es mangelt an

Licht, so dass in jedem Fall Lebewesen zonaler Standorte dort nicht vorkommen können. An solchen Standorten, in Flussauen, Mooren, an Seeufern, an Salzquellen oder an steilen Berghängen, lassen sich viele Arten von Lebewesen feststellen, die in einem Gebiet als Besonderheiten gelten. Einander ähnliche azonale Ökosysteme können sich unter verschiedenen Klimabedingungen an vielen Orten der Erde ausbilden: Salzwiesen an der Nordsee ähneln denjenigen an den Flussmündungen der Mittelmeerländer. Entlang großer Flüsse bilden sich unter unterschiedlichen klimatischen Bedingungen ähnliche Ökosysteme von Auenwäldern *(Abb. 5-5)* aus.

Deskription, Metaphernbildung und Kausalanalyse

Eine deskriptive Einteilung in zonale, extrazonale und azonale Ökosysteme ist ein wesentlicher Schlüssel zum Verständnis von Landschaften. Wir brauchen sie, um bestehende Landschaften, die als Ökosysteme verstanden werden, allgemeingültig zu erfassen – nicht zuletzt für didaktische Zwecke. Es genügt aber nicht, wenn man sich bei der kausalen Analyse auf aktuelle Standortfaktoren beschränkt. Geht man allein davon aus, läuft man Gefahr, die Standortsvielfalt mit Metaphern zu umschreiben, die der Realität nicht entsprechen.

Die Feststellung, dass ein Ökosystem zonal, extrazonal oder azonal ist, hat nichts mit dessen Wert oder dessen Alter zu tun. Weder entsprechen bestimmte azonale Ökosysteme deswegen, weil sie schlecht nutzbar sind, am ehesten der Natur, noch sind zonale Ökosysteme am ehesten schützenswert, weil sie angeblich ein besonders hohes Alter aufweisen. Beide Argumente werden vorgebracht, um den Status von Naturschutzgebieten oder sogar von Nationalparks zu begründen. Extrazonale Ökosysteme dürfen nicht in jedem Fall ungeprüft als Vorposten zonaler Gebiete aufgefasst werden. Vielmehr können heute für extrazonal gehaltene Ökosysteme diejenigen sein, aus denen bestimmte Arten von

Pflanzen und Tieren ursprünglich stammen, die später in den zonalen Ökosystemen anderer Weltgegenden häufig wurden. Extrazonale Buchenwälder der Gebirge am Mittelmeer weisen beispielsweise ein höheres Alter auf als die zonal ausgebildeten in Mitteleuropa. Das bedeutet, dass die Buchenwälder im Mittelmeerraum keine Vorposten mitteleuropäischer Buchenwälder sind, sondern andersherum die unter heutigen Bedingungen zonalen Buchenwälder Mitteleuropas ihrer Genese nach als Vorposten von extrazonalen Buchenwäldern der Gebirge im Mittelmeergebiet aufzufassen sind.

Standortfaktoren und Ökosysteme wandeln sich von Natur aus, weil es stets zu ökosystemaren Entwicklungen kommt, zu denen Sedimentation, Sukzession und Evolution gehören. Anstelle eines ökologischen Gleichgewichtes besteht eine Dynamik, die man vielleicht besser als ein «Stabiles Ungleichgewicht»[53] beschreiben sollte. Immer wieder andere Lebewesen können sich durchsetzen. Die Vorstellung von einer starren Potentiellen Natürlichen Vegetation, die sich an bestimmten Ökosystemen aus der heutigen entwickeln soll, wenn jeglicher Eingriff des Menschen sofort eingestellt wird, ist in diesem Zusammenhang nicht hilfreich. Genauso wie sich Vegetation und Ökosysteme in der Vergangenheit immer weiter wandelten, werden sie dies nämlich auch in der Zukunft tun.

Bezogen auf die Betrachtung von Landschaften kommt es unter Berücksichtigung der Veränderungen in natürlichen Ökosystemen einerseits vor allem darauf an, ihr augenblickliches Erscheinungsbild nicht mit einem augenblicklichen Zustand zu verwechseln. Stets ist auch der Wandel der Ökosysteme zu beachten. Der Wandel eines Ökosystems in der Vergangenheit lässt sich analysieren, nicht aber der künftige Wandel eines Ökosystems. Die Prognose zur Zukunft eines Ökosystems wird dadurch verbessert, dass nicht nur dessen augenblicklicher Zustand, sondern auch dessen auf Fakten beruhender Wandel beachtet wird. Doch auch dann lässt sich die zukünftige Entwicklung von Ökosystemen nicht genau vorhersagen. Sie hängt von Zufällen ab, auch von solchen Ereignissen, die sich nicht prognostizieren lassen, etwa

Vulkanausbrüchen oder Erdbeben. Ferner kann man nicht im Vorhinein wissen, in welche Richtungen die Evolution der Lebe-

wesen führen wird, die insgesamt ein Ökosystem bilden.

Eine verbesserte Definition des Ökosystems

Nach allen diesen Ausführungen wird klar, dass die Definition eines Ökosystems verbessert oder erweitert werden sollte. Ein Ökosystem ist demnach das Wirkungsgefüge, in dem sich Lebewesen in Wechselbeziehung zu ihrer unbelebten und belebten Umwelt, auch zu anderen Lebewesen entwickeln; sie können als abgeschlossene Systeme beschrieben werden, sind aber nicht strikt nach außen begrenzt. Damit wird sowohl die Dynamik zum Ausdruck gebracht als auch die in der materiellen Welt nicht vorhandene Abgrenzung des Ökosystems nach außen. Es erhält nur deswegen eine Grenze, damit man es beschreiben kann.

Zwischen den Begriffen «Ökosystem» und «Landschaft» besteht der eingangs dieses Kapitels erwähnte Unterschied, dass eine Landschaft bewertet werden kann, ein Ökosystem aber nicht. Man kann außerdem herausstellen, dass Landschaften durch sich entwickelnde Ökosysteme in doppelter Weise geprägt werden: erstens in ihrem Aussehen, zweitens durch im Boden gespeicherte Substanzen, die aus Überresten von Lebewesen hervorgegangen sind.

6 Dynamik von Ökosystemen

Abrupter und allmählicher Wandel

Es gibt zwei verschiedene Formen von Wandel in Ökosystemen: Abrupter Wandel kann zur Zerstörung eines kompletten Ökosystems führen, etwa bei einem Vulkanausbruch, einem Meteoriteneinschlag oder dann, wenn Landflächen im Meer versinken. Zu einem solchen Wandel, der Ökosysteme, Standorte und Landschaften betrifft, kommt es nur selten. Die Entstehung von Neuland an Meeresküsten oder die Aufeinanderfolge von Pflanzengemeinschaften an einem Standort sind dagegen langsam und allmählich ablaufende Prozesse des Wandels in Ökosystemen. Diese Form des Wandels ist viel weniger spektakulär, kann aber ebenfalls wie der abrupte Wandel erhebliche Auswirkungen haben; denn zu einem allmählichen Wandel in Ökosystemen oder Landschaften kommt es überall und zu jeder Zeit.

Phasen des raschen oder abrupten Wandels von Ökosystemen wechseln sich häufig mit langen Zeiträumen ab, in denen es zu allmählichen Veränderungen kommt. Nach einem Vulkanausbruch, der alles Leben in seiner Umgebung zerstört, breiten sich dort erneut Lebewesen aus. Möglicherweise etabliert sich schließlich wieder die durch die Katastrophe zerstörte Lebensgemeinschaft, aber auch ganz andere Arten von Lebewesen könnten sich im Verlauf der Neubesiedlung des Standortes durchsetzen. Dies muss nicht zwingend mit Veränderungen der Standortbedingungen, etwa durch einen Aschenregen, zusammenhängen, sondern kann einfach nur dadurch ausgelöst sein, dass erneut eine Sukzession von einem Pionierstadium zu einem zonalen Ökosystem abläuft, in dem zufällig andere Organismen häufig werden.

Ein wesentlich weniger spektakulärer Wechsel von Phasen des plötzlichen und allmählichen Wandels lässt sich in jedem Wald beobachten. Er hängt mit dem Wachstum und Absterben von Pflanzen zusammen. Ein Baum wächst einige Jahrzehnte oder Jahrhunderte lang in die Höhe. Während dieser Zeit bezieht er beträchtliche Mengen an Mineralstoffen aus dem Boden und beschattet den Waldboden in immer stärkerem Maße. Unter dem Baum breiten sich Moose aus. Sie können nur dann existieren, wenn sie nicht dauernd von der Sonne beschienen werden, so dass zumindest zeitweise zwischen ihren Blättchen Wasser festgehalten wird. Denn nur dann können sich Moose fortpflanzen: Ihre Sporen gelangen ausschließlich im Wasser von den männlichen zu den weiblichen Organen. Moose sind wegen ihrer Eigenschaft, Wasser festzuhalten, ein sehr effizienter Wasserspeicher; in schattigen Wäldern wird eine Menge Wasser zurückgehalten, bevor es an Fließgewässer abgegeben wird.

Der Baum stirbt schließlich ab und bricht zusammen. Dabei reißt er neben ihm stehende jüngere und kleinere Gehölzpflanzen mit sich. Nach diesem plötzlichen Wandel bleibt eine kleine Lichtung zurück, auf der Waldmoose nicht mehr existieren können; denn zu viel Sonnenlicht dringt an den Waldboden, der deshalb für immer längere Zeit abtrocknet. Zu selten wird zwischen den Moosblättchen Wasser festgehalten; eine Fortpflanzung der Moose ist nicht mehr möglich. Pilze und Mikroorganismen zersetzen das Holz und geben Kohlenstoffdioxid an die Atmosphäre ab. Beim Holzabbau freigesetzte Mineralstoffe werden dem Boden zugeführt.

Auf der kleinen Lichtung breiten sich Pflanzen aus, die zu ihrer Entwicklung volles Sonnenlicht benötigen. Solche Pflanzen nennt man Schlagpflanzen, weil man sie auch nach der Abholzung einer Waldparzelle sofort finden kann; für solche Standorte sind sie besonders typisch. Zu ihnen gehören Springkraut und

Fingerhut. Sie breiten sich deswegen rasch aus, weil ihre Samen viele Jahrzehnte lang im Boden überdauern und erst dann keimen, wenn der Baum über ihnen zusammengestürzt ist und genug Sonnenlicht für das Wachstum der Pflanzen zur Verfügung steht. Tiere finden sich auf der Lichtung ein, die das dort nun reichlichere Nahrungsangebot nutzen: Es gibt dort junge Pflanzen, von denen sie sich ernähren können. Die Tiere bringen Samen weiterer Gewächse mit, die sich auf der Lichtung ausbreiten. Das spezielle Ökosystem der Lichtung bleibt nicht konstant bestehen, sondern es kommt zum Ablauf einer Sekundärsukzession. So nennt man eine Ökosystementwicklung vom Offenland zum Wald, wenn der Boden bereits ein Waldboden ist und die Sukzession nur Vegetation und Tierwelt umfasst.[54]

Nach einigen Jahren steht Gebüsch auf der Lichtung, dann kommen erste Bäume in die Höhe, und nach weiteren Jahrzehnten schließen sich erneut die Baumkronen. Licht liebende Pflanzen am Waldboden verschwinden, ebenso die Tiere, die sich von ihnen ernährt hatten. Erneut breitet sich ein Moosteppich aus, weil es am Waldboden wieder lange Zeit feucht genug für ein Fortkommen von Moosen ist. Der Zyklus der Waldentwicklung und -erneuerung ist damit abgeschlossen.

Solche zyklischen Entwicklungen in Wäldern gehen mit der Herausbildung eines Standortsmosaiks einher. Denn an immer wieder anderen Stellen brechen alte Bäume zusammen, so dass für kurze Zeit an wechselnden Orten kleine Lichtungen entstehen. Damit sind zwei wichtige Konsequenzen verbunden. Zum einen können deswegen auch in einem prinzipiell dichten Wald solche Tiere und Pflanzen dauerhaft vorkommen, die vor allem für waldoffene Standorte typisch sind. Sie finden sich im Verlauf der Waldentwicklung immer wieder dort ein, wo für ein paar Jahre mehr Licht an den Waldboden vordringt. Zum anderen erhalten während des Ablaufs der Sekundärsukzessionen auch Arten von Lebewesen die Chance einer Ausbreitung, die zuvor an einem Ort nicht vorkamen. Der regelmäßige Ablauf von Sekundärsukzessionen im Wald führt also zu einem wenn auch sehr langsamen Ökosystemwandel.

Außer von diesen ständig auftretenden Formen des Wandels ist es in den jüngsten Phasen der Erdgeschichte vor allem aus zwei Ursachen zu erheblichen Veränderungen von Ökosystemen gekommen: einerseits durch die Klimaschwankungen des Eiszeitalters, andererseits durch besondere Formen des menschlichen Einflusses. Hier soll es zunächst um die erhebliche Dynamik der Landschaftsentwicklung im Eiszeitalter gehen.

Im Tertiär, dem «dritten Erdzeitalter», das von den letzten etwa 65 Millionen Jahren der Erdgeschichte etwa 63 umfasste, herrschte noch ein recht gleichbleibendes Klima auf der Erde vor. In Europa war es so warm, dass vielerorts sogar Palmen wuchsen. Aber die Erdkruste veränderte sich: Es entstanden die eurasiatischen Hochgebirge, zu denen unter anderem die Alpen, die Pyrenäen, die Karpaten und der Himalaya gehören. Allmählich sanken die Temperaturen in Europa, sie lagen aber immer noch über dem heutigen Niveau. Vor etwas mehr als zwei Millionen Jahren kam es zunächst zu kleineren, dann immer erheblicheren Klimaschwankungen. Schließlich sanken die Temperaturen weltweit mehrmals um etwa zehn Grad ab, danach stiegen sie wieder auf das vorige Niveau, so dass kalte und warme Phasen miteinander abwechselten. Dieser Wandel ist typisch für den jüngsten Abschnitt der Erdgeschichte, das Eiszeitalter oder Quartär, das «vierte Erdzeitalter». Warum es zu den mehrmaligen Klimaschwankungen kam, ist nicht vollständig aufgeklärt. Eine Ursache dafür könnte gewesen sein, dass durch die Entstehung der hohen Gebirge der Luftmassenaustausch zwischen der Westwindzone gemäßigter Breiten und den Tropen unterbrochen oder verändert wurde.

In den kalten Phasen sammelte sich in arktischen und subarktischen Gebieten Eis an, das sich schließlich nach Süden in Bewegung setzte, und zwar in Form von gewaltigen Gletschern. Auch von den Hochgebirgen her drang Eis in deren Umland vor. In jeder Eiszeit breiteten sich die Eismassen auf eine etwas andere Weise aus; im nördlichen Europa drangen die Gletscher einige Male bis an den Rand der Mittelgebirge vor, in anderen Phasen legten sie sich vor allem über das östliche Mitteleuropa. In allen Eiszeiten war es auch in den Gletschervorfeldern so kalt, dass dort keine Bäume wachsen konnten. Bäume gediehen in Europa fast nur noch in der Nähe des Mittelmeeres.

Beginn einer Warmzeit

Wenn das Klima wieder wärmer wurde, eine Warm- oder Zwischeneiszeit oder auch die Nacheiszeit begann, schmolzen Gletscher ab. Eine Menge Schutt blieb zurück. Ein Teil davon lag als gebogener Wall an der ehemaligen Gletscherfront, die bei jedem Gletschervorstoß lockeres Material vor sich hergeschoben und dann den Wall einer sogenannten Endmoräne geschaffen hatte. Seitlich vom Gletscher blieben Seitenmoränen zurück, und an seiner Basis kamen Grundmoränen unter dem tauenden Eis zum Vorschein. Vor allem das lockere Material von Grundmoränen konnte bei einem nachfolgenden Gletschervorstoß erneut in Bewegung gesetzt werden; die Eismassen schoben dann daraus eine Stauchendmoräne zusammen.

Das von den Gletschern freigegebene Land und auch das Land im Gletschervorfeld, das Gelände der ehemaligen Urstromtäler, die Dünen an deren Rand, die Gebiete, in denen Löß abgelagert worden war, sowie auch viele Bergländer und Talregionen hatten durch Sedimentumlagerung in der Eiszeit eine neue Oberfläche erhalten. Vielerorts waren die Ablagerungen reich an vielfältigen Mineralstoffen. Im Prinzip waren die neu entstandenen Standorte fruchtbar, und sie unterschieden sich dadurch von allen Standorten, die von den kaltzeitlichen Eismassen weiter entfernt waren. Doch ihre Fruchtbarkeit trat erst zutage, nachdem sich aus rohem Erdmaterial Böden entwickelt hatten. Auf ihnen breitete sich eine Vegetationsdecke aus, und es fanden sich Tiere ein, die sich von den Pflanzen ernährten. Dies waren Initialen von Primärsukzessionen, bei denen sich zugleich die Böden, die Vegetation und die Tierwelt entwickelten, also gesamte Ökosysteme von Initialstadien ausgingen.

Am Beginn einer Warmzeit wurden zunächst diejenigen Pflanzen häufiger, die auch in der Kaltzeit in Gletschernähe überdauert hatten. Aus einer lückigen wurde eine üppige Vegetationsdecke, die hauptsächlich aus diversen krautigen Pflanzen und Zwergsträuchern bestand: Beifuß und Gänsefuß, Silberwurz, Sonnenröschen, Wiesenraute, zahlreiche Gräser, Wacholder, Zwergbirke. Diese waldoffene Vegetation bestand am Ende der Eiszeit auf Standorten, die man später als zonal, aber auch extrazonal oder azonal bezeichnen konnte. Zahlreiche Pflanzen fressende Tiere, vor allem Rentiere, fanden ein reichliches Nahrungsangebot vor. Rentiere zerstören aber mit ihren Hufen die Vegetationsdecke. Die Tiere müssen nach einiger Zeit zu anderen Weidegründen ziehen und können erst dann zu ehemaligen Weideplätzen zurückkehren, wenn sich dort die Vegetation regeneriert hat. Aber auch aus klimatischen Gründen wandern diese Tiere im Jahreslauf weite Strecken, im Sommer nach Norden, im Winter nach Süden.

In den Hufabdrücken von Rentieren setzten sich möglicherweise auch vom Wind herbeigewehte Samen von Pflanzen fest, die zuvor noch nicht an Ort und Stelle vorgekommen waren, beispielsweise von Kiefern und Birken. Diese Pflanzen konnten nun, wenn die klimatischen Voraussetzungen gegeben waren, ebenfalls im ehemaligen Gletschervorfeld wachsen – und auch dort, wo ehemals Gletscher gelegen hatten.

Ausbreitung von Wäldern

Die Baumarten, die heute in Mitteleuropa gedeihen, kamen während der Kaltzeiten nur an wenigen Stellen am Mittelmeer vor; auch in Amerika und Ostasien lagen die Wuchsgebiete von Baumarten der gemäßigten Klimazonen zu solchen Zeiten viel weiter im Süden als heute.

Die sogenannten Eiszeitrefugien, an denen europäische Baumarten während der Kaltzeiten überdauerten, sind schwer zu lokalisieren. Auf jeden Fall kommen mitteleuropäische Baumarten dort heute, wenn überhaupt, nur an extra- oder azonalen Standorten vor. In anderen Gegenden Europas konnten diese Pflanzen in den Warmphasen des Quartärs dagegen zu wichtigen Komponenten der klimazonalen Vegetation werden, wenn auch nur auf Zeit. Diese Zeit war einerseits aus klimatischen Gründen begrenzt; sank die Temperatur erneut, gingen die Pflanzen, die sich Jahrtausende zuvor nach Norden ausgebreitet hatten, wieder ein. Andererseits kann eine Pflanzenart nur so lange zur zonalen Vegetation gehören, bis sie von einer noch besser an den klimazonalen Standort angepassten Pflanzenart verdrängt wird, auch weil die Primärsukzession von Boden und Vegetation weiter fortschreitet. Die Eigenschaft einer Pflanzenart, zur zonalen Vegetation zu gehören, bleibt also nicht dauerhaft bestehen, und auch die zonale Vegetation ist nicht auf Dauer stets identisch.

Die Geschwindigkeit der Ausbreitung von Baumarten nach Mittel- und Nordeuropa oder auch in die heutigen Verbreitungsgebiete sommergrüner Laubwälder in Nordamerika und Ostasien wurde einerseits davon bestimmt, wie gut deren Samen verbreitet wurden. Einige Pflanzenarten haben Früchte oder Samen, die in großen Mengen und auf große Distanzen vom Wind verweht werden. Andere Pflanzen, deren Früchte von Tieren transportiert werden, breiten sich mit geringerer Geschwindigkeit aus. Während sich in Amerika und Ostasien nach dem Abschmelzen des Eises stets so gut wie alle Pflanzenarten wieder nach Norden ausbreiten konnten, kam es in Europa zu einer Florenverarmung. Die Anzahl an Baumarten, die nach dem Ende einer Eiszeit wieder in Mitteleuropa heimisch wurde, ging von Warmzeit zu Warmzeit zurück *(Tab. 6-1)*.[55]

In einer frühen Warmzeit des Eiszeitalters, die als Tegelen-Zeit bezeichnet wird, gediehen noch Scheinzypresse und Lebensbaum, Tulpenbaum und Magnolie, an einigen Orten auch Schirmtanne und Mammutbaum in Mitteleuropa. In späteren Warmzeiten traten sie nicht mehr in Erscheinung. In einer fol-

Baumart	Ende Tertiär	Tegelen	Waal	Cromer	Holstein	Eem	Holozä
Aesculus (Rosskastanie)	+						
Sciadopitys (Schirmtanne)	+	(+)					
Liquidambar (Amberbaum)	+						
Styrax (Storaxbaum)	+						
Zelkova (Zelkove)	+						
Nyssa (Tupelobaum)	+	(+)					
Sequoia (Mammutbaum)	+	(+)					
Chamaecyparis (Scheinzypresse)	+	+					
Thuja (Lebensbaum)	+	+					
Liriodendron (Tulpenbaum)	+	+					
Magnolia (Magnolie)	+	+					
Phellodendron (Korkbaum)	+	+					
Carya (Hickory)	+	+	+				
Castanea (Esskastanie)	+	+	+				
Juglans (Walnuss)	+	+	+				
Ostrya (Hopfenbuche)	+	+	+				
Tsuga (Hemlocktanne)	+	+	+				
Celtis (Zürgelbaum)	+	+	+	+			
Parthenocissus (Wilder Wein)	+	+	+	+			
Pterocarya (Flügelnuss)	+	+	+	+	+		
Fagus (Buche)	+	+	?	(+)	(+)	(+)	+
Abies (Tanne)	+	+	+	+	+	+	(+)
Picea (Fichte)	+	+	+	+	+	+	(+)
Pinus (Kiefer)	+	+	+	+	+	+	+
Taxus (Eibe)	+	+	+	+	+	+	+
Betula (Birke)	+	+	+	+	+	+	+
Carpinus (Hainbuche)	+	+	+	+	+	+	+
Tilia (Linde)	+	+	+	+	+	+	+
Ulmus (Ulme)	+	+	+	+	+	+	+
Rhododendron	+				+		
Buxus (Buchsbaum)	+			+	+	+	(+)
Hedera (Efeu)	+				+	+	+
Ilex (Stechpalme)	+			+	+	+	+

Tab. 6-1 Vorkommen bestimmter Baumarten in verschiedenen Warmzeiten des Eiszeitalters in Mitteleuropa (nach Lang 1994).

genden Warmzeit, der Waal-Zeit, fanden sich Hemlocktanne, Hickory, Walnuss, Esskastanie und Hopfenbuche zum letzten Mal in Mitteleuropa ein. In der Cromerzeit gab es dort noch Zürgelbaum und Wilden Wein, in späteren Warmzeiten nicht mehr. In der Holstein-Warmzeit war die Flügelnuss zum letzten Mal am Aufbau der mitteleuropäischen Vegetation beteiligt. In der letzten Warmzeit, dem Eem-Zeitalter, kamen Tanne, Fichte und Buchsbaum überall in Mitteleuropa vor, in der jetzigen Warmzeit sind sie dort nicht mehr allgemein verbreitet. Buchsbaum, Efeu und Stechpalme waren in einigen Warmzeiten Elemente der mitteleuropäischen Vegetation, in anderen nicht. Die Buche kam ebenfalls wohl nicht in allen Warmzeiten in Mitteleuropa vor; in der Eem-Warmzeit war sie erheblich seltener als im Holozän oder der Nacheiszeit.

Unter dem Einfluss des Wechsels klimatischer Bedingungen wurde die artenreiche Flora, die im Tertiär bestanden hatte, in Europa also dezimiert. Das hing mit besonderen landschaftlichen Situationen in Europa zusammen. Am Mittelmeer gab es nur kleine und voneinander isolierte Gebiete, an denen Populationen von Gehölzen die Kaltphasen des Eiszeitalters überdauern konnten. Etliche dieser Populationen mögen nur aus wenigen Individuen bestanden haben. Je kleiner die Populationen am Ort der Eiszeitrefugien waren, desto geringer war auch deren genetische Vielfalt. Die genetische Verarmung der Populationen konnte zur Folge haben, dass sich eine Baumart nach dem Ende der Eiszeit nicht wieder nach Norden auf Standorte ausbreiten konnte, die etwas andere Eigenschaften aufwiesen als die Refugialstandorte. Und je kleiner die genetische Vielfalt innerhalb einer Population wurde, desto größer war die Gefahr, dass sie ausstarb.

Einer Ausbreitung von Pflanzenarten nach Norden standen in Europa außerdem die von West nach Ost ausgerichteten Hochgebirge im Weg. Ausbreitungsbahnen von Pflanzenarten bestanden nur im Westen und Osten der Hochgebirge, der Pyrenäen, Alpen und Karpaten. Die Flora Europas wurde aus diesen Gründen insgesamt von Warmzeit zu Warmzeit immer artenärmer.

In Nordamerika und Ostasien erstrecken sich Küstenlinien, niedrig gelegene Flächen und Gebirge von Nord nach Süd; entlang dieser Linien konnten sich Populationen von Pflanzen besser ausbreiten. Die Gebiete der eiszeitlichen Refugien waren außerdem größer, so dass individuenreichere Populationen im Süden überdauern konnten. Daher starben dort weniger Pflanzenarten als in Europa während der Kaltphasen des Eiszeitalters aus. Als Folge davon ist die Vegetation der gemäßigten Zonen in Ostasien und Nordamerika heute viel artenreicher als diejenige in Europa.

Nach dem Ende der letzten Eiszeit breiteten sich im Lauf einiger Jahrtausende aus heutiger Sicht zum letzten Mal Wälder in die gemäßigten Klimazonen der Erde aus: Zunächst bestanden die zonalen Wälder an vielen Orten Europas aus Kiefern und Birken. Diese Bäume breiteten sich aber auch an Standorten aus, die wir heute als extra- oder azonal bezeichnen. Die Kräuter, die in der Zeit des Eisrückzuges die zonale Vegetation gebildet hatten, hielten sich nicht, als die Beschattung durch die Bäume zu stark wurde. Nur an Orten, die waldoffen blieben, kamen diese Pflanzen weiterhin vor: an sonnigen Steilhängen, auf den Köpfen von Felsen, auf flachgründigen Standorten in Flussniederungen, also an solchen extrazonalen und azonalen Standorten, die von Bäumen nicht eingenommen wurden. Weil das Nahrungsangebot in Mitteleuropas dichter werdenden Wäldern abnahm, zogen die Rentiere weiter gen Norden, wo sich noch ausgedehnte waldoffene Vegetation befand. Nur kleinere Waldtiere belebten noch die Wälder in Mitteleuropa.

Die Früchte und Samen anderer Baumarten, die ebenfalls vom Wind verbreitet werden, sind schwerer. Daher nahm deren Ausbreitung längere Zeit in Anspruch; Beispiele dafür sind Linde, Ulme, Esche und Ahorn. Eicheln wurden von Tieren verbreitet, etwa von Eichelhähern und Eichhörnchen. Auch die Ausbreitung der Eichen dauerte daher länger als diejenige von Kiefern und Birken. Eichen, Linden, Ulmen, Eschen und Ahorn können unter Kiefern keimen; sie breiteten sich daher allmählich an den zonalen Standorten aus. Kiefern und Birken keimten und wuchsen unter den dichten Kronen der Laubbäume nicht. Sie hielten sich nur an wenigen extra- und azonalen Standorten, auf Dünen, auf Felsen, in Mooren, auf flachgründigem Schotter in Flusstälern. Die zonalen Wälder wurden dadurch erheblich dichter, sie entwickelten sich immer noch zur gleichen Zeit wie die Böden. Ihre Entwicklung kann daher immer auch als Teil einer Primärsukzession aufgefasst werden.

Die kleineren Erlenfrüchte können zwar vom Wind weiter und rascher verbreitet werden als die Früchte von Linden und Ulmen. Aber es mussten sich zunächst staunasse Moorbereiche in nicht mehr durchflossenen Niederungen, die typischen Standorte von Schwarzerlen, entwickeln, damit sich dieser Baum in größerer Menge ausbreiten konnte. Die Buche, deren Früchte ebenso wie diejenigen der Eiche von Tieren verbreitet werden können, breitete sich erst spät aus. Sie übernahm die Vorherrschaft an vielen zonalen Standorten. Denn Buchen keimen und wachsen unter Eichen, Eichen aber in der Regel nicht unter Buchen. Eichen, Ulmen, Linden, Eschen und Ahorn waren zwar in manchen Buchenwäldern weiterhin vorhanden, sie kamen aber nun im Wesentlichen nur noch an extra- und azonalen Standorten vor: in zeitweise überfluteten Flussniederungen, an Felsen, auf trockenen Südhängen. Allerdings muss angemerkt werden, dass die Buche zwar heute an zonalen Standorten vorherrscht, dass ihre Etablierung aber mutmaßlich durch menschlichen Einfluss begünstigt wurde. Denn an den meisten Orten in Mitteleuropa breitete sich die Buche erst zu einer Zeit aus, in der menschlicher Einfluss auf Ökosysteme bereits eingesetzt hatte. Davon wird noch die Rede sein.

Die Tatsache, dass Buchenwälder heute in weiten Teilen Mitteleuropas die klimazonale Vegetation bilden, ist – so zeigt der Ablauf der Vegetationsgeschichte – keine Basis für die Annahme, dass diese Wälder in Mitteleuropa besonders urwüchsig seien. Und angesichts der Feststellung, dass sich die klimazonale Vegetation Mitteleuropas in den letzten Jahrtausenden mehrfach geändert hat, kann auch nicht davon ausgegangen werden, dass Buchenwälder auf alle Ewigkeit die zonale Vegetation Mitteleuropas bilden werden. Sie bestehen in heutiger Gestalt erst seit wenigen Jahrtausenden.

Selektion und Evolution

Alle anderen Waldtypen mit ihren Gehölz- und Krautarten hielten sich nur an extra- oder azonalen Standorten. Dort haben diese Pflanzen abseits von ihren physiologischen Optima ihre ökologischen Verbreitungsschwerpunkte. Sie wachsen nicht dort, wo sie am besten gedeihen würden, sondern dort, wo sie nicht von anderen Gewächsen verdrängt werden, die sich noch besser an bestimmten Standorten durchsetzen.

Dies hat unterschiedliche Folgen für die Entwicklung der Populationen der einzelnen Arten von Gewächsen. Wenn Pflanzen wie die Buche vor allem dort verbreitet sind, wo sie auch die höchste Vitalität besitzen, wo also der Verbreitungsschwerpunkt am Standort des physiologischen Optimums liegt, werden im Lauf der Evolution Individuen mit durchschnittlichen Eigenschaften gefördert, die an durchschnittlichen Standorten wachsen. Die Selektion wirkt stabilisierend auf die Populationsentwicklung ein; Individuen, die extreme Eigenschaften haben, werden nicht vorrangig gefördert.

Dies ist bei Arten anders, die den Schwerpunkt ihrer Verbreitung nicht dort haben, wo sie am vitalsten wachsen würden, deren Verbreitungsgebiet also abseits von deren physiologischen Optima liegen. Dort werden in der Evolution nicht diejenigen Individuen begünstigt, die ein durchschnittliches Wachstum bei durchschnittlichen Standortbedingungen aufweisen, sondern es werden Individuen mit extremen Eigenschaften gefördert, die beispielsweise raschwüchsig, besonders klein oder besonders gut in der Lage sind, an Wasser heranzukommen. Die Selektion läuft dann gerichtet ab, die genetische Konstitution von Populationen ändert sich in diesem Fall rascher als bei Arten, die auf klimazonalen Standorten gedeihen. Dies könnte bei Stiel- und Traubeneiche sowie der Esche der Fall sein.

Wenn bestimmte Arten an verschiedenen extra- oder azonalen Standorten gedeihen, kann die Selektion in mehrere Richtungen ablaufen, an einem Standort in die eine, an einem anderen in eine abweichende Richtung. Dies führt zu einer disruptiven Selektion: Populationen werden voneinander getrennt, und zwar schließlich möglicherweise so weit, dass man sie als zwei verschiedene Arten auffassen muss. Disruptive Selektion könnte vor allem Populationen von Kiefer und Birke betreffen. Waldkiefern wachsen sowohl in feuchten Mooren als auch auf sehr trockenen Dünen und Felsköpfen, Hängebirken an Rändern von Feuchtgebieten ebenso wie innerhalb von Sekundärsukzessionen – und dabei auch auf sehr trockenen und flachgründigen Standorten, sogar auf Trümmern oder in Regenrinnen.

Ausdruck einer solchen disruptiven Selektion bei der Kiefer könnte sein, dass man eine kurznadelige Form der Kiefer auf Mooren (Pinus sylvestris forma turfosa) von der eigentlichen Waldkiefer unterscheiden kann.[56]

Auswirkungen der Vergangenheit auf die Gegenwart

Das gegenwärtige Erscheinungsbild von Ökosystemen und Landschaften hängt in vielfältiger Weise von deren Vergangenheit ab – von den Ablagerungen, die sich dort bildeten, von der Erosion, die dort stattfand, von den Ausbreitungsprozessen und der nachfolgenden Selektion von Organismen in einem bestimmten Ökosystem. Der mehrfache erhebliche Wandel des Klimas im Eiszeitalter wirkt sich vor allem darin auf heutige Landschaften Europas aus, dass sie besonders arm an verschiedenen Gehölzen sind. Viele Baumarten, die im Zeitalter des Tertiär in Mitteleuropa vorgekommen waren, könnten aus physiologischen Gründen dort auch heute wachsen; besondere Gründe der Landschaftsgeschichte verhinderten dort ihr weiteres Vorkommen. Etliche dieser Pflanzen wurden in den letzten Jahrhunderten erneut nach Mitteleuropa gebracht: als Forstpflanzen und Parkbäume. Ihr gutes Wachstum zeigt, dass das heutige Klima für sie günstig ist. Dieses Klima ähnelt demjenigen am Ende des Tertiär. Nur die zwischenzeitlichen Temperaturschwankungen sorgten dafür, dass es diese Pflanzenarten heute natürlicherweise in Europa nicht mehr gibt.

7 Menschlicher Einfluss auf Ökosysteme

Generelle Aspekte

Menschen können auf vielfältige Weise Einfluss auf Ökosysteme nehmen. Sie nutzen bestimmte Pflanzen und Tiere und drängen sie zurück, oder sie fördern die für sie nutzbringenden Arten, auch indem sie sie von einem Gebiet in ein anderes bringen, sogar von Kontinent zu Kontinent. Durch menschlichen Einfluss werden Erosion und Sedimentation gefördert oder eingedämmt. Menschen verändern das Bestandesklima, beispielsweise beim Roden von Wald. An einigen Stellen verarmt der Boden durch menschlichen Einfluss, an anderen werden Mineralstoffe akkumuliert. Wasserstände können verändert werden, und zwar sowohl durch Ableitung als auch durch Zuführung von Wasser. Die Versauerung von Böden kann beschleunigt werden. Menschen gewinnen Rohstoffe und deponieren Abfall, sie leiten Abgase in die Atmosphäre und Abwasser in natürliche Gewässer ein. Heute wird Wasser auch geklärt, Abgas gefiltert, Abfall vermieden; außerdem betreiben Menschen Naturschutz.

Im Lauf der Jahrtausende wies der menschliche Einfluss auf die Umwelt völlig unterschiedliche Qualitäten auf, je nachdem, ob Menschen in den Ökosystemen, die sie umgaben, lediglich auf die Jagd gingen und Essbares sammelten, ob sie Landwirtschaft betrieben, dafür Wälder rodeten oder Land bewässerten. Beim Jagen und Sammeln nutzten die Menschen das Land so, wie es war, für die Landwirtschaft veränderten sie es. Menschliche Einflussnahme auf Ökosysteme konnte bedeuten, dass Siedlungen gegründet wurden. Wenn Siedlungen und Wirtschaftsflächen aufgegeben wurden, veränderten sich Landschaften ebenfalls. Der menschliche Einfluss auf die Ökosysteme war völlig anders, wenn Siedlungen dauerhaft bestanden und niemals aufgegeben wurden.

Primär kam es zu einer Gestaltung von Land für die Landnutzung, bei der praktische Aspekte im Vordergrund standen. Eine solche Form der Gestaltung von Landschaft gibt es bereits seit Jahrtausenden. In den letzten Jahrhunderten wurden Landschaften auch nach künstlerischen oder wissenschaftlichen Kriterien neu gestaltet, oder beide Gesichtspunkte ergänzten sich; dabei war das Resultat völlig anders als bei der bloßen Anlage einer Siedlung und der Felder, die sie umgaben.

Wieder anders wirkte sich menschlicher Einfluss aus, als Industrieanlagen in der Landschaft aufgebaut wurden. Im Lauf der letzten Jahrzehnte kam der Schutz von schöner Natur als weiterer menschlicher Einfluss hinzu, der sich mit anderen Eingriffen aus früheren Zeiten nur zum Teil vergleichen lässt.

Anthropogener Einfluss auf die Umwelt seit der letzten Eiszeit

Eine zunehmende Zahl an Ökosystemen wurde seit dem Ende der letzten Eiszeit neuartigen Einflüssen ausgesetzt, die vom Menschen ausgingen. Dadurch wurden die Entwicklungen von Ökosystemen in neue Richtungen gelenkt. Sie blieben dabei aber stets in einem Kontinuum des Wandels. Genauso wie natürliche Ökosysteme niemals in einem Gleichgewicht standen, so herrschte es auch nie unter menschlichem Einfluss. Weil es zu keiner Zeit bestanden hatte, ging auch ein natürliches Gleichgewicht nicht verloren, als der Mensch begann, Einfluss auf Ökosysteme zu nehmen. Durch menschliche Eingriffe wurde lediglich ein Teil ihrer Eigenschaften verändert.

Auch der unter dem Einfluss des Menschen sich fortsetzende Wandel der Ökosysteme lässt sich aus Pollendiagrammen ableiten, und zwar durch den Nachweis von Rodungen, der Förderung der Ausbreitung bestimmter Baumarten, und – ganz entscheidend – durch den pollenanalytischen Nachweis von Landschaftsnutzung: Sowohl Pollenkörner von Getreide als auch von diversen Unkrautarten, die als «anthropogene Indikatoren» gelten, lassen sich unter dem Mikroskop identifizieren.[57]

Am Ende der letzten Eiszeit, als Menschen ihren Lebensunterhalt durch Jagd sowie das Sammeln von Pflanzenteilen und Pilzen gewannen, unterschied sich der anthropogene Einfluss auf Ökosysteme noch nicht entscheidend von dem verwandter Tierarten. Die allermeisten natürlichen Entwicklungen konnten ebenso ablaufen wie ohne menschlichen Einfluss.

Stärkeren Einfluss auf Ökosysteme hatte die Landwirtschaft. Mit ihr waren stets zahlreiche Prozesse verbunden, die Ökosysteme veränderten und die auch auf die langfristige Entwicklung von Ökosystemen erheblichen Einfluss nahmen. In der Landwirtschaft ging es stets darum, eine bessere und gleichmäßiger verfügbare Ernährungsbasis für Menschen zu schaffen. Dies gelang durch die Kombination zweier Strategien. Besonders wichtig war der Anbau von Kulturpflanzen, deren Produkte (Samen, Früchte, Wurzeln, Knollen usw.) der menschlichen Ernährung unmittelbar zur Verfügung standen. Kombiniert wurde der Ackerbau nahezu stets mit Viehhaltung. Durch Viehhaltung wurde es möglich, auch Flächen für die menschliche Ernährung zu nutzen, auf denen keine Kulturpflanzen heranwuchsen. Dort grasten Rinder, Schafe und Ziegen. Mit den Fäkalien dieser Tiere düngte man Ackerböden. Vor allem Rinder waren auch Arbeitstiere, die man zur Bodenbearbeitung brauchte.

Landwirtschaft wurde normalerweise mit Holznutzung kombiniert. Aus Holz baute man Häuser, man stellte daraus Geräte her, man verwendete es zum Heizen und zum besseren Aufschließen der Nahrung durch Erhitzen (Kochen, Backen, Braten). Bis in jüngste Zeit war Holz der einzige dafür verwendbare Energierohstoff. Erst seit dem 19. Jahrhundert standen durch die Bereitstellung von Kohle, Erdöl und Erdgas sowie durch elektrischen Strom übertragene Energie, die in Kraftwerken erzeugt wurde, Alternativen zur Verwendung von Holz als Brennstoff zur Verfügung, mit denen man heizen und Nahrung zubereiten konnte.

Bei der Entwicklung von Kulturpflanzen und Haustieren begannen Menschen, Individuen nach für sie günstigen Kriterien zu selektieren, die aber nicht der natürlichen Selektion entsprachen, ihr sogar zuwider liefen. Den damit verbundenen erheblichen menschlichen Eingriffen in natürliche Ökosysteme mussten weitere folgen: Kulturpflanzen wuchsen nur dann, wenn andere, mit ihnen um Standorte konkurrierende Gewächse unterdrückt wurden.

Ackerbau erforderte daher stets zahlreiche Tätigkeiten der Bauern, die auf das Bild von Landschaft einwirkten: Vor dem Anbau von Kulturpflanzen mussten alle Gewächse beseitigt werden, die der Kulturpflanze im Wachstum überlegen waren oder sie zu stark beschatteten. Vom Anfang des Kulturpflanzenanbaus an wurden dafür die Böden bearbeitet: Wurzeln und Ausläufer vitalerer Pflanzen, die als «Unkraut» (diese Bezeichnung ergab sich aus bäuerlicher Perspektive) leicht Oberhand gewinnen konnten, wurden beseitigt oder zerstört, in der Regel durch Hacken oder Pflügen. Außerdem lockerte man den Boden, so dass sich die Wurzeln der anschließend ausgesäten Kulturpflanzen optimal entwickeln konnten. Die Kulturpflanzen erhielten auf diese Weise einen Wachstumsvorsprung gegenüber anderen Gewächsen. Dennoch liefen aus bereits in den Böden vorhandenen Samen auch andere Kräuter auf, die zum Teil rascher wuchsen als die Kulturpflanzen. Dieses Unkraut bekämpfte man, beispielsweise durch Jäten oder weiteres Hacken. Wenn Reinbestände von großen Massen an Kulturpflanzen heranwuchsen, die es natürlicherweise in dieser Fülle nicht gab, entwickelten sich auch bestimmte Tierarten optimal, die sich ebenso wie der Mensch von diesen Pflanzen ernährten. Zu ihnen gehörten Heuschrecken, Mäuse und Körner fressende Vögel. In Agrarökosystemen wurden sie häufiger, so dass es notwendig wurde, sie zu verscheuchen oder zu bekämpfen.

Später folgte dann als weiterer Eingriff des Menschen die Ernte, bei der nicht nur die Kulturpflanzen ausgerissen, gepflückt oder geschnitten, sondern alle auf dem Acker stehenden Gewächse entfernt wurden. Vom Ackerstandort wurde mit dem Entzug an Pflanzenmasse auch stets ein gewisses Quantum an Mineralstoffen entfernt. Man musste möglichst die gleiche Menge dieser

Stoffe dem Boden zurückgeben, um dessen Fruchtbarkeit zu erhalten. Daher war es notwendig, Ackerflächen zu düngen.

Die aus Ackerbau und Viehhaltung bestehende Landwirtschaft wurde in Gebieten entwickelt, die nur locker von Gehölz bestanden waren. Wollte man sie in anderen Gegenden einführen, waren weitere Eingriffe des Menschen notwendig: Wo es zu wenig regnete, mussten Felder künstlich bewässert werden; wo Wälder die Standorte beschatteten, mussten sie gerodet werden. Die Rodung von Wäldern ließ sich mit der Gewinnung des Rohstoffes Holz kombinieren. Danach entstanden in zuvor nahezu völlig bewaldeten Regionen ganz neue Typen waldoffener Landschaften. In ihnen kamen nach der Beseitigung des Waldes nicht nur Schlagpflanzen in die Höhe, deren Samen überall im Waldboden lagen, sondern neben den Kulturpflanzen auch spontan aufkommende Gewächse aus anderen Klimazonen.

Tiere wurden in die Wälder getrieben; sie fanden dort genügend Futter und veränderten dabei die Wälder erheblich: Jede Tierart bevorzugt bestimmte Pflanzen und lässt andere stehen. Man spricht von einer je nach Tierart unterschiedlichen Weideselektion von Pflanzen. Rinder, Pferde und Schafe sind bei der Auswahl ihrer Nahrungspflanzen anspruchsvoller als Ziegen und Esel, die auch dornige oder stachelige Gewächse abreißen. Im Lauf der Zeit wurden beweidete Wälder immer lichter, denn auch nachwachsende Bäume wurden abgebissen.

Durch alle diese Eingriffe wurde Landschaft ebenso verändert wie durch die Tatsache, dass Siedlungen aufgegeben und verlagert wurden. Denn nach der Aufgabe einer Siedlung und ihrer Wirtschaftsflächen kam es zu großflächigen Sekundärsukzessionen: Wald entwickelte sich neu auf bereits zuvor entwickelten Waldböden. Je öfter eine derartige großflächige Sekundärsukzession ablief, desto erheblicher wandelten sich die Wälder. Weil unter dem Einfluss des Menschen die Zahl der Sekundärsukzessionen also zunahm, wurde der Umbau von Vegetation generell beschleunigt.

Wenn Siedlungen und Felder nicht aufgegeben wurden, sondern längerfristig bestanden, wurden die Böden stärker ausgebeutet, so dass es mit der Zeit immer notwendiger wurde, sie zu düngen. Wenn es nicht genug Dünger gab, nahmen die Erträge ab; schließlich lohnte sich der Aufwand nicht mehr, Felder auf verarmten Böden zu bestellen, und die Landwirtschaft musste aufgegeben werden.

In der Umgebung langfristig besiedelter Orte legte man Wiesen an. Typische Maßnahmen des menschlichen Eingriffs dort waren die regelmäßige Mahd, deren Anzahl pro Jahr variieren konnte, und die Düngung, mit der die Verarmung an Mineralstoffen verhindert werden sollte. Wiesen wurden bewässert, wobei man ausnutzte, dass Wasser Mineralstoffe herantrug und auf den Wiesen deponierte. Man zäunte Gärten ab, in denen speziell behandelte Obstbäume heranwuchsen: Sie wurden veredelt, das heißt, man pfropfte Edelreiser auf Unterlagen der Wildlinge.

Die immer vielfältiger werdenden Nutzungsräume, in denen Menschen auf unterschiedliche Weisen gegen natürliche Entwicklungen intervenierten, wurden immer strikter voneinander abgetrennt. Wenn man keine Vorsorge dagegen walten ließ, drangen Tiere aus Weideflächen in Wiesen ein und fraßen die Pflanzen auf, aus denen eigentlich das Winterfutter bereitet werden sollte. Noch verheerender war es, wenn Vieh in Kornfelder einfiel, Getreide zertrampelte und fraß. Es musste aber auch verhindert werden, dass Pflanzen sich über die Grenzen künstlich voneinander getrennter Ökosysteme hinweg ausbreiteten. Passten die Bauern nicht auf, drangen Wälder in nicht mehr gemähte Wiesen vor oder breiteten sich Grünlandpflanzen in Äckern aus, so dass sich gradientenartige Übergänge zwischen Wald und Offenland ausbildeten und Wald schließlich das gesamte Stück Grünland überwucherte.

Immer mehr anthropogene Einflüsse traten hinzu: Industrieanlagen und Verkehrswege wurden gebaut. Vor allem seit der Zeit der Industrialisierung belasteten immer mehr Emissionen die Umwelt bzw. die Ökosysteme. Landschaften veränderten sich immer weiter. Nicht mehr genutzte Industrieanlagen wurden aber auch renaturiert, womit Zustände angestrebt wurden, die «natürlich» aussehen sollten.

Diese Entwicklungen lassen sich ebenso wie die Charakteristika beschreiben, die sich in einer Landschaft finden; denn jahrtausendelang wurde auf eine zunehmend ausgeklügelte Art und Weise versucht, Stabilität als Grundlage für ein sicheres menschliches Leben und Überleben zu erreichen. Dieses Ziel wurde und wird nie vollständig erreicht, weil natürliche Faktoren mit ihrer Dynamik weiterhin auf die Ökosysteme und Landschaften einwirken, in denen der Mensch lebt und versucht, diese zu stabilisieren. Der Mensch sieht sich immer wieder neuen Entwicklungen der Natur gegenüber, die seine Absicht, Umwelt zu stabilisieren, durchkreuzen. Dabei ist keineswegs nur an Naturkatastrophen zu denken, die für stabil gehaltene Strukturen von einem Moment zum nächsten zerstören, beispielsweise ein Erdbeben, ein Vulkanausbruch oder eine bei einem Erdbeben ausgelöste Tsunami-Welle. Auch kleine natürliche Schwankungen, die beispielsweise von der Witterung ausgelöst sind (Spätfrost im Mai, zu lange trockene oder feuchte Perioden usw.), und neue Richtungen der Sukzession von Lebensgemeinschaften können sich stets destabilisierend auf Ökosysteme auswirken.

Die Nutzung zonaler, extrazonaler und azonaler Ökosysteme

Zonale, extrazonale und azonale Ökosysteme ließen sich auf jeweils andere Weise nutzen. Als Folge davon bildeten sich typische Muster von Nutzungsräumen in Landschaften heraus.

Zonale Ökosysteme, in denen die Böden optimale Qualität aufwiesen, eigneten sich besonders gut zur Anlage von Feldern. Wo die Böden ungünstiger waren, blieb Wald erhalten, oder er wurde dort nach einer zum Teil lange währenden Nutzung durch Ackerbau und Viehhaltung wieder neu aufgebaut. Wälder, die von den Siedlungen weiter entfernt lagen, wurden seltener genutzt als solche in deren Nähe. In Abhängigkeit davon entwickelten sich Wälder unterschiedlich. Vor allem in der Nähe der Siedlungen wurde Wald beweidet; er wurde dadurch immer lichter und nahm einen heideähnlichen Charakter an. Heideflächen ließen sich, wenn genügend Dünger zur Verfügung stand, in Ackerland verwandeln, oder sie wurden aufgeforstet. Auch in azonalen Ökosystemen der Talniederungen konnte Vieh weiden, oder man legte dort Wiesen an. Zwischen Äckern, die in zonalen Ökosystemen entstanden, und den azonalen Gebieten mit Grünland im Tal wurden besonders viele ländliche Siedlungen gegründet. Sie erhielten dort – zwischen dem Ökotop Acker und dem Ökotop Grünland – die für sie typische Ökotopengrenzlage.[58] Beide grundlegend wichtigen Wirtschaftsbereiche agrarischer Siedlungen waren von dort aus rasch zu erreichen, und das Vieh ließ sich, wenn es in der Talniederung weidete, von oben beaufsichtigen. Eine solche Siedlungslage nahm ein Einzelhof oder ein kleiner Weiler, der aus einigen Bauernhäusern bestand, ebenso ein wie ein großes Dorf. Gärten wurden in unmittelbarer Nähe der Siedlungen angelegt, zum Teil sogar im Schutz der Häuser. Südwände von Häusern konnten als extrazonale Mikrostandorte genutzt werden, an denen – gefördert noch durch das Baumaterial der Häuser, durch Putz und Farbe – besonders hohe Temperaturen auftraten. Dort konnte man beispielsweise Spalierobst ziehen. Obstbäume pflanzte man sonst am besten unmittelbar unterhalb der Häuser, denn dort wurden sie nicht durch starke Winde geschädigt, die auf der Ackerfläche auftreten konnten, und auch nicht durch Spätfrost, der sich eher in der Talsenke ausbildete als einige Meter oberhalb davon, von wo aus in Strahlungsnächten im Frühjahr und Herbst die schwere Kaltluft zur Talsenke hin abfließen konnte *(Abb. 7-1)*.

Extrazonale Standorte wurden in unterschiedlicher Weise in die Nutzung einbezogen, je nachdem, ob sie auf dem Süd- oder dem Nordhang gelegen waren. Viele steile Nordhänge blieben stets bewaldet. Steile Südhänge eigneten sich dagegen zum Anbau von Obst, in manchen Gegenden sogar zur Anlage von Weinbergen. Weitere Hänge, vor allem Südhänge, wurden durch Terrassierung in zusätzliches Ackerland überführt.

Die natürlichen Parameter, die verschiedenen Eingriffe des Menschen und die mehr oder weniger regelhaft geschaffenen Strukturen prägen eine Landschaft als «Totaleindruck einer Ge-

Abb. 7-1 Bauernhof in Ökotopengrenzlage zwischen tiefgründigem, trockenem Ackerland auf der Höhe (im Hintergrund) und feuchterem Grünland in der Senke.

gend». Dabei bestehen Beziehungen zwischen bestimmten Typen von Standorten und deren Nutzungsmöglichkeiten. Bestimmte Strukturen von genutzten Gebieten treten regelhaft auf; erfasst man sie also, gelingt es, auf den Charakter der Landschaft vor dem Beginn von Eingriffen des Menschen zurückzuschließen. Auf alle diese Entwicklungen und die Möglichkeiten der Analyse der Landschaft, die damit zusammenhängen, wird in den folgenden Abschnitten des Buches noch zurückzukommen sein.

8 Metaphern zur interpretierenden Bezeichnung von Landschaften

Das Materielle und dessen Interpretation

Landschaften weisen materielle Bestandteile auf, die von Natur und Kultur geprägt wurden und werden. Von ihnen war in den letzten Kapiteln die Rede. Eindeutig zwischen Einflüssen zu unterscheiden, die von Natur, und solchen, die vom Menschen und seiner Kultur ausgingen, ist nicht immer einfach und oft auf den ersten Blick kaum möglich. Eine klare Differenzierung zwischen natürlichen und vom Menschen ausgehenden Eigenschaften von Landschaften ist oft erst nach einer intensiven Beschäftigung mit den Ursachen möglich, die eine Landschaft im Lauf der Jahrtausende geprägt haben.

Das hat einerseits mit Metaphern zu tun – interpretierenden Bezeichnungen, mit denen das, was man in einer Landschaft sah, in Wort oder Bild wiedergegeben wird. Man meint, auf diese Weise eine besonders gute Charakterisierung einer Landschaft zu ermöglichen. Doch oft leiten die gewählten Bezeichnungen zu Fehlschlüssen, weil derjenige, der eine Landschaftsbeschreibung liest oder ein Bild einer Landschaft betrachtet, auf dieser Grundlage zu anderen Vorstellungen gelangt als derjenige, der die Landschaft in ihrer materiellen Ausprägung unmittelbar gesehen hatte. Die gezogenen Schlüsse können Fehlschlüsse sein, aber fortan das Bild, das man mit bestimmten Landschaften verbindet, erheblich prägen, und zwar so, dass es auf die Gestaltung konkreter Landschaften zurückwirkt. Darauf wird in diesem Kapitel eingegangen.

Andererseits hat die Schwierigkeit, klar zwischen natürlichen und menschlichen Einflüssen in einer Landschaft zu unterscheiden, damit zu tun, dass Menschen in den vergangenen Jahrtausenden nacheinander völlig unterschiedliche Systeme der Landnutzung aufbauten. Überkommene Formen des Umgangs mit Landschaft wurden immer wieder von dem Moment an, in dem sie aufgegeben wurden, als «natürlich», «natürlicher» oder «naturnäher» missdeutet. Darum wird es ausführlicher in den folgenden Kapiteln gehen.

Der «Totaleindruck einer Gegend» entspricht auf jeden Fall nicht nur dem Materiellen, das ein Betrachter vor sich sieht, sondern umfasst – als Eindruck – dessen immaterielle Interpretation. Der Begriff, der zur Interpretation gewählt wird, darf nicht mit etwas materiell Bestehendem verwechselt werden. Ein solcher Begriff ist beispielsweise «Wildnis». Wenn diese Metapher auf eine Landschaft bezogen wird, heißt das nicht unbedingt, dass dort alle ablaufenden Prozesse allein von Natur beeinflusst werden; vielmehr hat derjenige, der von «Wildnis» spricht, den Eindruck gewonnen, das Gesehene könne eine Wildnis sein, oder er fühlt sich durch das Gesehene an ein Bild von Wildnis erinnert.

Der Zuhörer vergleicht das Gehörte, der Leser das Gelesene mit Eindrücken aus seinem eigenen Erfahrungsschatz und wird anschließend nicht genau die gleiche (imaginäre) Landschaft vor Augen haben wie derjenige, der die eigentliche Landschaft gesehen, sie interpretiert und mit der erklärenden Bezeichnung einer Metapher versehen hatte. Das gilt besonders für Idealvorstellungen, die mit Landschaften verknüpft werden, die man ebenfalls als Metaphern auffassen kann. Aber auch wenn konkrete Landschaften in einem gängigen Verfahren der Wissenschaft bestimmten Typen zugeordnet werden, kann es zu falschen Übertragungen von Vorstellungen kommen.

Übertragung von Vorstellungen durch Begriffe

Jeder verbindet klare Vorstellungen mit Begriffen wie Berg, Fluss, Wald, Dorf und Feld. Doch ist mit diesen Begriffen nicht immer auch genau das gemeint, was man mit ihnen verbindet. Ein Dorf in Schweden besteht typischerweise aus wenigen Häusern. Dafür gibt es die beispielsweise in der Werbung verwendete Metapher «Bullerbü»; dies ist der Name des aus drei Häusern bestehenden Dorfes in den weltbekannten Geschichten von Astrid Lindgren. In Mitteleuropa ist das typische Dorf erheblich größer, und das, was man in Schweden ein Dorf nennt, ist aus mitteleuropäischer Sicht eher ein Weiler. Ein Mitteleuropäer wird das, was er aus seinem Erfahrungsschatz mit dem Begriff «Dorf» verbindet, in Schweden vergeblich suchen. Und für einen Schweden ist das Bild eines mitteleuropäischen Dorfes etwas Ungewohntes.

Ein Berg ist nicht überall ein hoch aufragendes Gebilde mit schroffen Felsen. In Norddeutschland werden Dünen als Berge bezeichnet. Wittenberg, Dannenberg und Bergedorf an der Elbe sowie Landesbergen und Wahnebergen an der Weser liegen auf trockenen Dünen, die hoch genug sind, um niemals von Hochwasser überdeckt zu werden. Man kann auf diesen «Bergen» in Sicherheit leben. Aber in keinem Fall bezeichnen solche Ortsnamen hohe Berge; diese mag aber derjenige vor Augen haben, der diese Ortsnamen lediglich hört und eine Imagination mit ihnen verbindet.

Die Ströme Norddeutschlands, die in breiten Abflussbahnen aus der Eiszeit verlaufen, werden, wie bereits beschrieben, von Uferwällen eingefasst, die man auch Hochland nennt. Dagegen ist das vom Fluss weiter ab, an den Talrändern gelegene Gebiet niedriger: Dieses Sietland steht häufiger und länger unter Wasser; es ist daher siedlungsfeindlich, während auf dem so gut wie niemals überfluteten Hochland mancherorts sogar Siedlungen angelegt werden konnten. Die Bezeichnung Hochland kann aber von demjenigen, der davon liest, anders verstanden werden, als es derjenige, der diese Bezeichnung verwendete, gemeint hatte. Das lässt sich an einem Beispiel demonstrieren. Johann Wolfgang von Goethe wurde bei seinen abschließenden Arbeiten an «Faust II» von einer Reisebeschreibung des Göttinger Gelehrten Christoph Meiners inspiriert, die er Jahre zuvor gelesen hatte.[59] Meiners stellte seine Heimat dar, das Land Hadeln im breiten Tal der Niederelbe. Aus eigener Erfahrung wusste der Autor, wie wichtig es war, die geringen Höhenunterschiede in einer solchen Niederung zu beachten.

Menschen mussten mancherlei Anstalten treffen, um ein solches Gebiet nutzen zu können: «Da alle Felder im Hoch-Lande mit Gräben umzogen sind, die weder Abfluß, noch Zufluß haben, und ohne diese Gräben kein Feld-Bau möglich wäre; so sind und bleiben immerdar unzählige Moräste eröffnet, die besonders in trockenen Sommern und Herbsten die Luft mit mephitischen Dünsten vergiften.» Goethe machte daraus: «Ein Sumpf zieht am Gebirge hin, Verpestet alles schon Errungene; Den faulen Pfuhl auch abzuziehn, Das Letzte wär' das Höchsterrungene.»[60]

Weil Goethe sich also unter einem Hochland nur ein Gebirge vorstellen konnte, wurde aus der von Meiners beschriebenen Landschaft eine ganz andere in der Imagination des Dichters. Damit hat der Dichter nicht etwa einen «Fehler» gemacht, denn im «Faust II» kam es nicht darauf an, die Elbmarsch des Landes Hadeln richtig zu beschreiben. Dies war nur für Christoph Meiners wichtig. Doch die Szenerie des Dramas nahm dadurch einen anderen Charakter an, dass der Begriff Hochland von Meiners und Goethe unterschiedlich aufgefasst wurde. Dies muss stets bedacht werden, ganz gleich ob es sich um Ortsnamen handelt, ob von Idealisierungen von Landschaft die Rede ist oder ob wissenschaftliche Begriffe zur Typisierung von Landschaften verwendet werden.

Folgenreicher war die Verwendung eines anderen Begriffs, unter dem der Autor seines Textes und dessen Leser Unterschiedliches verstanden. Als der römische Historiker Publius Cornelius Tacitus im ersten nachchristlichen Jahrhundert aus der Perspektive Roms das Land Germania beschrieb, erwähnte er dessen schaurige Wälder, die einen widerwärtigen Eindruck machten.[61] Zwar hatte er auch festgestellt, dass die Germanen Getreide anbauten; also konnte es in ihrem Land gar nicht überall dichte Wälder gegeben haben. Aber der Eindruck der dichten Wälder war für jemanden, der aus dem Mittelmeergebiet nach Norden kam, sehr prägend. Mit der Tatsache der Unermesslichkeit germanischer Wälder ist auch immer wieder die Ansicht verbunden worden, sie sei der Grund, weswegen den Römern eine Unterwerfung der Germanen nicht gelungen sei. Tacitus' Beschreibung galt als das älteste historische Zeugnis über Deutschland, und «dichte Wälder», wie sie auch ausgesehen haben mochten, wurden immer wieder als Kulisse gesehen, vor der oder in der sich eine deutsche Identität entwickelte.

Als Hannß Carl von Carlowitz 1713 in seinem Buch «Sylvicultura oeconomica» für die nachhaltige Bewirtschaftung von Wäldern eintrat, verwies er gleich zu Anfang auf die «Germania» des Tacitus: «Wie duster das alte Teutschland vor Zeiten wegen der ungeheuren grossen Wälder ausgesehen / kan man aus dem Corn. Tacito im 5ten Capitel seines Buchs / so er sonderlich von Teutschland geschrieben / abnehmen. Terra, saget er / in universum sylvis horrida aut paludibus foeda: Das Land ist furchterlich / entweder wegen der Wälder / oder sumpfig / wegen der Moräste. Ja es scheint / daß durch gantz Teutschland und an deren Gräntzen ein meist in- und an-einander hangender continuirlicher Wald gewesen / so von denen Römern Sylva Hercyna, von denen Teutschen aber / der Hartz- oder Schwartz-Wald genannt worden ...»[62] Carlowitz forderte, erneut solche Wälder zu schaffen, wie sie zur Zeit der Römer bestanden hatten. Alte Verhältnisse sollten wieder hergestellt werden, aber nicht, um Vergangenes zu verklären; ihm kam es vor allem darauf an, jederzeit genug Holz in den Wäldern ernten zu können, damit ausreichend Brennstoff für die Verhüttung von Erzen zur Verfügung stand. Sie wurden unter seiner Amtsführung als sächsischer Oberberghauptmann abgebaut und verarbeitet.

Später wurde die Wiederherstellung von Wäldern aus nationalistischer oder militärischer Sicht gefordert: Als die Truppen Napoleons nach Osten vorrückten, wurden die Franzosen als «Romanen» mit den Römern verglichen. Man vermutete, die Franzosen könnten sich ebenso wenig in ausgedehnten Wäldern orientieren wie einst die Römer. Daher forderte Friedrich Ludwig Jahn am Anfang des 19. Jahrhunderts, man möge an der Grenze zu Frankreich einen undurchdringlichen Wald pflanzen. Caspar David Friedrich malte einen solchen künstlich aufgeforsteten Wald 1813/14, als die Franzosen gerade besiegt worden waren: Der «Chasseur im Walde» irrt als geschlagener Soldat durch einen auf-

Abb. 8-1 Caspar David Friedrich, «Der Chasseur im Walde», gemalt 1813/14, unmittelbar nach dem Sieg über die Truppen Napoleons.

geforsteten Fichtenwald, in dem alle Bäume gleich alt sind *(Abb. 8-1)*.[63]

Selbst in späterer Zeit wurde auf den Sachverhalt zurückgegriffen, den Tacitus beschrieben hatte, auch aus wissenschaftlicher Sicht: In der Landesforstverwaltung von Baden-Württemberg interessierte man sich für die Waldzusammensetzung der Zeit um Christi Geburt, wohl deshalb, weil man die damals vorhandenen Wälder für die «natürlichen» hielt.[64] Man übersah dabei, dass natürliche Wälder einer dynamischen Entwicklung unterworfen sind, und vertraute auf das historische Zitat, das sich auf eine Zeit bezog, in der, wie man annahm, noch «jungfräuliche Wälder» in Germanien standen. Bei allen Rückgriffen auf das Zitat des Tacitus ging man von der Bezeichnung oder dem Begriff «Wald» aus, dachte aber nicht daran, dass der Wald, den der Schriftsteller im 1. Jahrhundert nach Christus vor Augen gehabt hatte, vielleicht ganz anders ausgesehen hatte als derjenige in späterer Zeit.

Um zu untersuchen, wie sich Vorstellungen auf der Grundlage schriftlicher Texte so entwickeln, dass daraus Handlungsanweisungen abgeleitet werden, ist auch die wissenschaftliche Beschäftigung mit Begriffen notwendig, die zur Beschreibung einer Landschaft herangezogen wurden und werden. Die wissenschaftliche Beschäftigung mit Landschaft kann daher nicht allein von den Naturwissenschaften ausgehen, sondern ist auch ein wichtiges Arbeitsfeld der Philologien. Idealerweise sollte von Philologen und Naturwissenschaftlern gemeinsam untersucht werden, wie sich das materielle Vorbild der Landschaft durch den Eindruck sowohl des Schreibenden als des Lesenden bzw. Rezipierenden zur Idee einer neuen Landschaft wandelte, die man auch gestalten könnte. Dafür ein Beispiel: Als in der Nähe eines Museums das Verhältnis zwischen Römern und Germanen dargestellt werden sollte und ein Waldlehrpfad angelegt wurde, beschloss man, die dichteste und dunkelste Partie im Wald als den «Wald der Germanen» zu präsentieren. Dort standen aufgeforstete Fichten, Douglasien und Lärchen, die in der Zeit um Christi Geburt sicher nicht in der Gegend vorgekommen waren. Doch man wollte dichten Wald präsentieren: Welche Baumarten darin vorkamen, war für die Gestalter der Freianlage des Museums nicht wichtig.

Vorstellungen zu Orts- und Geländebezeichnungen

Mit zahlreichen Orts- und Geländebezeichnungen werden mehr oder weniger konkrete Vorstellungen von Landschaften verbunden, und nicht immer entsprechen sie genau dem, was diejenigen, die einen Ort benannten, damit hervorheben wollten. Geographische Namen können Sehnsuchtsorte sein: der Kilimandscharo, Capri, mit dem man Hamburgs Vorort Blankenese vergleicht, oder Kalifornien, das nicht nur der Name eines Bundesstaates der USA ist, sondern auch eines kleinen Ortes an der Ostsee bei Kiel, weil dort einmal Wrackteile eines Schiffs angespült wurden, das den Namen «California» trug. Die Namen dieser Sehnsuchtsorte wurden in populären Liedern oder Schlagern zitiert. Einige Namen werden gemeinhin falsch verstanden. Der Name «Radbruch» eines Ortes bei Winsen an der Luhe bezieht sich nicht auf ein gebrochenes Rad, sondern auf einen gerodeten Erlenbruchwald am Rand des Elbeurstromtals. Ebersberg, Ebermannstadt und Eberswalde nehmen mutmaßlich nicht auf männliche Schweine Bezug, wie immer wieder angenommen wird, sondern auf markante Eiben, die in den Wäldern am Ort standen. Der Name von Berlin ist slawischen Ursprungs und bedeutet wohl «Sumpf», was bei der Lage der Stadt auch einzusehen ist. Doch verbindet man anderes mit dem Stadtnamen; das bekannte Symbol der Stadt ist der Berliner Bär. Der Bär hat allerdings mit dem Stadtnamen nichts zu tun, ebenso wenig wie mit dem von Bern. Der Berliner Bär hat, wenn er nicht aus dem anderes bedeutenden Stadtnamen abgeleitet wurde, vielleicht eher etwas mit Albrecht dem Bären zu tun, der seit 1150 Markgraf von Brandenburg war.

Besonders malerisch ist der Klang mancher Bergnamen: Kaiserstuhl, Donnersberg, Zugspitze, Matterhorn, Jungfrau, Gesäuse. Etliche Orte erhielten nach dem Willen ihrer Herrscher einen positiv besetzten Namen, um auf zuziehende Bewohner attraktiv zu wirken: Glückstadt an der Elbe, Freudenstadt und Reinerzau im Schwarzwald.[65]

Idealisierung von Landschaft

Um Landschaft zu idealisieren, verwendete man immer wieder Attribute wie Paradies, Arkadien oder auch (schöne) «Natur». Dabei wurden Begriffe von einer konkreten Vorstellung in eine andere übertragen. Der Begriff «Paradies» stammt aus dem Altpersischen und bedeutet Umzäunung oder Umwallung[66], ebenso wie der aus dem Griechischen und Lateinischen entlehnte Begriff «Garten».[67] Doch die Vorstellungen vom biblischen Paradies änderten sich im Lauf der Zeit; sie blieben nicht immer mit einem umzäunten und geschützten Bereich, einer Fülle und Vielfalt an Pflanzen und Tieren verknüpft, sondern verbanden sich auch mit der Idee von Arkadien. Arkadien ist eine Landschaft auf der Peloponnes, in der eine Hirtenkultur verbreitet war. Vergil übertrug in den Dichtungen der «Bucolica» Arkadien nach Italien. Viele Maler und Dichter des Nordens suchten ihr Arkadien als ein Paradies in Italien.[68] Gemalt wurde es unter anderem von Claude Lorrain als Landschaft mit Hirten und Tieren, die zwischen einzeln stehenden Bäumen lagerten *(Abb. 8-2)*.[69] Der Maler stellte keine konkrete Landschaft dar, prägte aber die Vorstellung seiner Zeitgenossen und seiner Nachfahren von einem idealen Arkadien als Landschaftstyp. Ein Hirtendasein wurde immer wieder als Urzustand der Menschheit dargestellt. Bis heute hält sich die Vorstellung, Menschen seien zuerst Viehhalter, dann Ackerbauern gewesen. Doch dafür finden sich keine Belege; der Nomadismus als eine hoch spezialisierte Lebensweise von Viehhaltern kam mit großer Sicherheit erst nach dem Beginn des Ackerbaus auf (vgl. Kapitel 12).

Eine mit den Bildern Claude Lorrains vergleichbare Szenerie breitete sich in der halboffenen Weidelandschaft eines Hudewaldes aus, eines Waldes, in den Tiere zur Weide getrieben wurden

Abb. 8-2 Claude Lorrain, «Flusslandschaft mit Ziegenhirt», um 1640

und der dadurch aufgelichtet wurde. Tatsächlich gibt es Hudewaldlandschaften, die die Bezeichnung «Paradies» trugen, unter anderem das Borkener Paradies bei Meppen an der Ems.[70] Vielerorts wurden seit dem 18. Jahrhundert nicht mehr genutzte Hudewälder in Englische Landschaftsparks überführt, etwa in den Wörlitzer Anlagen oder im Englischen Garten in München. In Hannover wurde aus dem Brühl (so bezeichnete man eine städtische Viehweide) der Georgengarten. Dort war es leicht, Szenerien nachzubilden, die man von Claude Lorrains Bildern kannte.

Als Paradies, aus dem wir kommen, stellte Johann Baptist Zimmermann um 1730 eine solche halboffene Weidelandschaft mit einzelnen Bäumen auf dem Deckengemälde der Wallfahrtskirche von Steinhausen in Oberschwaben dar, und zwar über der Rückwand der Kirche, über der Orgelempore. Flankiert wurde dieses Paradies von Figuren aus den damals noch unzivilisierten Kontinenten Afrika und Amerika. Dieser Darstellung ist interessanterweise ein anderes Paradies als künftiger Garten gegenübergestellt, und zwar über dem Altarraum: Dort ist ein Hortus conclusus zu sehen, flankiert von Personen und Symbolen, mit denen auf die damals zivilisierten Kontinente Europa und Asien hingewiesen wird. Man kann diesen Garten einerseits als himmlischen Ort deuten, in den Menschen nach ihrem Tod aufgenommen werden können, andererseits aber auch als Bild einer in Ordnung gebrachten Natur, vergleichbar dem formalen Garten des französischen Barock. Später galt gerade die formale Ordnung nicht länger als Natur. Mehr und mehr hielt man Hudewälder und Heiden für Inbegriffe von Natur;[71] Überreste von ihnen wurden im 20. Jahrhundert unter Naturschutz gestellt. Die dort geschützte Natur ist nicht die mit stetiger Veränderung verbundene Fülle der Naturerscheinungen, sondern eine «schöne Natur», die man vor Veränderung schützen wollte.

Im 18. Jahrhundert entdeckte man nicht nur in Italien, sondern auch in der Schweiz besonders viele spektakuläre Landschaften. Die Schweiz galt nicht nur als Inbegriff einer schönen oder erhabenen Landschaft, sondern war auch ein Symbol der Freiheit; die Eidgenossen hatten sich bereits am Ende des Mittelalters vom Joch der Habsburger befreit.[72] Der Landesname – abgeleitet vom Stadtnamen Schwyz – könnte eventuell selbst eine landschaftliche Besonderheit erklären. Er bezieht sich nämlich vermutlich auf eine Schwaige oder einen Schwaighof; solche für den Alpenraum typischen Viehbauernhöfe wurden seit dem Mittelalter vielerorts gegründet. Auch der Name «Alpen» dürfte auf Viehhaltung Bezug nehmen; denn das Gebirge zeichnete sich dadurch aus, dass man dort vielerorts Alm- oder Alpwirtschaft betreiben konnte: Man zog im Sommer mit dem Vieh auf die Bergeshöhen, um saftige Weidegründe zu nutzen. Die Hirtenkultur der Schweiz wurde seit dem 18. Jahrhundert ebenso verklärt wie diejenige Arkadiens.

Seit dem 18. Jahrhundert nannte man viele Gebiete, in denen man außerhalb des Alpenlandes landschaftlich Spektakuläres vorfand, ebenfalls «Schweiz». Man sprach zuerst von einer «Sächsischen Schweiz». Wie dieser Begriff zustande kam, lässt sich nachverfolgen. 1766 wurden die Schweizer Maler Anton Graff und Adrian Zingg an die Kunstakademie in Dresden berufen. Sie entdeckten das landschaftlich spektakuläre sächsische Elbtal oberhalb von Dresden und bezeichneten es als eine «Schweiz», weil man dort auch fernab ihres Heimatlandes landschaftliche Schönheit finden und malen konnte.[73] Später erfand man die entsprechenden Bezeichnungen Holsteinische oder Fränkische Schweiz, mit denen für landschaftliche Schönheiten geworben wurde. Der Geograph Richard Linde verglich sogar die so ganz anders gestaltete Landschaft an der Niederelbe mit derjenigen der Schweiz, wohl um deren Einmaligkeit zu betonen.[74]

Typisierung von Landschaft

Jede wissenschaftliche Bezeichnung einer Landschaft, mit der sie sich typisieren lässt, ist auch eine Metapher. Mit Begriffen wie «Tropischer Regenwald», «Mittelmeergebiet», «Schwarzerdelandschaft», «Alpine Vegetation» oder «Bodensaurer Buchenwald» bzw. «Hainsimsen-Buchenwald» verbindet nicht nur etwas, wer solche Landschaften oder Biotoptypen kennt, sondern auch derjenige, der sie noch nie gesehen hat. Die Begriffe werden gebraucht, um Landschaften oder auch Ökosysteme zu erklären. Doch darf man den Typ einer Landschaft oder eines Ökosystems nicht mit einer individuellen Landschaft verwechseln. Oft aber war und ist man – vielleicht auch unbewusst – bestrebt, sich bei der Bewirtschaftung einer Landschaft am Bild eines Typs zu orientieren. Das geschieht beispielsweise dann, wenn ein Förster seinen Wald so pflegt, dass er genau dem Typ eines Hainsimsen-Buchenwalds entspricht.

War der Typ einer Landschaft an einem bestimmten Ort einmal festgelegt worden, suchte man in anderen Gegenden Landschaften, die dieser sogenannten Typuslokalität entsprachen. Grundlagen dafür schuf beispielsweise bereits Albrecht von Haller, als er bemerkte, man könne in den verschiedenen Höhenstufen eines Schweizer Gebirges Typen von Vegetation finden, die sonst über ganz Europa verbreitet sind: «Helvetien stellt beinahe alle Länder von Europa, von dem entfernten Spitzbergen weg bis nach Spanien vor.»[75] Bereits damals stellte man fest, dass es viele Pflanzen gab, die sowohl in den Hochlagen der Alpen als auch in der Arktis vorkamen; man bezeichnete sie in der Folgezeit als Gewächse mit einer arktisch-alpinen Verbreitung. Doch diese Arealbildung wurde nicht nur durch physische Ursachen bestimmt: sie kam auch dadurch zustande, dass das Verbreitungsgebiet dieser Pflanzen nach der Eiszeit durch die Ausbreitung von Wäldern in den Gegenden zwischen Alpen und Arktis in Teile zerrissen worden war. Die arktisch-alpin verbreiteten Pflanzen wachsen nur noch dort, wo es keine Wälder gibt.

Alexander von Humboldt bestieg auf seiner Südamerikareise wohl deshalb den Chimborazo, weil sich auf diesem dicht am Äquator liegenden Berg alle Höhenstufen von den tropischen Wäldern bis zum Bereich des ewigen Schnees auffinden ließen, also alle Typen von Vegetation, die es auf der Erde gab. Diese Typen zeichnete er in sein «Naturgemälde» ein.[76] Das Phänomen, dass der gleiche Vegetationstyp an dem einen Ort in niedrigen Lagen, an einem anderen Ort in großer Höhenlage angetroffen wird, bezeichnet man als «Relative Standortskonstanz und Biotopwechsel».[77]

Keine Typbezeichnung ist eine Konstante, und keine braucht in alle Ewigkeit Bestand zu haben. Jede Typbezeichnung lässt sich auflösen und in mehrere Kategorien unterteilen, wenn wissenschaftliche Erkenntnis dazu zwingt. Zudem können sich die Bestandteile einer Landschaft, die insgesamt als ein Typ aufgefasst wurden, mit der Zeit so stark verändern, dass auch die Beschreibung des Typs angepasst werden muss. Dann aber hat sich nicht der Typ geändert, sondern die materiellen Grundlagen für das Erkennen eines Typs sind andere geworden. Die Bezeichnung für einen Typ ist stets nichts anderes als eine Vorstellung, mit der verschiedene Betrachter etwas verbinden, das sie im Moment des Nachdenkens darüber möglicherweise für eine Konstante halten.

Besonders charakteristisch für die hier vorgestellten Metaphern ist es, dass mit ihnen Charakteristika einer konkreten Landschaft auf eine andere übertragen werden: «Arkadien» war nicht mehr nur der Name einer konkreten Gegend auf der Peloponnes, sondern auch von ähnlichen Landschaften in Süditalien, von Hudewäldern in Mitteleuropa und Englischen Parks. Entsprechendes lässt sich bei wissenschaftlichen Typbezeichnungen beobachten. Obwohl individuelle Landschaften Typen zugeordnet werden können, sind sie nie «nur» der Typ, sondern tragen jeweils besondere Züge.

9 Landschaftswissenschaft als Zusammenschau

Von den Teilen zum Ganzen einer Landschaft

Erst die mannigfaltigen Aspekte von Landschaft und vieler einzelner wissenschaftlicher Vorgehensweisen mit ihren unterschiedlichen Analyseergebnissen liefern Bausteine zur übergreifenden Darstellung einer Landschaft. Keine isoliert betriebene Analyse ist für sich genommen schon eine Landschaftswissenschaft; und auch die bloße Aneinanderreihung von Ergebnissen, die mit den einzelnen Methoden erzielt wurden, macht noch keine Landschaftswissenschaft aus. Die Anhäufung von Resultaten oder Fakten gelangt über das Deskriptive nicht hinaus. Das Wesen der Landschaftswissenschaft ist nicht allein die Kompilation von Fakten, sondern die plausible Zusammenschau von Einzelergebnissen durch das Erkennen von Evidenzen, verbunden mit der dazugehörigen übergreifenden Reflexion.

In einer landschaftswissenschaftlichen Darstellung werden aus Einzelresultaten Plausibilitäts- und Kausalitätsketten geschaffen: Fakten werden durch Evidenzen miteinander verknüpft. Dabei ist darauf zu achten, wie Menschen auf Natur reagierten und wie sich natürliche Parameter durch menschlichen Einfluss veränderten. Aufeinander aufbauend können die folgenden Fragen gestellt werden: Wie wirkten sich natürliche Grundlagen auf die Ausbildung einer Landschaft aus? Wie haben Menschen auf natürliche Grundlagen und die dadurch entstandenen Landschaften reagiert? Welche Entwicklungen ergaben sich als Folgen des menschlichen Tuns (z.B. Wachstum von neu eingebrachten Pflanzen, Erosion an Bauwerken)? Wie haben Menschen Landschaft erklärt und bewertet?

Vor allem in den Naturwissenschaften ist es heute üblich, bei Publikationen die Darstellungsform des wissenschaftlichen Aufsatzes zu wählen. Dabei baut man einen Artikel konsekutiv aus den Teilen «Einleitung und Fragestellung», «Methoden», «Ergebnisse», «Diskussion» und «Schluss» auf. Diese Darstellungsform folgt einem wissenschaftlichen Erkenntnisprozess, der auch für die Beschäftigung mit Landschaft gelten kann.

Am Anfang eines Erkenntnisprozesses von Landschaft steht der erste «Totaleindruck einer Gegend». Dessen Beschreibung fließt, verknüpft mit Wissen aus der Literatur, in den Einleitungsteil einer Publikation über Landschaft ein. Daraus ergibt sich eine Fragestellung, die ebenso der Untersuchung des Bodens wie der Vegetationsgeschichte oder der Erfassung von Landschaftselementen im Raum gelten kann. Es geht womöglich aber auch allein darum, Fakten aus dem Bild von Landschaft abzuleiten, das man vor sich sieht.

Die dabei angewandten Methoden können sehr einfach sein und müssen dennoch in einem eigenen Teil des wissenschaftlichen Artikels dargestellt werden. Es kann allein um die Aufnahme und Sammlung von Daten im Gelände oder auf einem Bild, beispielsweise einer Fotografie, gehen, auch um eine Literaturerfassung, die unter bestimmten Gesichtspunkten durchgeführt wurde. Erneute Auseinandersetzungen mit älterer wissenschaftlicher Literatur unter neuen Gesichtspunkten sind dringende Desiderate, weil sich nur so feststellen lässt, inwiefern ältere Ansichten auf wissenschaftlichen Resultaten oder auf Ideen bzw. Metaphern beruhen, die auf eine interpretierende Bezeichnung einer Landschaft oder eines in ihr enthaltenen charakteristischen Phänomens abzielen. In diesem Teil der Arbeit muss auch auf weitere spezielle Methoden eingegangen werden, etwa die Art und Weise der Aufbereitung von Bodenproben, der Durchführung einer Vegetationsanalyse, der Dendrochronologie, der Bauaufmessung oder einer Materialbestimmung.

Der Ergebnisteil einer landschaftswissenschaftlichen Studie kann aus Tabellen, Kartierungen oder einer Sammlung von Abbildungen bestehen, in der die erfassten Resultate oder Fakten präsentiert werden: die Ergebnisse bodenkundlicher Analysen, Vegetationstabellen, Darstellungen von Bauaufmessungen, die Resultate von kartierenden Erfassungen oder der anderweitigen Aufnahme von Daten im Gelände. Es ist wichtig, Wertungen aus dem Ergebnisteil fernzuhalten. Sie erfolgen erst im Diskussionsteil einer landschaftswissenschaftlichen Studie. Allerdings sollte versucht werden, bereits im Ergebnisteil der Arbeit zwischen Fakten zu unterscheiden, die auf Einwirkungen der Natur, und solchen, die auf menschliche Einflüsse zurückzuführen sind. Weitere Fakten, die als Ergebnisse gesammelt werden können, sind die Metaphern oder Ideen, die mit einer Landschaft verbunden werden. Sie hängen auch mit den Namen zusammen, die bestimmten Landschaftselementen gegeben wurden: Die Nennung des Flussnamens «Rhein» oder des Stadtnamens «Heidelberg» ist unmittelbar mit einer Reihe von Assoziationen verbunden; sie werden gleichsam automatisch mit einer Landschaft verbunden, wenn von diesen Lokalitäten die Rede ist. Die Namen von Lokalitäten sind daher keine Elemente von Landschaft, die auf Natur oder menschlichen Einfluss zurückgehen. Elemente einer Landschaft sind zunächst einmal «Fluss» oder «Stadt» und erst in zweiter Linie deren Namen.

Die Diskussion der Ergebnisse muss in einer landschaftswissenschaftlichen Arbeit besonders ausführlich angelegt sein. Im Zentrum des Diskussionsteils kann eine Geschichte im Sinne einer «Story» stehen, in der die neu ermittelten Ergebnisse zu bereits bekannten Resultaten in Beziehung gesetzt werden. Fakten werden über Evidenzen miteinander verknüpft. Dabei kann ein neues, wissenschaftlich besser fundiertes Bild einer Landschaft entstehen, das sich von einem früher ermittelten unterscheidet. Die Geschichte präsentiert Einzelheiten nach dem Muster eines «Vorher – Nachher» oder eines «Wenn – Dann». In ihrer Erzählung werden also plausible Kausalzusammenhänge hergestellt. In der Darstellung der Landschaft lassen sich fehlende Details so ergänzen, dass eine verständliche Abfolge der Erzählung zu den Zusammenhängen in der Landschaft möglich wird; solche Ergänzungen müssen aber kenntlich gemacht werden, etwa durch die Verwendung eines Konjunktivs in der Aussage. Liegt das Erschlossene klar auf der Hand, oder ist es lediglich eine Möglichkeit, die zur Debatte gestellt wird?

Jede nachfolgende wissenschaftliche Arbeit kann dazu führen, dass die «Story» einer Landschaft und die daraus abgeleitete Theorie von Grund auf neu erzählt werden müssen. Auch wenn die Darstellungen nur geringfügig voneinander abweichen, so ist es doch notwendig, sie in jeder Publikation ausführlich zu präsentieren. Denn sie ist das, was der Öffentlichkeit – auch unter Berücksichtigung der neuen Ergebnisse – als geschlossenes Bild zu einer Landschaft präsentiert wird, das dem aktuellen Stand der Forschung entspricht.

Diese Richtschnur, nach der eine landschaftwissenschaftliche Studie vorgehen sollte, wird deshalb hier so ausführlich dargestellt, weil in bisherigen Studien häufig wichtige Teile übersprungen wurden. Oftmals schließt sich der Einleitung unmittelbar eine Diskussion an. Die Darstellung einzelner neuer Ergebnisse sollte jedoch vor der Diskussion – und nicht als deren Bestandteil – erfolgen. Oder am Anfang einer Arbeit wird nicht deutlich gemacht, inwieweit sie den «Totaleindruck einer Gegend» präzisiert. Nicht selten begnügt sich der Schluss einer Arbeit auch mit der Lösung von Spezialproblemen, etwa mit disziplinären Fragen der Einordnung von Vegetationstabellen oder methodischen Fragen der Denkmalerfassung bzw. der Datierung von archäologischen Fundstücken, anstatt die Relevanz der Ergebnisse für eine übergreifende Zusammenschau von Landschaft herauszuarbeiten.

Weil die Bedeutung der Zusammenschau in älteren wissenschaftlichen Arbeiten häufig nicht erkannt wurde, ist es besonders notwendig, ältere Einzelstudien zu Gebieten, auf denen die Landschaftswissenschaft aufbaut, erneut durchzusehen, um auf deren Grundlage die «Story» zu einer Landschaft neu darzustellen. Die

Möglichkeiten des wissenschaftlichen Arbeitens in dieser Richtung sind uferlos. Es ist allerdings sehr problematisch, überhaupt Kenntnis über die in den verschiedenen Disziplinen sehr weit verstreut publizierten Resultate zu erlangen; sie sind von Datenbanken nicht einmal ansatzweise erfasst. Wichtig können hier auch sehr versteckt publizierte Studien sein, etwa in Heimatkalendern, Zeitungen und Vereinsjahrbüchern.

Dazu noch eine Anmerkung: Nicht immer ist die zu Anfang vorgestellte starre Gliederung die erste Wahl. Zu empfehlen ist sie nur, wenn man tatsächlich zur Lösung einer Forschungsfrage oder einer Hypothese eine Methode einsetzt, dann Ergebnisse erzielt und diese abschließend diskutiert. Es gibt auch andere Formen der wissenschaftlichen Erkenntnis. Sie gehen von der Beobachtung eines Phänomens aus, ohne dass zuvor eine Hypothese entwickelt und eine Untersuchungsmethode gewählt wurde. Auf diese Weise erzielte Resultate können große Bedeutung haben, zumal dann, wenn beabsichtigt ist, Landschaften zu beschreiben und zu erklären.

Eine konkrete Landschaft: die Sächsische Schweiz

Der Gang einer landschaftswissenschaftlichen Darstellung soll an einem Beispiel deutlich gemacht werden: der Landschaft der Sächsischen Schweiz, wie sie sich von den Felsen aus erschließt, die als «Bastei» bezeichnet werden. Der Ausblick von diesen Felsen auf die Elbe und das Elbsandsteingebirge, das auch Sächsische Schweiz genannt wird, ist viel gerühmt. Zum ersten Totaleindruck dieser Gegend gehören der Fluss und seine Biegung sowie bizarre Felsen. Man sieht «schöne Natur», eine erhabene und spektakuläre Landschaft. Viele Besucher der «Bastei» beschränken sich darauf, die sichtbaren Punkte zu identifizieren, etwa den Kurort Rathen bzw. dessen Ortsteil Oberrathen, der auf der anderen Elbseite unterhalb der Bastei liegt. Man sieht auch die charakteristischen Berge, die aus nahezu ebenen Flächen emporragen und selbst

Abb. 9-1 Blick vom Felsen der «Bastei» auf das Elbtal bei Rathen.

oben abgeplattet sind: den Lilienstein im Vorder-, den Königstein im Hintergrund. Zur Elbe mag man sich noch klarmachen, dass dieser Fluss seine Quelle per definitionem im Riesengebirge hat und dass er in die ferne Nordsee mündet *(Abb. 9-1)*.

Man befasst sich auf diese Weise nicht mit den eigentlichen Fakten von Landschaft, die auf natürliche und menschliche Einflüsse zurückgehen, sondern hauptsächlich mit topographischen Bezeichnungen und Begriffen, die aufkamen, um die merkwürdige Landschaft zu erklären: Benennungen wie Bastei, Lilienstein, Königstein, Sächsische Schweiz wecken Assoziationen und sind geeignet, Sehnsucht hervorzurufen bei Menschen, denen man die wunderbare Gegend südöstlich von Dresden gerne einmal zeigen möchte. Aufgabe der Landschaftswissenschaft kann es zwar auch sein, das Zustandekommen dieser Begriffe zu erklären. Zunächst aber muss deutlich werden, was in dieser konkreten Landschaft auf natürliche Einflüsse zurückgeht und was durch menschlichen

Eingriff, durch Kultur, entstand. Danach kann man sich auch mit den Ideen beschäftigen, die Menschen zu dieser Landschaft geäußert haben. In der Regel sind die Namen mit diesen Ideen verbunden, sie sollten zunächst also nicht hervorgehoben werden.

Als erster Arbeitsschritt ist eine Materialsammlung erforderlich. Dies muss im Methodenkapitel der analytischen Arbeit als kurzer Hinweis vermerkt sein. Weitere Arbeitsschritte, auf die im Methodenteil einzugehen ist, umfassen die Zuordnung der Elemente zu natürlichen oder menschlichen Einflüssen, des Weiteren, ob es sich bei ihnen um topographische oder interpretierende Bezeichnungen bzw. Metaphern handelt.

Die auf dem Bild der konkreten Landschaft sichtbaren Elemente werden dann in einem Ergebnisteil der Arbeit zusammengestellt. Dabei müssen sie danach geordnet werden, ob sie sich offensichtlich unter natürlichem Einfluss befinden *(Abb. 9-2)*, ob sie durch Einwirken von Menschen geschaffen oder verändert wurden *(Abb. 9-3)* oder ob sie topographische oder interpretierende Bezeichnungen sind *(Abb. 9-4)*. Bestimmte materielle Bestandteile der Landschaft wurden zur Sächsischen Schweiz und zur Elbe allein durch die Benennung, aber nicht ihrer Natur nach oder durch menschliche Gestaltung der Landschaft. Weitere Metaphern sind wissenschaftliche Typisierungen, etwa die Idee, das Durchbruchstal der Elbe als Canyon zu bezeichnen, oder die Wälder bestimmten Typen von Pflanzengesellschaften zuzuordnen.

Die Ergebnisse der Materialsammlung lassen sich tabellarisch zusammenstellen *(Tab. 9-1)*. Die Tabelle zeigt die Elemente in einer mehr oder weniger wahllosen Reihenfolge auf; ihr Rubrizieren berücksichtigt nur, ob sie unter dem Einfluss von Natur stehen, Werke des Menschen oder interpretierende Bezeichnungen sind. Die sichtbaren Elemente lassen sich ferner ihrer Entstehungszeit entsprechend anordnen. Dabei sind Evidenzen zu beachten, die sich aus dem Hintergrundwissen oder der Erfahrung des Beschreibenden ergeben.

Es folgt die Diskussion der Ergebnisse. Die einzelnen Fakten können in Form einer Geschichte (im Sinne von «Story») präsentiert werden. Dabei sind Evidenzen zu beachten, damit eine auch

Abb. 9-2 Elemente der Natur in der Elblandschaft bei Rathen.

Abb. 9.3 Strukturen in der Elblandschaft bei Rathen, die vom Menschen geschaffen oder verändert wurden.

Abb. 9-4 Interpretierende Bezeichnungen für Elemente der Elbtallandschaft bei Rathen.

chronologisch plausible Reihenfolge der Präsentation entsteht. Sie ist nicht gegeben, wenn beispielsweise zuerst auf den Fluss oder die Eisenbahnlinie eingegangen wird. Ganz offensichtlich waren andere Elemente der Landschaft zuvor schon vorhanden, als die Entstehung des Flusstals begann, und erst recht, als man die Landschaft für den Bau der Eisenbahnlinie von Dresden nach Prag nutzte.

In der Darstellung der Landschaft kann zunächst auf die Entstehung der Gesteine (Sedimentation und Lithogenese) eingegangen werden. Die Ansammlung von Materie, die anschließend zu Gestein werden konnte, war nur in einer Senke möglich, entweder in einem Gewässer oder in einer trockenen Niederung. Lockeres Sediment wurde durch Druck weiterer, später darauf abgelagerter Materialmassen in langer Zeit zu Gestein verfestigt. Das Gestein wurde dann ganz offensichtlich angehoben, so dass ein Bergland entstand, das heute zu sehen ist. Dieser Prozess wird als Gebirgsbildung oder Epirogenese bezeichnet. Jedes Gebirge war und ist

Natur	Menschlicher Eingriff, Kultur	Metapher
• Fluss • Sandsteinfelsen • Canyon, durch Wasser geformt • Ufer • Prallhang • Gleithang • Tafelberg • Ebenheit • Hügelkette • Wald • Horizont • Himmel • …	• Siedlung • Bahnhofssiedlung • Neubau • Eisenbahnlinie • Bepflanzung der Bahnlinie • Straßen, z.T. mit Baumreihe • Parkplatz • Fähranleger • Veränderter Wald • Aufforstung • Gerodeter Wald • Landwirtschaftliche Flächen • Grünlandnutzung • Obstwiese • Gärten • Gepflanzte Birken • …	• Blick von der Bastei • Elbsandsteingebirge • Sächsische Schweiz • Lilienstein • Königstein • Elbe, verläuft vom Riesengebirge zur Nordsee • Kurort Rathen • …

Tab. 9-1 Materialsammlung mit Elementen der Elbtallandschaft bei Rathen.

stets der Verwitterung und dem Abtrag von Gestein ausgesetzt. Dabei erhielt es seine heutige Oberfläche. Isolierte Tafelberge, deren Hochflächen aus besonders hartem Gestein bestehen, und steile Abhänge und schroffe Felsen aus weniger stabilem Stein an ihren Seiten wurden allmählich aus einer Hochfläche herauspräpariert; die Gesteinsmassen zwischen ihnen wurden nur bis zur nächsten harten Gesteinsschicht abgetragen, die die Oberfläche der sogenannten Ebenheiten, der Hochflächen, bildet.

In die Ebenheiten des Berglandes schnitt sich der Fluss ein. Alfred Hettner, einer der Begründer der modernen Geographie, hat diesen Vorgang in seiner 1887 publizierten Habilitationsschrift dargestellt.[78] Dabei verglich er das Elbtal mit nordamerikanischen Landschaften: Ähnlich wie bei den Niagara-Fällen bestand einmal ein Wasserfall an einer Geländestufe nördlich des Elbsandsteingebirges, an dem die Elbe von dem Niveau der Ebenheiten auf das Niveau des Gebirgsvorlandes fiel. Anschließend verlagerte sich dieser Wasserfall durch rückschreitende Erosion des Fließgewässers in südliche Richtung, und schließlich bildete sich ein Verlauf des Flusses von Böhmen nach Sachsen mit einem nur geringen Gefälle heraus. Der Fluss schnitt sich anschließend nicht mehr weiter in den Untergrund ein. Das von der Elbe durchflossene Tal verglich Hettner mit einem Canyon. Er verwendet die spanische Schreibweise: «… ein Blick auf die schönen Abbildungen der Cañons genügt für den Kenner der sächsischen Schweiz, um die Thäler dort und hier demselben Typus zuzuweisen.»[79] Hettner übertrug damit den Begriff einer Typusregion auf ein anderes Gebiet; ein Leser seines Werkes hatte so nicht nur die konkrete Landschaft an der Elbe vor Augen, sondern auch die Bilder von damit verglichenen Lokalitäten, der Niagara-Fälle und der Canyons im Coloradogebiet.

Vor allem an den Prallhängen des gewundenen Gewässers entstanden durch Abtrag von Gestein weitere steil aufragende Felsen. Die Flussschlinge verlagerte sich im Lauf der Zeit in Richtung des Prallhanges am rechten Flussufer, das links auf dem Bild zu sehen ist. Dass er sich in der Zeit seit der Entstehung des Canyons nur um ein kleines Stück verlagert hat, hängt mit dem Umstand zusammen, dass sich der Fluss nicht mehr weiter in den Untergrund einschneiden kann. Sukzessive brechen weitere Felsbrocken ab, und zwar nicht nur durch Einwirkung des Flusses, sondern auch durch Wasser, das sich in den Klüften der Felsen sammelt und zu Eis gefriert: Je kälter es wird, desto stärker dehnt es sich aus und presst Gesteinsmassen auseinander. Solange es kalt bleibt, hält Eis den Felsen zusammen. Sobald bei Tauwetter die kittende Wirkung des Eises nachlässt oder ganz entfällt, können Felsbrocken vom Steilhang herunterfallen. Der linkselbische Gleithang (im Bild rechts) ist etwas sanfter geneigt. An dessen Oberkante ist nur ein kleiner Felsabbruch zu erkennen: Dort brechen Steine nicht deswegen ab, weil sie der Fluss unterhöhlt, sondern allein durch die Wirkung von Wind und Wetter, beispielsweise durch das Eindringen von Wasser in die Klüfte, das zu Eis gefriert und wieder auftaut.

In allen diesen Teilen der Landschaftsdarstellung wird nicht auf Details der Geologie eingegangen, und sie beschreiben nicht die spezielle Hydrologie des Flusses. Mit solchen Detailausführungen ließe sich die Darstellung der Landschaft ergänzen und immer weiter vervollständigen. Wichtig ist es aber, zunächst durch Evidenzen die logische Reihenfolge der Entstehung der Landschaft anzugeben. Die Erklärung wäre nicht korrekt, würde man den Eindruck erwecken, die Ablagerungen des Elbsandsteingebirges seien in der Höhenlage entstanden, in der sie heute zu finden sind. Wenn man die Darstellung mit Jahreszahlen belegen würde, also eine zeitliche Vorstellung davon gäbe, wann Sand abgelagert und wann daraus Stein wurde, wann der Stein gehoben wurde, wann die Bildung des Elbtals begann und sich der Prallhang herausbildete, würde man den ebenfalls falschen Eindruck erwecken, dass diese Entwicklungen nur zu einem bestimmten Zeitpunkt und konsekutiv stattfanden. Das aber ist nicht der Fall. Abgeschlossen sind bis heute nur die Ablagerung von Sand und dessen Verfestigung zu Gestein. Beide Prozesse wurden dadurch beendet, dass zu Stein gewordene Materie aus einer Senke in eine Höhenlage gehoben wurde. Alle anderen Prozesse dauern bis heute an: Vielleicht hebt sich das Gebirge immer noch, auf jeden Fall wird es abgetragen, und auf jeden Fall brechen noch heute Steine von den Steilhängen und Felsen ab. Vor allem dann, wenn der Fluss reichlich Wasser führt, reicht die Kraft der Strömung aus, um das Tal zu verbreitern. An dessen Breite ist abzulesen, dass zu bestimmten Zeiten erheblich mehr Wasser durch die Senke geflossen ist und auch wieder fließen kann. Beim Elbhochwasser von 2002 strömte dann auch tatsächlich sehr viel mehr Wasser durch dieses Tal als zu «normalen» Zeiten.

Alle diese Prozesse lassen sich sowohl in Vergangenheits- wie auch in Gegenwartsform beschreiben. Denn ihr Resultat ist einerseits die heutige Landschaft, aber andererseits sind sie weiterhin wirksam, so dass sich die sichtbare, konkrete Landschaft unaufhörlich verändert.

Weitere Bestandteile von Natur sind die Elemente der Vegetation. Wälder bedecken vor allem die Hanglagen. Einerseits schützen sie dort die Landoberfläche vor Witterungseinflüssen und Erosion: Die Temperaturen in einem Wald sind stärker ausgeglichen als außerhalb davon. Daher kommt es unter Wald seltener zu Frostsprengung von Gestein. Andererseits können Baumwurzeln in Gesteinsklüfte eindringen, sie erweitern und schließlich Steine von einem steilen Hang absprengen. Wälder und besonders die Moosschicht an ihrem Boden halten Feuchtigkeit zurück.

Zahlreiche Fakten, die auf dem Bild der konkreten Landschaft zu sehen sind, belegen den menschlichen Einfluss. Wald wurde gerodet, um im Tal Grünland, Siedlungsfläche und Gärten zu schaffen. Auf den Ebenheiten gibt es auch Ackerland. Aktuell werden vor allem ebene und leicht geneigte Bereiche landwirtschaftlich genutzt, während Wald auf den schwerer nutzbaren, vor allem steilen Flächen zu finden ist. Daraus könnte man als Evidenz ableiten, dass der Wald an für die Bewirtschaftung günstigen Stellen gerodet wurde, so dass sich sogenannte Rodungsinseln ausbildeten. Doch diese Vermutung lässt sich häufig widerlegen. Auch in der hier vorgestellten konkreten Landschaft ist nämlich zu sehen, dass zumindest einige Wälder erst durch Aufforstung früherer Freiflächen angelegt wurden. Sie bestehen aus lauter gleich alten Bäumen, die nur zu einer Pflanzenart gehören, beispielsweise der Fichte. In weiteren Untersuchungen ließe sich überprüfen, ob es Indizien dafür gibt, dass schon einmal umfangreichere Gebiete als Folge von Rodungen entwaldet gewesen waren. Auf jeden Fall dürfte jede Waldparzelle in den letzten Jahrtausenden durch Menschen verändert worden sein. Zwar kommen im südlichen Sachsen Fichten von Natur aus vor, aber der aktuelle Anteil an Fichten in den Wäldern ist sicher durch Aufforstung erhöht worden.

Das natürliche Vorkommen von Nadelbäumen im Gebiet lässt sich aus baulichen Eigenheiten der Häuser ableiten: Bei einigen von ihnen sind Front oder Giebel mit Nadelholz verbrettert. Die meisten älteren Häuser erkennt man unmittelbar vor dem Wald am Gleithang. Dort hat man sicher eine schöne Aussicht auf den Fluss und den Felsen, von dem aus das Landschaftsbild aufgenommen wurde. Aber man ist dort auch am ehesten sicher vor einer Überflutung, die die tiefer gelegenen Talpartien bei einem hohen Hochwasser unter Wasser setzen kann. Einige Häuser verweisen durch ihre Größe und ihren Baustil darauf, dass es sich bei ihnen um Gasthöfe oder Restaurants handeln kann; solche Häuser sind typisch für einen Kur- oder Ferienort.

Die Häuser sind von Gärten mit Obstbäumen umgeben. Das Flusswasser ist in kalten Herbstnächten wärmer als seine Umgebung, so dass sich Nebel bildet, der die Bäume vor Frost schützt. Allerdings gibt es in der Nähe der Ortschaft kaum Ackerland. Vielleicht war es früher vorhanden, was anhand weiterer Untersuchungen von Gelände und Urkunden zu ermitteln wäre. Heute können die Menschen in dem Ort jedenfalls nicht unabhängig von der Zufuhr von Lebensmitteln leben. Ist das auch früher der Fall gewesen, mussten die Bewohner des Ortes wohl spezielle wirtschaftliche Leistungen erbringen, um an Geld und dann an Korn zu kommen. Vielleicht verkauften sie Holz oder Obst; in jüngerer Zeit trug sicher der Tourismus zum Einkommen der örtlichen Bevölkerung bei.

Der Fluss war und ist ein wichtiger überregionaler Verkehrsweg, der von den hoch aufragenden Bergen aus gesichert werden konnte; im Mittelalter lagen dort Burgen, auch auf den Felsen der Bastei. Von Ort zu Ort kam man früher am besten auf dem Wasserweg. Der Schiffs- oder Fähranleger verweist auf die Erreichbarkeit des Ortes vom Fluss aus hin. Im Tal verläuft, wie ein Blick auf die Landkarte bestätigt, keine durchgehende Straße. Im Ort selbst gibt es nur kleine Sträßchen. Die traditionelle Verkehrserschließung der Gegend auf Landwegen erfolgt also über die Ebenheiten; auch heute verlaufen dort die Straßen zwischen den Orten der Gegend. Um auf dem Landweg von einem Ort im Flusstal zum nächsten zu kommen, muss man zum Teil erhebliche Umwege über die Höhen in Kauf nehmen.

Während eine Straße abwechselnd auf den Ebenheiten und im Talgrund verlaufen kann, wobei immer wieder Steigungen zurückzulegen sind, ist das bei einer Eisenbahnlinie nicht möglich. Schienengebundener Verkehr kann nur geringe Steigungen überwinden. Täler bieten ideale Voraussetzungen für die Trassierung von Eisenbahnlinien; nur in wenigen Gegenden führte man Bahnen über die Höhen und brauchte dazu aufwendige Viadukte, um

Täler zu überwinden. Die Streckenführung der Bahn wurde an die Flussschlingen angepasst. Man wählte für die Bahnlinie eine Lage möglichst weit oberhalb vom Fluss, um vor Hochwasser sicher zu sein. Aber unmittelbar unter dem bewaldeten Hang, wo Probleme mit Hochwasser am unwahrscheinlichsten waren, konnte man die Bahn auch nicht bauen: Die Kurvenradien wären zu eng geworden, um die Gleise mit relativ hohen Geschwindigkeiten befahren zu können. An einigen Stellen verläuft die Bahn in einem Einschnitt. Dort vor allem sind die Ränder der Bahntrasse mit Bäumen und Büschen bepflanzt. Damit lässt sich verhindern, dass der Wind im Winter lockere Schneemassen in den Bahneinschnitt bläst, so dass die Bahnlinie unter hohen Schneeverwehungen versinkt. Der Bahnhof konnte nicht unmittelbar bei den hoch gelegenen Häusern gebaut werden. Um die Haltestelle herum entstand eine Bahnhofssiedlung mit Häusern in geringerer Höhenlage. Weitere Häuser wurden weiter abwärts, dichter am Ufer gebaut. Je dichter am Wasser und in je geringerer Höhenlage Häuser und Verkehrslinien aber gebaut wurden, desto eher waren sie vom Hochwasser gefährdet.

Aus diesem Beispiel einer landschaftswissenschaftlichen Darstellung lassen sich mehrere Folgerungen ableiteten: Erstens, sie ist allgemein gehalten. Sie geht nicht von Lokalitäten aus, sondern stellt die Geschichte der Landschaftsgenese in den Mittelpunkt. Mit Leichtigkeit lässt sie sich aber zu einer speziellen Landschaftsbeschreibung erweitern. In ihr könnten dann auch die für Touristen wichtigen Erklärungen der Orte enthalten sein, die man von dem Aussichtspunkt aus sieht.

Zweitens wird deutlich, dass sich eine solche Landschaftsdarstellung auf andere Orte übertragen oder an deren Gegebenheiten anpassen lässt. Auch in anderen Gegenden gibt es Tafelberge und Flüsse mit Prall- und Gleithängen, nur nicht in der hier sichtbaren Kombination oder Ausprägung. Die Muster der Besiedlung und die Formen der Verkehrserschließung sind ähnlich, auch die Möglichkeiten der Nutzung von Landschaft.

Drittens zeigt sich, dass spezielle Fakten (genaue Analyse der Gesteine, Böden, der Vegetation und der Siedlungsgenese usw., auch die Namen der Lokalitäten) nicht von Anfang an im Zentrum der Darstellung stehen müssen, sondern Erweiterungen sind, mit denen die Landschaftsdarstellung konkretisiert werden kann. Darunter darf die Darstellung des allgemeinen Landschaftsbildes aber nicht leiden. Schließlich gibt sie den Rahmen an für alle weiteren Betrachtungen. Neue Analyseergebnisse müssen in den allgemeinen Kontext gestellt werden, den die Landschaftswissenschaft mit ihrer Darstellung vorgibt.

Viertens werden im Lauf der Landschaftsdarstellung neue Forschungsfragen evident, die beispielsweise die Entwicklung der Verteilung von Wald und Offenland, die Siedlungsgenese, die Frage der ursprünglichen Versorgung der Siedlung oder auch den Umgang mit Hochwassergefahr betreffen.

Fünftens zeigt sich insgesamt, dass mit einer solchen Darstellung eine konkrete Landschaft wissenschaftlich erklärt werden kann. Das ist wichtig, um die Landschaft zu verstehen – und es hat auch praktischen Nutzen; denn auf der Grundlage einer solchen Darstellung ließen sich beispielsweise bessere Pläne für den Hochwasserschutz an der Elbe machen.

Metaphern zum Bild

Anschließend kann man sich mit Metaphern und Ideen auseinandersetzen, die mit der konkret betrachteten Landschaft verbunden werden. Sie sind nicht allgemeingültig, sondern nur mit der hier präsentierten Landschaft individuell verbunden. Dabei geht es um die Namen der Orte, Gewässer und Berge; einige davon sind leicht zu verstehen, etwa Bastei oder Königstein, andere rätselhaft. Viele meinen, der Name «Elbe» habe etwas mit dem lateinischen Wort «weiß» zu tun; das beflügelt die Phantasie in einer bestimmten Richtung. Dabei liegt die Ansicht viel näher, darin einfach eine Bezeichnung für den Begriff «Fluss» zu sehen, vergleichbar dem schwedischen Wort «Älv».[80] Andere Namen, die auf slawische Begriffe zurückgehen, sind schwerer zu verstehen, beispielsweise der Name Rathen für den unterhalb gelegenen Ort.

Insgesamt wurde diese Landschaft bereits im 18. Jahrhundert für besonders schön gehalten und daher immer wieder von Künstlern und kunstsinnigen Menschen aufgesucht; sie wurde damals als «Sächsische Schweiz» bezeichnet, später auch sachlich zutreffender als Elbsandsteingebirge.

Wie wir sahen, hat Alfred Hettner den Durchbruch der Elbe im Elbsandsteingebirge als Canyon beschrieben. Diese Idee könnte einen Schriftsteller inspiriert haben, der lange in der Nähe des Elbtals lebte: Karl May. Er schrieb in Radebeul bei Dresden seine berühmten Romane vom Wilden Westen. Er kannte damals Amerika noch nicht aus eigener Anschauung, sondern griff bei der Darstellung der dortigen Landschaften auf Vorbilder in der Literatur zurück. So könnte der Canyon der Elbe zum Vorbild von «Landschaften» geworden sein, die Karl May in seinen Darstellungen des Wilden Westens beschrieb, etwa in den Winnetou-Romanen und in «Der Schatz im Silbersee». May schrieb diese Bücher in den 1890er Jahren, also einige Jahre nach dem Erscheinen der wissenschaftlichen Untersuchung von Alfred Hettner. Mays Landschaftsdarstellungen wurden in den folgenden Jahrzehnten viel populärer als wissenschaftliche Beschreibungen der Landschaft an der Bastei oder bei Rathen. Eigenartigerweise wurde die Landschaft an der Elbe durch den Vergleich mit dem «Wilden Westen» erneut mit einem Begriff für das Schöne, Erhabene, das Wilde und die Freiheit verbunden – wie damals, als sie zur «Sächsischen Schweiz» geworden war.

Hinweise auf eine Ähnlichkeit mit der Schweiz oder dem Wilden Westen charakterisieren aber die Elblandschaft oberhalb von Dresden nicht vollständig; daher sollten solche assoziativen Verbindungen nicht bereits am Beginn einer landschaftswissenschaftlichen Beschreibung genannt werden. Zunächst einmal sind die Fakten wichtig, die sich aus der Beobachtung des Konkreten und aus der Herleitung der natürlichen Entstehung und der Überformung durch den Menschen ergeben, dann erst die Ideen, die damit verbunden wurden und werden. Doch schließlich ist es bezeichnend, was Menschen über diese Landschaft dachten: Sie hielten sie für erhaben oder wild. Daher wurde sie oft gemalt, daher diente sie als Kulisse für Indianerabenteuer, und daher wurde und wird sie auch heute noch gerne von Touristen besucht, die die materielle Welt von Tal und Gebirge vor sich sehen, die Einzelheiten zu einem Ganzen verbinden und dabei auch die immateriellen Werte berücksichtigen – als wichtiger Teil der kulturellen Bedeutung des Elbtals oberhalb von Dresden.

10 Landschaft in Raum und Zeit

Tatsächlicher Wandel und angestrebte Stabilität

In den letzten Kapiteln wurden einzelne Faktoren dargestellt, die stets auf Landschaften einwirkten und dies auch weiterhin tun; an einem konkreten Beispiel wurde das Zusammenwirken dieser Faktoren gezeigt. Stets bestimmten zahlreiche natürliche Faktoren das Erscheinungsbild von Landschaften, einige von ihnen isoliert, andere im Ökosystem gebündelt. Es kamen verschiedene Einflüsse des Menschen hinzu, die das Bild der Landschaft ebenfalls formten. Sie konnten von interpretierenden Beschreibungen zu einzelnen Landschaften und zu deren Typen beeinflusst sein. Alles Materielle, das sich als Folge natürlicher oder menschlicher Einflüsse in Landschaften ausprägte, Berg und Tal, Vegetation, Siedlungen usw., ist dem permanenten Wandel unterworfen. Dieser Wandel kann natürlicherweise bestehen oder vom Menschen ausgehen. Einige Wandlungsprozesse können abrupt auftreten und sich von einem Moment zum anderen erneut bemerkbar machen, andere Formen von Dynamik wirken sich eher langsam und allmählich aus.

Menschen stemmen sich gegen jegliche Dynamik; sie wollen in einer stabilen Umwelt leben. Dieser Wunsch basiert auf Vorstellungen, die dem Wandel alles Materiellen widersprechen. Nur mit großen Anstrengungen kann es gelingen, eine Zeitlang Stabilität zu erreichen und, bildlich gesprochen, Haus und Hof zu bewahren. Alle Vorstellungen zur Stabilität von Umwelt, Ökosystem oder Landschaft sind immateriell, genauso wie alle erklärenden Beschreibungen, Ideen und Metaphern zu Landschaften.

Aus den Befunden zur Geschichte und zum heutigen Bild von Landschaften, mit und ohne Einfluss des Menschen, ergeben sich wichtige Hinweise, aus denen sich Grundsätzliches über das Werden von Landschaften ableiten lässt. Der Zeitraum, in dem sich Landschaften bis zum heutigen Tag entwickelten, hatte keinen fixierbaren Beginn. Stets wandelte sich ihr Bild, zunächst einmal allein durch natürliche Prozesse, die sich bereits abspielten, bevor Menschen erstmals an einem bestimmten Ort auftauchten. Wie die Landschaft «vor dem Menschen» aussah, lässt sich nicht genau beschreiben, nur erschließen (etwa durch Fossilienfunde) und konstruieren. Im Lauf der Zeit nahm die Vielfalt an natürlichen Entwicklungen, die auf einen Raum einwirkten, immer weiter zu. Immer neue Ablagerungen und Gebirge entstanden, an immer mehr Orten entwickelten sich spezielle Typen von Vegetation.

In den letzten Jahrtausenden wirkten darüber hinaus von Menschen ausgehende Umgestaltungen und Einflüsse auf Landschaften ein. Sie brachten neue Dynamik mit sich. Spuren älterer Entwicklungen wurden damit aber nicht gänzlich weggewischt. Sie sind weiterhin präsent, etwa in Strukturen, die von Geologen untersucht werden. Doch es ist ein Irrtum zu meinen, die Entwicklung einer Lebenswelt, die der heutigen immer ähnlicher wurde, sei erst nach der Fertigstellung der geologischen Strukturen erfolgt. Auch setzte der menschliche Einfluss nicht erst ein, als Pflanzen und Tiere bereits «da» waren. Traten neue Entwicklungen in Landschaften auf, entwickelten sich viele andere weiter. Geologische Prozesse dürfen ebenso wenig als abgeschlossen verstanden werden wie die Entwicklung von Tier- und Pflanzenwelt.

Während sich stetig wandelnde natürliche Einflüsse mit gleichbleibender Intensität auf Landschaft einwirkten, wandelte sich der menschliche Einfluss im Lauf der Zeit mehrfach grundsätzlich, und zwar dadurch, dass neue Formen des Ressourcenerwerbs und der Landnutzung hinzutraten. Menschen lebten zunächst als Jäger und Sammler. Bauern, die viele Generationen später in einer Landschaft siedelten, bauten zwar Getreide an, gaben aber die Jagd und das Pflanzensammeln nicht auf. Innerhalb von später entstehenden Staatswesen wurde die Umwelt erneut anders geprägt. Die zuvor entwickelten Methoden, durch Ackerbau, Jagd, Pflanzensammeln und Holzwirtschaft wichtige Ressourcen zu gewinnen, wurden zwar weiterhin betrieben, aber auf eine Weise, die Landschaften anders prägte als ehemals. Innerhalb von Staaten kamen weitere Formen der menschlichen Einflussnahme auf die Umwelt hinzu, die von Verwaltungen, vom Neuaufbau von Infrastrukturen und neuen kulturellen Institutionen ausgingen. Verschiedene Charakteristika der menschlichen Einflussnahme auf Umwelt und Landschaft bildeten sich also nicht zur gleichen Zeit, sondern nacheinander aus. Alle Versuche, einen Umbruch von der Natur- zur Kulturentwicklung als einmaligen, abrupten Prozess zu beschreiben, sind nicht korrekt: Das zeigt unter anderem ein Blick auf Evidenzen der Umweltgeschichte, die Zeitreihen abbilden, vor allem auf ein Pollendiagramm.

Daraus ist aber auch abzuleiten, dass das momentan sichtbare Bild von Landschaft nicht der Endpunkt einer Entwicklung sein kann. Auch in Zukunft werden sich Ökosysteme beständig wandeln; die Geschichte der Landschaft ist nicht nur ohne klar anzugebenden Anfang, sie verläuft auch ohne Ende in die Zukunft hinein. Was wir heute als Landschaft vor uns sehen, ist nichts anderes als eine Momentaufnahme innerhalb einer langen Entwicklung. Stabil ist nicht das Materielle, das wir vor uns sehen, sondern unser Bild davon, die Landschaft, die als Reflexion über das Gesehene in unserem Kopf entsteht.

Ideen zum Beginn von Besiedlung

Die Idee, es habe nur einen einzigen abrupten Umbruch von einer rein natürlichen zu einer vom Menschen gesteuerten Entwicklung gegeben, ist dennoch weit verbreitet. Häufig wird der Zeitpunkt der ersten urkundlichen Erwähnung eines Ortes als der Zeitpunkt angesehen, an dem eine natürliche von einer kulturellen Entwicklung abgelöst wurde. Gegen diese Auffassung gibt es zunächst einmal den fundamentalen Einwand, dass natürliche Entwicklungen nicht mit dem Moment enden, zu dem Menschen auf der Bildfläche erscheinen, sondern weiter wirksam sind. Der Zeitpunkt der ersten urkundlichen Nennung eines Ortes in einer Urkunde ist oft nicht mit dem Zeitpunkt gleichzusetzen, an dem ein Ort entstanden ist. In vielen Urkunden ist nicht von Gründung die Rede, sondern von einer Schenkung an einen Grundherrn. Mithin ist die Urkunde kein Beleg für die Entstehung eines Ortes, sondern zeigt, dass Verwaltung erstmals oder neu aufgebaut und die Siedlung in den Wirkungsbereich einer Infrastruktur aufgenommen wurde. Siedlungsfunde der Archäologen und oft auch die Ablagerungen von Getreidepollen in Pollenprofilen zeigen überdies, dass sehr viele Gemarkungen schon längst besiedelt waren, als ein Ort erstmals urkundlich erwähnt wurde, wenn auch die von Archäologen nachgewiesenen Siedlungen nicht unbedingt an genau den gleichen Punkten lagen wie der spätere Ort.

Wenn in den Urkunden von «Rodungen» als Voraussetzung für die Anlage einer Siedlung oder von Feldern die Rede ist, war es nicht unbedingt dichter oder ursprünglicher Wald, der beseitigt wurde. Was wirklich gerodet wurde, geht aus den Urkunden nicht hervor. In vielen Fällen wurde wohl nur Unkraut oder Gestrüpp in einem Gelände beseitigt, das vorher schon Siedlungs- oder Wirtschaftsfläche gewesen war. Es ging möglicherweise darum, nicht erstmals Siedlungen und Ländereien anzulegen, sondern eine Siedlung und ihr Land neu zu organisieren.

Oft wird aus der heutigen Lage einer Siedlung inmitten eines Waldes geschlossen, sie liege in einer Rodungsinsel und sei damit die erste Siedlung, die innerhalb eines ausgedehnten Waldgebietes entstanden ist. Diese Annahme erweist sich als Irrtum, wenn man Spuren von Äckern unter den Bäumen in der Umgebung der Siedlung findet. In einem solchen Fall geht die heutige Lage des Ortes inmitten eines Waldes nicht darauf zurück, dass eine Rodungsinsel angelegt wurde, sondern die Agrarflächen hatten ursprünglich eine größere Ausdehnung, und später kam es zu einer Reduktion der landwirtschaftlichen Flur, zu einer Flurreduktion. Sehr gute Beispiele dafür sind die Siedlungen südöstlich von München: Immer wieder hielt man sie für Orte, die in Rodungsinseln entstanden sind[81], aber in den Wäldern in ihrer Umgebung wurden zahlreiche Spuren von Äckern nachgewiesen.[82]

Immer mehr Heimatchroniken sowie Werke zur Lokal- und Regionalgeschichte beziehen mittlerweile Resultate der Archäologie ein, um darzustellen, dass Orte schon viel länger besiedelt sind, als es aus der alleinigen Betrachtung von schriftlichen Urkunden den Anschein hat. Aus prähistorischen Funden kann man zwar ableiten, dass bestimmte Gebiete bereits frühzeitig von Menschen aufgesucht oder besiedelt wurden. Doch zeigen diese Funde auch, dass es in prähistorischer Zeit zu keiner durchgehenden Besiedlung kam. Jeder archäologische Fund ist nicht mehr als ein Tableau der Landschaftsgeschichte, das keine lange Zeitdauer reflektiert, sondern eine Momentaufnahme darstellt. Archäologische Funde und Befunde, die an einem bestimmten Ort gemacht wurden, lassen sich einem oder wenigen aufeinanderfolgenden Zeithorizonten zuordnen. Das bedeutet, dass Menschen zu einer bestimmten Zeit an einem Ort anwesend waren oder dort eine Siedlung bestanden hat. Ein anderes wichtiges Indiz für die Landschaftsgeschichte zeigt sich an diesem Ort ebenfalls; es wird aber so gut wie nie beachtet. Siedlungen müssen auch wieder aufgegeben worden sein; dauerhaften Bestand hatte keine von ihnen, sonst könnten sie nicht einem ganz bestimmten Zeithorizont zugewiesen werden, beispielsweise einem Abschnitt der Eisenzeit. Mit einem einzigen Tableau eines einzelnen Fundes oder Befundes aus prähistorischer Zeit erschließt sich die komplette Siedlungsgeschichte einer Region nicht; ein archäologischer Befund zeigt nicht unbedingt, seit wann eine Siedlung besteht oder seit wann ein Gebiet besiedelt wurde. Es lässt sich damit nur die Aussage machen, dass zu einer bestimmten Zeit gesiedelt wurde, danach am gleichen Platz nicht mehr.

In keinem Fall können wir davon ausgehen, dass alle Siedlungen, die in einem Raum einmal bestanden haben, mit archäologischen Methoden nachgewiesen werden können (vgl. Kapitel 3). Eine Datierung von mehreren Siedlungen in eine von den Prähistorikern definierte Epoche besagt nicht, dass sie alle tatsächlich zur gleichen Zeit bestanden haben: Vielleicht dauerte die Epoche mehrere Jahrhunderte, und jede Siedlung bestand nur wenige Jahrzehnte. Daher kann auf der Grundlage von archäologischen

Funden nur sehr schwer entschieden werden, wie dicht ein Gebiet besiedelt war und ob ein Gebiet stärker bevölkert war als ein anderes. Karten, die dies darstellen sollen[83] und nicht von Archäologen kritisch kommentiert wurden, entbehren einer soliden Grundlage.

Ein weiteres Problem zur Entstehung früher Siedlungen ergibt sich bei der falschen Interpretation eines pollenanalytischen Befundes, der auf Johannes Iversen zurückgeht. Der dänische Wissenschaftler beschrieb typische Wald- und Landschaftsveränderungen in Verbindung mit Siedlungsphasen, die er über Pollenfunde von Getreide in Ablagerungen von Seen und Mooren nachgewiesen hatte. Er nannte sie «Landnam»-Phasen.[84] Mit dem Begriff «Landnahme» wird allerdings der Beginn einer langfristigen Besiedlung assoziiert. Eine langfristige Besiedlung zeichnet sich aber in den Pollendiagrammen, mit denen Iversen seine Nachweise belegte, nicht ab, sondern die Siedlungen wurden nach einer kurzen Zeitdauer wieder aufgegeben. Iversen ging auch auf die Waldentwicklungsphasen nach der Aufgabe einer Siedlung ein; ihm war also klar, dass das, was er als «Landnahme» bezeichnete, nur eine kurze Zeitdauer betraf. Iversen leistete mit diesem Artikel Bahnbrechendes, aber es war nicht günstig, dabei von einer «Landnahme» zu sprechen. Denn darunter stellt man sich den Anfang einer dauerhaften Besiedlung, nicht aber den Beginn einer kurzen Siedelphase vor.

Übergreifende Studien

Gute Korrelationen, aus denen sich der Wandel von Landschaften prinzipiell ableiten lässt, ergeben sich, wenn man sowohl das Tableau der heutigen Vielfalt als auch Zeitreihen beachtet, aus denen die Entwicklung von natürlichen Parametern und Besiedlung hervorgeht. Dies wurde in großen siedlungsarchäologischen Projekten deutlich gemacht, in denen außer Archäologen auch Geographen, Geologen, Biologen, Historiker und weitere Spezialisten arbeiteten; in ihnen ging es beispielsweise um die Entwicklung von Siedlungen und ihrer Umgebung in der Nähe von Archsum auf Sylt[85] und Flögeln[86] bei Bremerhaven. Weitere hervorragende Zusammenfassungen des Siedelgeschehens, die in einfachen Übersichten zusammengestellt wurden, stammen etwa von Steen Hvass[87] und Harm Tjalling Waterbolk.[88] Aus diesen Studien geht hervor, dass Siedlungen in Siedlungsräumen, die als Siedlungskammern bezeichnet werden, in vorgeschichtlicher Zeit immer wieder verlagert wurden. Sie bestanden oft nur einige Jahrzehnte, maximal aber wenige Jahrhunderte und wurden dann wieder aufgegeben. Einige hundert Meter oder wenige Kilometer entfernt wurde zur gleichen Zeit eine neue Siedlung gegründet. Dagegen hatten die meisten Siedlungen, die in historischer Zeit bestanden, dauerhaften Bestand. Dieses Ergebnis lässt sich durch Pollenanalysen bestätigen: In prähistorischer Zeit gibt es nur sporadische Nachweise von Getreidepollen, die ermittelten Siedlungsphasen waren daher wohl kurz. In denjenigen Gebieten, die römisch besiedelt wurden, bereits um Christi Geburt, in anderen Gegenden seit dem Mittelalter findet sich Pollen von Getreide in jeder Schicht eines wachsenden Sedimentes in Mooren oder Seen; die Menge an Getreidepollen ist erheblich größer als in den vorgeschichtlichen Siedlungsphasen.[89] Siedlungsbefunde und Pollendiagramme verweisen darauf, dass in den jüngeren Phasen der Siedlungsgeschichte Ortschaften und ihre Wirtschaftsflächen dauerhaft bestanden; von ihnen ging also ein anderer Einfluss auf die Umwelt aus als von Siedlungen, die in prähistorischer Zeit bestanden.

Daraus sind generelle Befunde abzuleiten: Vorgeschichtliche Siedlungen, die von ihren Bewohnern spätestens nach einigen Jahrhunderten wieder aufgegeben wurden, konnten keine Basis für den Aufbau einer stabilen Infrastruktur sein. Solange Siedlungen immer wieder neu gegründet und aufgegeben wurden, kam es häufiger als unter allein natürlichen Bedingungen zu Sekundärsukzessionen von Wald. An jedem Ort wechselten Phasen, in denen Menschen die Umweltentwicklung abrupt dahingehend veränderten, dass Landwirtschaft betrieben wurde, mit Phasen, in denen – nach der Aufgabe einer Siedlung – sich wiederum allein die natürliche Entwicklung auswirkte. Im Rahmen einer Sekundärsukzession bildete sich erneut Wald. Diese Neubildung von Wald ist ein weiterer mittelbarer Einfluss des Menschen auf seine Umwelt, der das Bild der Landschaft beeinflusste. Ohne menschlichen Einfluss wären Sekundärsukzessionen nicht so häufig und nicht so großflächig abgelaufen wie nach der Aufgabe einer Siedlung mitsamt ihrer Wirtschaftsfläche. Die Wälder, die nach der Aufgabe von Siedlungen neu entstanden, waren keine Wälder im Urzustand mehr. Wurden sie später erneut gerodet, drängte man keine Urwälder zurück.

Nacheinander gab es verschiedene Phasen des menschlichen Einflusses auf Umwelt und Landschaft, in denen sich vor allem die Art und Weise der Landnutzung grundsätzlich veränderte: Zunächst wirkten Menschen nur als Jäger und Sammler auf ihre Umwelt ein. Später entstanden erste Siedlungen von Bauern, die in der Nähe ihrer Wohnstätten Land bewirtschafteten. Weil diese Siedlungen nicht dauerhaft bestanden, gingen von ihnen völlig andere Auswirkungen auf Umwelt und Landschaft aus als von Siedlungen, die nicht verlagert und unter Aufwendung erheblicher Anstrengungen an Ort und Stelle stabil gehalten wurden. Wieder anders zu beurteilen sind Umwelteinflüsse von Menschen in Siedlungsphasen, in denen nach ästhetischen oder wissenschaftlichen Gesichtspunkten Landschaft neu geplant wurde. Nochmals völlig anders ist der menschliche Einfluss auf Umwelt und Landschaft in einem modernen System, in dem eine Zentralisierung der Nutzung eine beherrschende Rolle spielt; diese Form der Landnutzung muss mit einem erheblichen Warenaustausch kombiniert werden und kann nur funktionieren, wenn Transportmittel billig zu betreiben sind. Jede Form des menschlichen Einflusses prägte Landschaft in anderer Weise; Auswirkungen davon lassen sich in der heute bestehenden Landschaft nachweisen.

Zusammenfassend lässt sich feststellen, dass sich nicht alle Facetten von Kultur zur gleichen Zeit bemerkbar machten. Mehrfach kam es zu kulturellen Umbrüchen, bei der Einführung von Landwirtschaft, bei der Ausbreitung von Staaten, bei der Neuordnung von Land. Keiner dieser Umbrüche ist «der Anfang von Kultur».

Landschaften im Brennpunkt von Systemen der Umwelt und der Landnutzung

Landschaften wurden und werden von zwei unterschiedlichen systemischen Zusammenhängen geprägt: einerseits vom sich beständig entwickelnden Ökosystem, andererseits von konsekutiv bestehenden Systemen der Landnutzung.

Die Ausbildung der Landnutzungssysteme stand stets in Verbindung mit der Entwicklung der Bevölkerungsdichte, mit der Bedeutung der Planung von Leben und Landschaft auf der Grundlage von ästhetischen bzw. wissenschaftlichen Gesichtspunkten, mit der Intensität einer Infrastruktur oder mit einem Bedürfnis nach Luxus. Wichtig für die Ausprägung der Landschaft sind ferner die Dauer des menschlichen Einflusses und – in Verbindung damit – die Häufigkeit von Sekundärsukzessionen nach Aufgabe von Nutzungen. Über Landnutzungssysteme wirken wirtschaftliche, politische und soziokulturelle Einflüsse stets auf die Ausbildung von Landschaft ein *(Abb. 10-1)*.

Mit einer Darstellung der verschiedenen, Landschaft prägenden Landnutzungssysteme lässt sich eine kulturelle Entwicklung deutlich machen, in deren Verlauf zur Jagd der Ackerbau trat, Infrastrukturen und Staaten entstanden, Landschaften neu geplant wurden und die Landnutzung intensiviert und zentralisiert wurde *(Abb. 10-2)*. Von jedem Landnutzungssystem wurde das Leben der Menschen grundsätzlich anders geprägt; ebenso erhielt die Landschaft unter der Einwirkung eines jeden dieser Systeme eine andere Ausprägung. Aber nicht nur Entwicklungslinien der Aufeinanderfolge von Landnutzungssystemen, Veränderungen des menschlichen Lebens und damit verbundene Veränderungen von Landschaften sind zu beachten. Für die Menschen, die in bestimmten Epochen lebten, spielte vor allem eine Rolle, dass verschiedene Landnutzungssysteme und Prägungen von Landschaften zeitweise auch in einem räumlichen Nebeneinander bestanden.

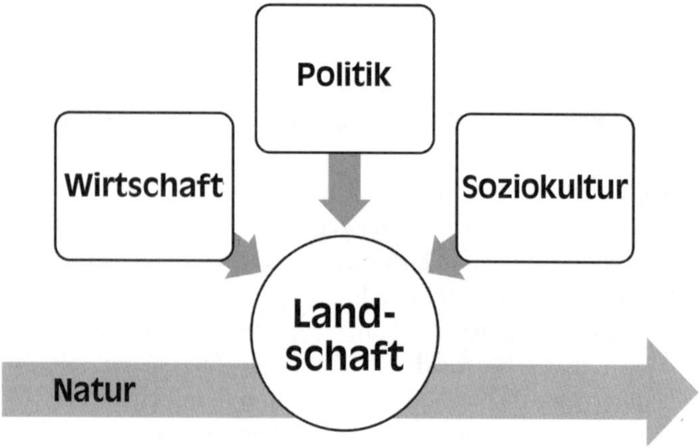

Abb. 10-1 Die Entwicklung von Landschaft wird einerseits durch die sich permanent wandelnde Natur geprägt, andererseits durch menschliche Einflüsse, die sich abrupt ändern können.

Menschen konnten sich dazu entschließen, ihre Lebensweise und Landnutzung neu zu organisieren, wenn dadurch Vorteile für sie erkennbar wurden. Jäger wurden zu bestimmten Zeiten – aber nicht überall gleichzeitig auf der Welt – sesshaft und begannen aus Gründen, die ihnen Vorteile zu schaffen schienen, Ackerbau zu betreiben. Oder Lebensweisen, die zur Ausbildung einer neuen Form von Landnutzung führten, wurden zwangsweise eingeführt, beispielsweise von einem Staat durch Gründung einer Kolonie in einem Gebiet, das zuvor nicht unter staatlicher Herrschaft gestanden hatte. In beiden Fällen wurden kulturelle Techniken in Akkulturationsprozessen übernommen. Die neu in ein System integrierten Menschen versuchten, so rasch wie möglich gleiche Lebensbedingungen wie diejenigen zu erreichen, die bereits mit einem System der Landnutzung vertraut waren. Solche Prozesse haben bis heute Bedeutung, etwa in Entwicklungs- und Schwellenländern; aber sie spielten sich beispielsweise auch schon bei der Ausbreitung von staatlichen Infrastrukturen in der Antike ab.

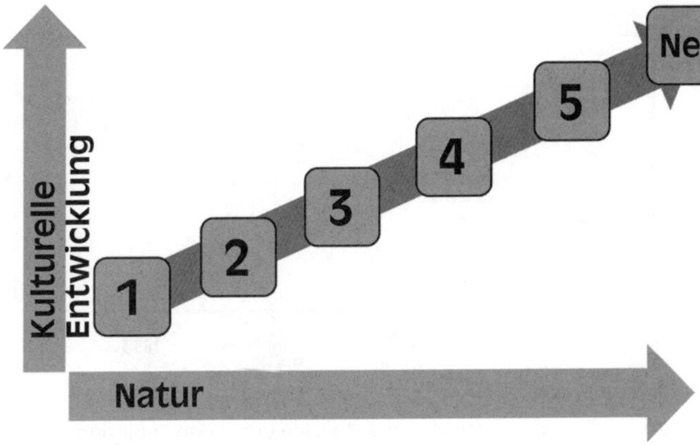

Abb. 10-2 Systeme von Landschaften in ihrer Abhängigkeit von Natur und kultureller Entwicklung.

Anreiz für einen Wechsel der Lebensbedingungen war etwa die Hoffnung, eine gleichmäßigere und bessere Versorgung mit Nahrung und anderen Ressourcen, zum Beispiel Holz zu erreichen. Man strebte mehr Sicherheit und Wohlstand an oder stellte fest, dass Menschen, die ein anderes System der Landnutzung eingeführt hatten, eine höhere Lebenserwartung hatten und dass bei ihnen eine geringere Kindersterblichkeit auftrat. Nach jedem grundlegenden Wandel der menschlichen Lebensweise, die eine jeweils andere Ausprägung von Landschaft zur Folge hatte, kam es zu einem stärkeren Wachstum der Bevölkerung. Dies hat Edward Deevey in einer umstrittenen Grafik zum Bevölkerungswachstum verdeutlicht *(Abb. 10-3)*.[90] Sie eignet sich wohl nicht, um das Bevölkerungswachstum insgesamt zu verdeutlichen, weil sie mit einer logarithmischen Achse versehen ist.[91] Doch es lässt sich aus ihr ein anderes sehr interessantes Resultat entnehmen: Lebten Menschen ausschließlich von der Jagd und vom Sammeln von Pflanzenteilen oder Pilzen, waren die Grenzen des Wachs-

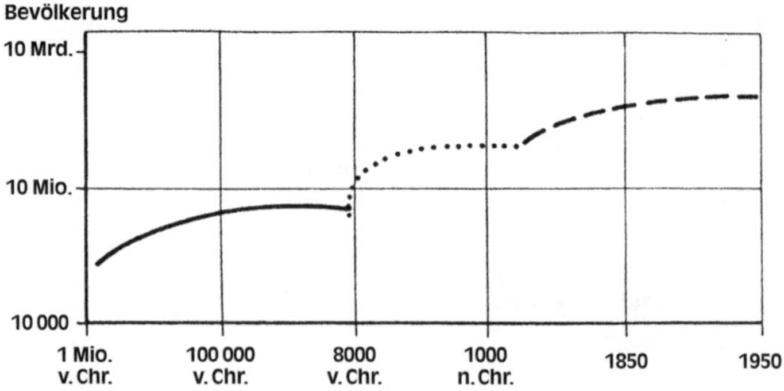

Abb. 10-3 Entwicklung der Weltbevölkerung unter den Bedingungen von Jagd, vorgeschichtlichem Ackerbau und sich ausweitenden Staaten (logarithmische Darstellung, nach Deevey 1960).

tums für ihre Population rasch erreicht. Der Übergang zur Landwirtschaft löste ein neues Wachstum der Bevölkerung aus. Auch auf diesem Niveau stieß das Wachstum irgendwann an Grenzen, die erst mit der Neuorganisation des Lebens in einem Staat und wieder veränderter Landnutzung überwunden werden konnten: Neues Wachstum war die Folge. Auch Landreformen und Industrialisierung sowie die Verbesserung der Infrastruktur führten zu einem neuerlichen Wachstum menschlicher Populationen.

Damit verbunden waren nicht nur jeweils grundsätzliche Veränderungen der Landschaft, sondern auch Modifikationen jedes einzelnen ihrer Bestandteile. Wälder etwa sahen unter dem Einfluss verschiedener Systembedingungen der Landnutzung unterschiedlich aus; ein von Tieren beweideter Wald des Mittelalters hatte ein völlig anderes Erscheinungsbild als ein Forst des 19. Jahrhunderts. Wälder, die unter divergierenden Nutzungsbedingungen entstanden, lassen sich dementsprechend nur schwer miteinander vergleichen. Klare Angaben zur Entwicklung der Wald-Offenland-Verteilung vom Mittelalter bis heute sind wegen des unterschiedlichen Charakters der Wälder nicht möglich.

Weil jede Veränderung der Lebensbedingungen und der Landnutzung im Lauf der Zeit die Ausbildung eines neuen Typs von Landschaft zur Folge hatte, werden bei dessen Betrachtung historische und räumliche Forschungsansätze zusammengeführt. Räumliche und historische Fakten wirken sich auf die Ausbildung von Landschaft aus. Landschaft als «Totaleindruck einer Gegend» im Sinne Alexander von Humboldts besteht nicht nur im Raum, sondern auch in der Zeit; der Gesamteindruck ist nicht nur von physischen Gegebenheiten, sondern auch von der Art und Weise abhängig, in der Menschen in ihre Umgebung eingriffen und Umwelt beeinflussten.

Jeder Wandel des Verhältnisses zwischen Lebensbedingungen und Landschaft führte aber nicht dazu, dass sich deren sämtliche Teile unmittelbar veränderten. Spuren der Strukturen eines überkommenen Systems blieben jeweils erhalten. Je mehr Aufwand bei ihrer Anlage betrieben worden war, desto besser und länger hielten sich diese Strukturen auch dann, wenn sie unter den neuen Landnutzungsbedingungen keine Funktion mehr hatten. Sie entwickelten Persistenz oder eine *longue durée* im Sinne der französischen Annales-Schule.[92] Zu ihnen gehören materielle (Denkmale, Landschaftselemente, Pflanzen- und Tierarten) ebenso wie immaterielle Spuren, die in Metaphern ihren Niederschlag fanden: Später in eine Zivilisation eingegliederte Gebiete galten auch noch weit über diesen Zeitpunkt hinaus als Wildnisse. Metaphern, mit denen ein überkommenes oder untergegangenes landschaftliches System beschrieben wurde, entwickelten sich vor allem in den Phasen des komplizierten Übergangs von einem System in ein anderes, nachfolgendes.

In den sich anschließenden Kapiteln sollen Systeme der Landnutzung beschrieben werden, die sich nacheinander ausbildeten. Damit kann die Geschichte der Landschaft in Abhängigkeit von der Lebensweise der Menschen dargestellt werden. Das ist aber nicht der einzige Sinn der Darstellung. Vielmehr sollen systemische Beziehungen zwischen Landnutzungsformen und Landschaften porträtiert werden, die letztlich zu Erscheinungsbildern von Landschaft führten, die uns heute entgegentreten.

Für den Ablauf der Entwicklungen lassen sich nur ungenaue zeitliche Angaben machen. Das hat mehrere Gründe:

1) Im Gegensatz zu historischen Ereignissen (Krönung eines Kaisers, Bau eines Hauses, Zerstörung durch ein Erdbeben, Kriegserklärung) wurden zu Wechseln der Landnutzungssysteme keine Jahreszahlen aufgezeichnet.
2) Zeitangaben aus prähistorischen Kontexten wurden nicht in historischen Quellen aufgezeichnet, sondern durch physikalische Datierungsverfahren (vor allem C14-Methode) ermittelt, deren Resultat keine Jahreszahlen, sondern Zeiträume sind.
3) Systemwechsel von Landnutzungen vollzogen sich nicht von einem Jahr auf das andere, sondern in längeren Zeiträumen.
4) Zum Umbau der Landnutzung kam es in verschiedenen Gebieten zu unterschiedlichen Zeiten. Einige Formen von Landnutzungssystemen und davon geprägten Landschaften bestanden lange Zeit nebeneinander, und es konnte auch zu einem Rückfall in ein überkommenes System kommen (etwa in der sogenannten Völkerwanderungszeit).

In den folgenden Kapiteln werden die verschiedenen Prägungen auf Landschaften beschrieben, die von unterschiedlichen Systemen der Landnutzung ausgingen. Dabei stehen die Verhältnisse im Südwesten Asiens und in Europa im Mittelpunkt, weil sich an ihnen das Nach- und Nebeneinanderbestehen von Landschaftssystemen am besten verdeutlichen lässt. Zeitangaben in den folgenden Kapiteln dienen nur zur groben Orientierung.

11 Landschaften der Jäger und Sammler

Menschen der Frühzeit in den Tropen

Die ersten Menschen lebten in tropischen Savannen Afrikas. Sie erwarben ihre Nahrung einerseits, indem sie Pilze und Pflanzenteile (Früchte, Knollen usw.) sammelten, die wenig unverdauliche Zellulose enthielten. Andererseits erbeuteten sie Tiere. Dazu verwendeten sie Waffen (Pfeile, Bögen, Harpunen); sie rissen ihre Beute nicht unmittelbar wie ein Raubtier. Zwischen der Tötung eines Tieres und der Mahlzeit lag stets ein kürzerer oder längerer Zeitraum; man könnte frühe Menschen daher auch als Aasfresser bezeichnen.

Die Tiere, die erbeutet werden sollten, mussten aus möglichst großer Entfernung erkannt werden können, so dass die Jäger Gelegenheit hatten, eine geeignete Strategie für die Jagd zu entwickeln, die oft im Kollektiv ausgeführt wurde. Einen guten Überblick boten steil abfallende Berghänge, die sich beispielsweise am Rand des Ostafrikanischen Grabenbruchs gebildet hatten. Von dort sah man auf weite Grasländer, in denen zahlreiche große Tiere lebten. Man konnte sie am besten von oben her überwinden: Wurfgeschosse flogen weiter, wenn man sie bergab auf die Tiere schleuderte.

Günstige Lebensbedingungen bestanden außerdem an den Ufern von Gewässern; dort konnte man regelmäßig kleinere Tiere fangen, vor allem Fische und andere Wassertiere sowie Vögel. Bei der Jagd in der Savanne erbeutete man mit unregelmäßigem Erfolg große Tiere, am Gewässerufer fing man zwar nur kleinere Tiere, aber dafür war regelmäßig ein gleichbleibendes Nahrungsangebot gewährleistet. Dichte Wälder boten dagegen prinzipiell nur sehr wenig Nahrung für Menschen: Nahrhafte Pflanzenteile fand man nicht überall und nicht in jeder Jahreszeit, nur wenige kleine Tiere lebten dort, und aus großen Entfernungen waren sie nicht zu entdecken.

Der Einfluss von Jägern und Sammlern auf ihre Umwelt war gering; er unterschied sich nicht von demjenigen, der von Tieren ausging, die phylogenetisch mit dem Menschen verwandt sind. Vor allem in den Grasländern schwankte das Nahrungsangebot für die Menschen stark: Phasen mit reichlicher Nahrung wechselten mit Phasen des Mangels ab, in denen der Hungertod drohte.

Ausbreitung von Menschen in warmen und kalten Phasen des Eiszeitalters

Die Populationen der Menschen in Afrika erreichten sehr rasch Grenzen des Wachstums, weil die Ressourcen für jagende und sammelnde Menschen strikt begrenzt waren. Mehr Menschen konnten nur dann überleben, wenn einige von ihnen neue Jagd- und Sammelgebiete aufsuchten. Möglicherweise kamen unter dem Einfluss eines solchen Populationsdrucks die ersten Menschen in andere Kontinente, nach Vorderasien und Europa. Zu dieser Ausbreitung kam es im Eiszeitalter, in dem sich die Umweltbedingungen in den gemäßigten Zonen der Erde mehrmals grundlegend veränderten: In kalten Phasen dehnten sich Gletscher sehr weit aus, der Meeresspiegel sank, weil viel Wasser im Eis gebunden war, und Wälder wurden zurückgedrängt. In warmen Phasen schmolzen Eismassen ab, Meeresbecken wurden von Wasser gefüllt und Wälder breiteten sich aus.

In Warmzeiten waren die klimatischen Bedingungen für eine Besiedlung des Nordens durch Menschen günstiger, in Kaltzeiten gab es dagegen ein besseres Nahrungsangebot. Dann weidete eine größere Menge an potentiellen Beutetieren auf den unbewaldeten Flächen in den Gletschervorfeldern. Besonders günstig für eine Ausbreitung von Menschen nach Europa dürften frühe Phasen von Warmzeiten gewesen sein. Dann lagen die Temperaturen schon recht hoch, so dass sich die Pflanzen der waldoffenen Vegetation besonders gut entwickelt hatten und eine große Zahl an

Abb. 11-1 Höhlen am Rand von Kalkgebirgen boten Jägern Schutz (Ofnethöhle bei Nördlingen).

Tieren im Grasland weidete. Solche Bedingungen herrschten aber nicht auf Dauer, sondern waren Stadien einer Sukzession, die schließlich überall dort zur Bildung eines Waldes führte, wo die klimatischen Bedingungen dies zuließen.

Wenn die Populationen potentieller Beutetiere (Mammut, Rentier, Rinder, Pferde usw.) groß waren, trafen Menschen in den gemäßigten Zonen während einer Warmzeit auf günstige Bedingungen. Sie fanden dort Ausläufer von hoch aufragenden Gebirgen, etwa der Alpen, der Pyrenäen und Karpaten, oder auch des gleichen Grabenbruchs, den Menschen schon sehr lange in Ostafrika besiedelt hatten. Dessen nördliche Fortsetzungen liegen in Europa. Der Rhonegraben wird unter anderem von der Rhone durchflossen, der Oberrheingraben vom Rhein, und im Leinegraben verläuft heute die Leine. Schutz vor der Witterung boten natürliche Vordächer an Steilabbrüchen im Gebirge, die Abris, und vor allem Höhlen der Karstgebiete, Überreste von unterirdischen Wasserläufen, die an den Gebirgsrändern angeschnitten worden waren *(Abb. 11-1)*.

Doch die Umweltverhältnisse änderten sich im Lauf der Jahrtausende erheblich. In warmen Phasen breiteten sich Wälder aus, so dass das Nahrungsangebot für große, Pflanzen fressende Säugetiere, sogenannte Megaherbivoren, und anschließend auch für Menschen kleiner wurde. In Kaltzeiten dagegen waren die klimatischen Bedingungen sehr ungünstig für Menschen, die sich nur unzureichend gegen Kälte schützen konnten. Nur diejenigen überlebten, denen es gelang, immer wieder neue Strategien des Überlebens zu finden. Dabei mag ein Einzelner der «Erfinder» einer solchen Strategie gewesen sein; andere übernahmen die Innovation von ihm, so dass einige Gruppen von Menschen überlebten, andere nicht. Die Evolutionsbedingungen, die auf die menschlichen Populationen einwirkten, sind mit denjenigen kleiner Pflanzenpopulationen vergleichbar. Eine gerichtete Selektion, in deren Rahmen sich ungewöhnliche neue Geno- und Phänotypen durchsetzen konnten, hatte eine große Bedeutung.

Jäger und Sammler am Ende der letzten Eiszeit

Im Verlauf der letzten Kaltzeit, die in Europa als Weichsel- oder Würmeiszeit bezeichnet wird, hatten Gruppen von Jägern hoch spezialisierte Methoden der Jagd entwickelt, offensichtlich immer bessere Formen der Nutzung ihrer Umwelt, bessere Formen der Abstimmung in der Gruppe und immer bessere Jagdwerkzeuge. Als vor etwa 18 000 Jahren eine markante Klimaverbesserung einsetzte, die im Verlauf von acht Jahrtausenden zum Anstieg der Sommertemperaturen um etwa zehn Grad führte, schmolzen die Gletscher allmählich ab, die zuvor weite Teile Europas überzogen hatten. In ihren Vorfeldern und dort, wo sie ehemals das Land bedeckt hatten, entwickelten sich üppige Grasländer mit Kräutern und Zwergsträuchern. Die Lebensbedingungen waren ebenso wie am Ende vorangegangener Kaltphasen günstig für Tiere, die sich im Grasland gut ernähren können. Weil die Populationen großer Säugetiere umfangreicher wurden, gab es auch günstigere Ernäh-

Abb. 11-2 Steinzeitliche Jäger trieben Herden von Wildpferden und anderen Tieren auf den Felsen von Solutré in Burgund. Die Tiere stürzten über die Felskante und wurden auf diese Weise getötet.

rungsbedingungen für Menschen; ihre Populationen wurden mutmaßlich größer. Bei der Jagd auf Herden bildende Tiere wurden oft mehr Tiere getötet, als man zur Ernährung brauchte. Deutlich wird dies beispielsweise am Felsen von Solutré in Burgund: Herden von Wildpferden und anderen Tieren wurden auf der allmählich ansteigenden Schichtstufe am Rand des Rhonegrabens aufwärts getrieben und stürzten dann über die Klippe am Steilhang ab *(Abb. 11-2):* Am Fuß der Klippe war es leicht möglich, die sterbenden oder bereits toten Tiere zu schlachten. Zur Jagd wurden in Solutré die natürlichen Bedingungen optimal genutzt: die Natur des Terrains und der Herdentrieb der Tiere, die sich nur in der Gruppe den Hang hinauftreiben ließen. Die mit der Jagd verbundene Ressourcenverschwendung muss enorm gewesen sein: Mutmaßlich wurden viel mehr Tiere getötet, als man zur Ernährung brauchte. Viele bei den Ausgrabungen in Solutré geborgene Knochen wiesen keine Spuren menschlicher Bearbeitung auf, sondern Nagespuren von Fleisch fressenden Tieren; sie ernährten sich

wohl von den Fleischresten, die die Menschen zurückließen.[93]

Immer wieder begegnet man der Behauptung, große Weidetiere hätten unter normalen Umständen eine Wiederbewaldung verhindern können, die sich in den folgenden Jahrhunderten unter den Bedingungen einer Primarsukzession vollzog. Die sogenannten Megaherbivoren hätten nämlich jeden aufkommenden Jungtrieb einer Gehölzpflanze abbeißen können. Doch weil Menschen auf diese Tiere Jagd gemacht hätten, seien weniger Jungtriebe von Gehölzen abgebissen worden, so dass die Wiederbewaldung durch den Einfluss der Jagd indirekt gefördert worden sei.[94] Die Anhänger der mit dieser Ansicht verbundenen Megaherbivoren-Hypothese wollen damit begründen, warum nicht nur dichter Wald, sondern auch eine halboffene Weidelandschaft in weiten Teilen Europas als natürliches Ökosystem angesehen und deswegen geschützt werden müsse. Diese Ansicht ist umfassend widerlegt worden, unter anderem mit dem schlagenden Argument, dass sich nach früheren Eiszeiten, in denen die Jagd keine oder nur eine geringe Rolle spielte, genau die gleichen Entwicklungen abgespielt haben wie nach der letzten Eiszeit: Aus einem kaltzeitlichen Offenland wurde nach dem Ende einer Eiszeit stets ein warmzeitliches Waldland.[95] Ansichten, die mit der Megaherbivoren-Hypothese verbunden werden, sind überdies deswegen falsch, weil damit behauptet wird, ein Typ von Landschaft, der sich erst unter den Bedingungen einer dauerhaften Nutzung durch Haustiere herausbildete und danach zu einem ästhetischen Ideal wurde, habe schon früher bestanden. Stets hatte man halboffene Weidelandschaften für altertümlich gehalten; Claude Lorrain trug das Seine dazu bei. Doch daraus ist in keiner Weise abzuleiten, dass dieser Landschaftstyp auch einen «Urzustand» repräsentiert. Eine solche Behauptung ist landschaftshistorisch nicht korrekt.

Anders als die Verfechter der Megaherbivoren-Hypothese meinen, könnte die Entwicklung vom Offenland zum Wald nach der letzten Eiszeit sogar durch eine hohe Populationsdichte an großen Säugetieren gefördert worden sein. Vor allem Rentiere zerstören mit ihren sehr spitzen Hufen die Vegetationsdecke. In den kleinen Senken, die aus den Abdrücken der Hufe hervorgehen, kann sich Saatgut festsetzen, das vom Wind herbeigeweht wird, auch das von Bäumen, etwa Birken und Kiefern, mit denen die Wiederbewaldung nach der letzten Eiszeit begann.

Birken wuchsen in Meeresnähe besser, Kiefern eher im Bereich eines etwas trockeneren, stärker kontinental getönten Klimas.[96] Zwischen Gebieten, in denen sich dank des Niederschlagsreichtums und einer immer länger werdenden Vegetationsperiode Wälder ausbreiten konnten, und anderen, in denen die Bedingungen für die Ausbildung von Wäldern zu trocken waren, entstanden keine scharfen Grenzen, sondern Gradienten des allmählichen Übergangs. Auch bildeten sich Bereiche mit extrazonaler Vegetation: Warme und trockene Südhänge innerhalb des Waldgebietes waren weniger dicht bewaldet, so dass dort weiterhin Gewächse vorkamen, die typisch für zonale Steppen sind. Besonders trockene Bedingungen herrschten auf Kalkuntergrund; daher waren solche Bereiche extrazonaler offener Vegetation in Karstgebieten weiter verbreitet. Wald konnte sich extrazonal auch an niederschlagsreicheren oder feuchteren Lokalitäten innerhalb eines zonalen Offenlandgebietes etablieren.

Unter Wäldern bildete sich allmählich ein typischer Waldboden heraus, etwa eine Braunerde. Wo Steppen vorherrschten, entstanden andere Böden, die man als Schwarzerde bezeichnet. Weil in den trockensten Regionen Mitteleuropas Schwarzerden anzutreffen sind, meinte man, dort seien nach der letzten Eiszeit keine dichten Wälder entstanden, vielmehr habe eine Vegetationsformation trockener Standorte, die sogenannte Steppenheide, überdauert. Später hätten Menschen genau dort, im Altsiedelland, erste Ackerbauernsiedlungen in Mitteleuropa angelegt. Dies sind Kernargumente der von Robert Gradmann formulierten Steppenheidetheorie.[97] Sie konnte durch pollenanalytische Befunde widerlegt werden: Auch in den trockensten Gebieten Mitteleuropas bildeten sich an zonalen Standorten Wälder aus, und zwar auch auf Schwarzerde.[98] Doch mag es gradientenartige Situationen am Rand der Waldgebiete gegeben haben; vielleicht waren Wälder in trockenen Regionen nicht so dicht wie andernorts, und es gab wohl Lokalitäten mit azonaler Vegetation innerhalb der Waldgebiete. Nicht geklärt ist, welche Übergänge es zwischen Wald- und Steppenböden gibt und wie viele Bäume in einem Gebiet stehen können, damit sich eine Schwarzerde und keine Braunerde bildet. Es lässt sich ferner nicht sagen, wie lange ein Gebiet dicht bewaldet sein muss, damit sich eine unter früherem Offenland entstandene Schwarzerde in einen Waldboden verwandelt – und wie dieser Vorgang in der Nacheiszeit konkret ablief.

Jäger und Sammler im Wald

Birken keimen unter sehr lichten Bedingungen, treiben aber unter dem Schirm anderer Bäume seltener aus, so dass sich birkenreiche Vegetationsstadien im gesetzmäßigen Ablauf der Sukzession zu anderen Wäldern wandelten. Auch Kiefernbestände waren vielerorts nicht stabil. Kiefern sind anfällig gegenüber Schädlingen, große Kiefern sind gegenüber Windbruch gefährdet, außerdem gehören Kiefern zu den wenigen mitteleuropäischen Bäumen, die von einem Waldbrand zerstört werden können. Kiefern blieben nur in Trockengebieten dominant; gab es dort einen Waldbrand, war die Kiefer auch der einzige Baum, der sich nach einem Sukzessionsstadium, in dem mehr Birken wuchsen, wieder etablieren konnte. Kiefern und Birken kamen dauerhaft auch in manchen Feuchtgebieten vor, etwa am Rand von Mooren. Dort setzte sich vielerorts aber nicht die Hängebirke durch, die in Mitteleuropa häufigste Birkenart, sondern die Moorbirke.

Anstelle von Birken und Kiefern machten sich vor allem an zonalen Standorten andere Baumarten breit, unter anderem Eichen, Ulmen, Linden und Esche. Die Wälder wurden dichter. Dies hatte Auswirkungen auf die Klimaentwicklung. Denn an immer mehr Orten bildete sich ein Waldbinnenklima aus. Es wird davon geprägt, dass nur wenig Sonnenstrahlung in das Innere eines Waldes vordringt. Daher wird dort die Luft weniger stark erwärmt als im Offenland. Nachts strahlt aus einem Waldland weniger Wärme ab als vom offenen Land. Daher ist das Klima eines Waldgebietes ausgeglichener oder stärker ozeanisch geprägt als dasjenige von waldoffenen Gebieten, in denen es zu stärkeren Temperaturschwankungen kommt, vergleichbar einem stärker kontinental getönten Klima. In einem Wald wird Feuchtigkeit besser zurückgehalten als in einem Offenland. Ursachen dafür sind einerseits das ausgeglichene Lokalklima im Waldinneren, andererseits wird Wasser zwischen Baumwurzeln und Moosen festgehalten, die sich im Schatten der Bäume reichlich ausbreiten können. Die Speicherung von Feuchtigkeit in Waldgebieten führte dazu, dass gleichmäßigere Mengen an Wasser an die Fließgewässer abgegeben wurden. Die Hochwasserspitzen nach einem Niederschlag oder bei der Schneeschmelze fielen geringer aus.

Die fortschreitende Sukzession der Vegetation nach der letzten Eiszeit führte dazu, dass Wälder an Fläche gewannen. Unter dem Schirm der Bäume nahm die Zahl an Pflanzen ab, von denen sich große wildlebende Säugetiere ernährten. Ihre Herden verschwanden in den Waldgebieten. Die Tiere zogen dorthin, wo es noch weite Grasländer gab: weiter im Norden und im Inneren der Kontinente. In den Waldgebieten standen diese Tiere den Menschen nicht mehr als Jagdbeute zur Verfügung. Dies mag eine Ernährungskrise unter den Menschen ausgelöst haben.

Es gab drei Möglichkeiten für Menschen, diese Ernährungskrise zu überwinden: Die erste Möglichkeit bestand darin, dass die Jäger den Tierherden nach Norden oder ins Innere der Kontinente folgten, schließlich in die Gebiete von heutigen Tundren und Steppen. Eine zweite Möglichkeit des Überlebens ergriffen Menschen, die sich an den Ufern von Gewässern niederließen. Die Ufer von Meeren und Flüssen, vor allem aber Seeufer sind die einzigen Orte, an denen Menschen in einer von Wald dominierten Landschaft dauerhaft überleben können: Sie fangen Fische und andere Wassertiere sowie Vögel, die sich an Gewässern regelmäßig einfinden. Nach dem Ende der letzten Eiszeit kam noch eine dritte Strategie hinzu, mit der man die Ernährungskrise meistern konnte: Man begann, Pflanzen anzubauen und Tiere zu halten.

Der Wandel der Jagd (nicht mehr auf große Säugetiere in waldoffenen Gebieten, sondern auf kleinere Tiere am Ufer von Gewässern) führte zu einem Vorherrschen neuer Formen von Werkzeugen oder Jagdwaffen. Mit dem Aufkommen neuer Jagdwerkzeuge verbinden Archäologen den Kulturwandel von der Altsteinzeit (Paläolithikum) zur Mittleren Steinzeit (Mesolithikum). Der mit Innovationen verbundene Wandel von Kultur und Ressourcennutzung wurde durch eine grundlegende Veränderung der Umwelt oder der die Menschen umgebenden Landschaft ausgelöst: Im Offenland lebten Menschen der Altsteinzeit, im Wald Menschen der Mittleren Steinzeit. Mit dem Kulturwandel reagierten die Menschen auf die natürliche Sukzession von Offenland zum Wald am Ende der letzten Eiszeit.

Eine Reaktion auf diese Umweltveränderung dürfte auch der Beginn von Landwirtschaft gewesen sein. Nur so ist zu erklären, dass Menschen mit Ackerbau und Viehhaltung in mehreren, voneinander isolierten Regionen der Welt zu ungefähr gleicher Zeit begannen: im Südwesten und Südosten Asiens, in Mittel- und Südamerika. Eine Voraussetzung dafür, dass dies möglich wurde, war natürlich, dass es an Ort und Stelle Pflanzen und Tiere gab, mit denen man Landwirtschaft betreiben konnte.

Dies war in Europa nicht der Fall. Aber man vermutet, dass die Menschen dort ebenfalls Pflanzen ausbrachten, die sie für eine regelmäßige Ernährung gebrauchen konnten. In vielen Pollendiagrammen aus verschiedenen Teilen Europas zeigt sich, dass die Hasel vor etwa 9000 Jahren mehr oder weniger schlagartig sehr viel häufiger vorkam. Haselnüsse sind schwere Früchte, die nicht vom Wind verweht werden können, sondern unter natürlichen Bedingungen von Tieren verbreitet werden. Man müsste bei einer solchen Pflanzenart eigentlich annehmen, dass ihre Ausbreitung sehr langsam vonstatten gegangen sei. Das aber scheint nicht der Fall gewesen zu sein. Vielmehr wird angenommen, dass Menschen vielerorts Haselnüsse in den Boden steckten, weil sie die Nüsse nutzen wollten. Tatsächlich wurden Haselnüsse in mittelsteinzeitlichen oder mesolithischen Siedlungsschichten immer wieder gefunden.[99] Möglicherweise wurde auch die Wassernuss angebaut;

man hat diese auffälligen Früchte immer wieder in mesolithischen Siedlungsschichten gefunden, auch weit nordwärts in Skandinavien und Finnland, wo die Wassernuss heute natürlicherweise nicht vorkommt.[100]

Persistenz des Systems von Jagd und Sammeln

Vielerorts wurde das Jagen von Tieren und Sammeln von Pflanzenteilen und Pilzen im Lauf der letzten Jahrtausende durch die effizientere Landnutzung der Landwirtschaft abgelöst. Allerdings erwies sich Landwirtschaft nicht überall als günstigere Form des Lebens und Wirtschaftens. Jagd und Sammeln als Grundlagen der Bereitstellung von Lebensunterhalt wurden dort beibehalten, wo die Umweltbedingungen dafür günstig waren. In Tundrengebieten des Nordens machten sich keine Wälder breit; daher kamen dort auch weiterhin große Herden von Pflanzen fressenden Säugetieren vor, beispielsweise von Rentieren. Entsprechendes galt für Grasländer im Inneren der Kontinente, in Nordamerika ebenso wie für Zentralasien. Dort waren die Bedingungen für Landwirtschaft zu ungünstig, weil die Vegetationsperiode zu kurz war oder es zu selten regnete. Die zentrale Bedeutung der Jagd als Nutzung der Umwelt hielt sich ebenso an Seen, etwa in Finnland. Dort war ebenfalls lange keine Notwendigkeit gegeben, andere Lebensbedingungen aufzugreifen, denn die Seen lieferten dort das ganze Jahr über genügend Nahrung für die wenigen Menschen, die an ihren Ufern lebten.

Auch in den Tropen hielt sich vielerorts die Lebensweise von Jagd und Sammelwirtschaft, vor allem dort, wo Böden zu arm an Mineralstoffen für den Ackerbau sind.

Jäger und Sammler bezogen zwar Nahrung aus ihrer Umwelt, gestalteten sie dafür aber nicht großräumig um. Natürliche Entwicklungen dominierten, sie liefen weitgehend ungestört von menschlichem Einfluss ab. Insgesamt konnten nur wenige Menschen von Jagd und Sammelwirtschaft leben. Grenzen des Wachstums waren rasch erreicht, vor allem nach dem Wandel der Umwelt von einem Offenland zum Wald.

Die Lebensweise von Jägern und Sammlern wird immer wieder mit derjenigen von Nomaden verglichen; man spricht auch von «nomadisierenden Jägern». Solche Einschätzungen sind nicht zutreffend, denn Nomaden sind hoch spezialisierte Tierhalter, die domestizierte Tiere von Weidegrund zu Weidegrund führen. Dies hat mit der jägerischen Landnutzung nichts zu tun; «nomadisierende Jäger» gibt es daher nicht.

Eine *longue durée* bis in unsere Tage erlangten nur einige wenige Relikte von Jägerkulturen. Denn die wenigen Menschen, die in diesem System lebten, hinterließen nur geringe materielle Spuren, die die Jahrtausende überdauerten. Dazu gehören außer Fundstücken der Archäologen die Felsmalereien in Höhlen. Bis heute dürften in Metaphern überlieferte sagenhafte Vorstellungen auf die Zeit zurückgehen, in der Menschen als Jäger und Sammler lebten. Das ist aber nur schwer konkret nachzuweisen. Vielleicht geht auf diese Zeit auch die Beliebtheit von Aussichtspunkten zurück, von denen aus das Land weit überblickt werden kann, vielleicht auch die Beliebtheit von Reisen; eine mehr oder weniger ortsfeste Ansiedlung war erst mit späteren Formen der Landnutzung verbunden.

12 Landnutzung außerhalb staatlicher Strukturen

Entstehung von Landwirtschaft

In einigen Gegenden der Erde gelangen große Mengen an ultraviolettem Licht an den Erdboden. UV-Licht kann Mutationen auslösen. Die größten Mengen an UV-Licht treffen eigentlich in den Tropen auf die Erde; die häufige starke Bewölkung in diesen Breiten filtert jedoch das UV-Licht, so dass nur ein Teil davon die Erdoberfläche der Tropen erreicht. Weniger Wolken liegen über den angrenzenden Subtropen. Daher trifft dort mehr ultraviolettes Licht auf die Erdoberfläche als in den Tropen. In zonalen Gebieten der Subtropen gibt es nur wenig Niederschlag; daher sind sie nur allenfalls von schütterer Vegetation überzogen. Doch in den extra- und azonalen Gebirgsgegenden regnet es mehr, so dass dort auch die Vegetation dichter ist. Zudem besteht in diesen Gebirgen eine große Standortvielfalt. Viele Täler sind deutlich durch Bergrücken gegeneinander abgegrenzt. In einer solchen Gegend konnten sich besonders zahlreiche verschiedene Pflanzen- und Tierarten entwickeln. Diese Gebiete zählen daher sowohl zu den Zentren der Biodiversität als auch zu den typischen Herkunftsgebieten von Kulturpflanzen: Gebirge in Südwest- und Südostasien, in Mittel- und im nördlichen Südamerika. In diesen Regionen gab es Pflanzen- und Tierarten, mit denen man Landwirtschaft betreiben konnte. Mit dem Beginn ihrer Nutzung wurde in diesen Regionen die Ernährungskrise am Ende der letzten Eiszeit überwunden.

Beim Sammeln waren den Menschen Pflanzen aufgefallen, die besonders nahrhafte Teile besaßen: große Früchte, Samen oder Körner, Wurzeln oder Sprossknollen. Besondere Bedeutung bekamen einige Arten von Gräsern, in deren Körnern große Mengen an Kohlenhydraten gespeichert sind. Unter natürlichen Bedingungen fallen sie sofort nach der Reife zu Boden und keimen aus; die gespeicherten Kohlenhydrate sollen dem Keimling zur Verfügung stehen, damit er wachsen kann, bis er damit beginnt, selbst Fotosynthese zu betreiben. In den Ähren von Gräsern werden die Körner nicht synchron reif, sondern fortschreitend von oben nach unten. Unter natürlichen Bedingungen fällt jedes Korn sofort nach seiner Reifung aus dem Ährenverband zu Boden. Beim Sammeln der Pflanzen konnten Menschen nur wenige reife Körner greifen und von den Ähren abbrechen; daher mussten die Sammler alle paar Tage zu ihnen zurückkehren, bis alle Körner an der Ähre gereift und geerntet waren. Viele Körner entgingen den Sammlern; es ist offensichtlich, dass das Sammeln von Körnern solcher Wildpflanzen wenig ertragreich, sehr mühsam und zeitaufwendig war.

Nun setzte aber bereits eine Selektion von Pflanzen seitens des Menschen ein, die man sich ungefähr so vorstellen kann: Pflanzensammler griffen vor allem nach Individuen von Pflanzen, bei denen möglichst viele reife Körner nicht zu Boden gefallen waren. Solche Individuen haben besonders kräftige Ährenachsen, von denen reife Körner nicht so leicht abbrechen wie bei anderen Pflanzen. Diese Pflanzen sind unter natürlichen Bedingungen benachteiligt, denn ihre Ausbreitung braucht mehr Zeit; und wenn schließlich mehrere Körner gemeinsam zu Boden fallen, hemmen sie sich gegenseitig beim Wachstum.

In langer Zeit, etwa im Verlauf eines Jahrtausends, gelang es Menschen, schließlich Pflanzenindividuen zu selektieren, bei denen die Ährenachse so stabil war, dass die Ähre nach der allmählichen Reifung der Körner im Gesamtverbund erhalten blieb. Solche Pflanzenindividuen konnten effizienter geerntet werden: Man griff nach der gesamten Ähre. Allerdings mussten die Ährenachsen nach der Ernte zerbrochen werden. Dies geschah beim Dreschen. Die Körner konnte man danach aber noch nicht nutzen, denn sie waren von harten, silikathaltigen Blättchen umgeben, den Spelzen, die die empfindlichen Körner vor Beschädigung schützten. Umhüllt von den Spelzen konnte man die Körner vorzüglich lagern, sogar für ein ganzes Jahr.[101] Vor der Zubereitung von Speisen mussten aber die Spelzen entfernt werden; diese tägliche Arbeit musste dem Mahlen der Körner vorangehen.

Die Körner in den Vorräten blieben keimfähig. Man konnte sie auch aussäen und auf diese Weise anbauen. So entstanden die ersten Felder, die immer besser bearbeitet wurden: Man beseitigte andere Gewächse, die das Wachstum der Getreidepflanzen behinderten, und lockerte den Boden, bevor man die Saat ausbrachte, etwa durch Hacken oder die Nutzung einfacher Vorläufer von Pflügen.

Nicht nur Gräser wurden auf etwa diese Weise zu Kulturpflanzen, sondern auch Hülsenfrüchtler und Pflanzen mit ölhaltigen Samen. Hülsenfrüchtler oder Schmetterlingsblütler bringen eiweißreiche Samen hervor, die zu mehreren in Hülsen heranreifen. Bei der Reife platzen die beiden Fruchtblätter der Hülsen auf und rollen sich ein, so dass die reifen Samen in die Umgebung geschleudert werden. Bei Hülsenfrüchtlern, die zu Kulturpflanzen geworden waren, geschah dies nicht mehr: Menschen selektierten Individuen, bei denen die Fruchtblätter trotz Reife der Samen bis zur Ernte aneinander haften blieben. Solche Pflanzen sind unter natürlichen Bedingungen kaum überlebensfähig, aber sie lassen sich gut ernten. Beim Lein, einer wichtigen Ölpflanze, reifen zahlreiche Samen in einer Kapsel heran. Reife Samen fallen bei der Wildpflanze durch Öffnungen der Kapsel zu Boden; bei kultiviertem Lein sind die Kapselöffnungen so klein, dass die Samen bis zur Ernte in der Kapsel bleiben.

Im Südwesten Asiens, dem Nahen Osten oder Vorderen Orient, waren Pflanzenarten, die zu Kulturpflanzen werden konnten, besonders zahlreich vertreten: Kohlenhydratreiche Körner lieferten vor allem die mit dem heutigen Weizen verwandten Getreidearten Einkorn und Emmer sowie die Gerste, hinzu kamen die Hülsenfrüchtler Erbse und Linse mit ihren eiweißreichen Samen sowie die Ölfrucht Lein; diese Pflanze konnte man auch zur Gewinnung pflanzlicher Fasern nutzen. In anderen Entstehungsgebieten von Ackerbau wurden andere Gewächse angebaut, in Ostasien Reis als Getreide, dazu eiweißreiche Sojabohnen. In Amerika bestand die Nahrung früher Bauern aus Mais, Kartoffeln und Grünen Bohnen.

Mit dem Anbau dieser Pflanzen konnten alle wesentlichen Komponenten menschlicher Nahrung bereitgestellt werden, wenn sie auch insgesamt als einförmig bezeichnet werden muss. Dank Vorratshaltung war eine Versorgung der Ackerbauern mit Nahrung das ganze Jahr über möglich.

Hinzu kam als weitere Komponente der Landwirtschaft die Haltung von Vieh. Die Vielfalt der Tierarten war ebenso wie bei den Kulturpflanzen im Südwesten Asiens am größten, denn dort konnte man Rinder, Schafe, Ziegen und weitere Tierarten domestizieren. Die Bauern nutzten Milch und stellten daraus haltbaren Käse her. Schafe und Ziegen wurden zur Gewinnung von Wolle geschoren. Vor allem Rinder verwendete man als Arbeitstiere auf den Feldern. Nur selten wurden Tiere geschlachtet, so dass man Fleisch essen und Felle oder auch andere Rohstoffe gewinnen konnte, etwa Talg oder Knochen zur Herstellung von Werkzeugen und Schmuck.

Zur Ergänzung des Speisezettels gingen die Bauern auch auf die Jagd, und sie sammelten weiterhin Teile von Pflanzen, die sie nicht anbauten, aber mit denen die tägliche Nahrung etwas abwechslungsreicher gestaltet werden konnte.

Insgesamt führte die Landwirtschaft zu gleichmäßigeren Lebensbedingungen für die Menschen und einer erheblich höheren Effizienz der Landnutzung: Bei der Jagd, vor allem auf in Herden lebende Tiere, wurden mal zahlreiche Tiere erbeutet, deren Fleisch man kaum in kurzer Frist verzehren konnte, dann wieder fehlte für kürzere oder längere Zeit das Jagdglück, so dass die Menschen hungerten oder sich mit inzwischen verdorbenem Fleisch vergifteten. Nun aber gab es jeden Tag etwas zu essen, das «tägliche Brot», von dem in der Bibel die Rede ist. Dadurch wurde ein Bevölkerungswachstum ausgelöst.

Allerdings war der Übergang von einem Dasein als Jäger und Sammler zu dem eines Bauern mit einem tiefgreifenden Wandel der Lebensweise verbunden. Jäger leben nicht ortsfest, sondern ziehen hinter Herden von Wildtieren her oder dorthin, wo sie zu bestimmten Zeiten auf Jagdbeute hoffen können. Bauern dagegen müssen das ganze Jahr über am gleichen Ort sein: Während der

Vegetationsperiode müssen sie die heranwachsenden Bestände von Kulturpflanzen vor Schaden schützen. Und nach der Ernte müssen sie auf ihre Vorräte aufpassen. Das ganze Jahr über sind bäuerliche Tätigkeiten zu verrichten, etwa im Zusammenhang mit der Bodenbearbeitung und der Aufbereitung von Körnern für die Herstellung von Nahrung. Die Menschen bauten feste Behausungen neben den Feldern und Viehweiden; jeweils etwa fünfzig bis einhundert Menschen mögen in mehreren Häusern nebeneinander gelebt haben. Sie halfen sich wohl gegenseitig bei der Nutzung des Kulturlandes und bei der Zubereitung von Nahrung.

Die beiden Bereiche der Nutzung von Kulturpflanzen und der Haltung von Tieren waren voneinander getrennt; sonst wären die Tiere in die Kulturpflanzenbestände eingefallen und hätten diese zerstört. Die Ackerflächen waren recht ausgedehnt, denn es mussten auf separaten Flächen ja mehrere Arten von Kulturpflanzen angebaut werden. Wie diese Flächen genau aussahen, weiß man nicht; darüber gibt es keine Aufzeichnungen, und Ausgrabungsbefunde erlauben dazu keine Aussagen. Wahrscheinlich waren die Flächen von Feldern nicht genau fixiert, und man baute je nach Bedarf und Vorhandensein von Saatgut mal mehr, mal weniger Kulturpflanzen an. Dies mag entsprechend wie bei einer Feld-Gras-Wirtschaft späterer Zeit vor sich gegangen sein: Innerhalb einer größeren Fläche, auf der Gras wuchs, wurden an wechselnden Stellen Felder angelegt, die in dem einen Jahr größer, in einem anderen kleiner waren.

In der Regel baute man mindestens zwei Getreidearten an, die zu unterschiedlichen Zeiten reiften. Dadurch wurde die Abhängigkeit von der Witterung herabgesetzt; waren die Bedingungen für Wachstum, Reifung oder Ernte der einen Getreideart nicht günstig, so konnte man immer noch hoffen, bei der anderen mehr Erfolg mit den Witterungsbedingungen zu haben. Außerdem zog sich auf diese Weise die arbeitsintensive Ernte stärker in die Länge, so dass man sie mit begrenzten Ressourcen an Personen besser bewältigen konnte.

Es gab keine gepflegten Viehweiden wie in späterer Zeit. Die von den Bauern gehaltenen Tiere fanden in den Wäldern in der

Umgebung der Siedlungen genug zu fressen, vor allem in den Wäldern des Nahen Ostens, in denen die Bäume nicht sehr dicht beieinander standen und eine Menge nahrhafter Pflanzen am Boden wuchs. Viehweiden waren nicht umzäunt; daher mussten die Tiere von einem Hirten bewacht und geführt werden. Die Tiere weideten nicht nur Kräuter, sondern auch junge Triebe von Gehölzen ab, so dass die Wälder im Lauf der Zeit immer lichter wurden. Alte Gehölzpflanzen starben ab, ihr Nachwuchs kam nicht in die Höhe, weil er immer wieder verbissen wurde. Einige Waldbereiche nahmen im Lauf der Zeit eher den Charakter von Offenland an, in dem nur noch einzelne Bäume und Büsche zu erkennen waren, andere waren dichter von Gehölzen bestanden. Eine strikte Trennung zwischen Wald und Weideland gab es nicht.

Einige Siedlungen im Nahen Osten blieben lange Zeit über stabil an einem Ort bestehen: Siedlungsschicht legte sich über Siedlungsschicht, so dass allmählich ein Siedlungshügel aufwuchs, den man als Tell bezeichnet. Siedlungen wurden aber wohl auch immer wieder einmal verlagert, wobei die Gründe dafür nicht bekannt sind. Möglicherweise mangelte es an einer Ressource, die zum Weiterbestand der Siedlung notwendig gewesen wäre, oder die Erträge der Kulturpflanzen ließen nach.

Alle frühen Ackerbaukulturen werden als neolithisch bezeichnet. Man nennt ihre Kultur Neolithikum oder Jungsteinzeit, weil sie den Archäologen ursprünglich als die jüngste auffiel, in der Stein und Knochen, aber kein Metall verwendet wurde. Im Nahen Osten gab es eine frühe Phase der Jungsteinzeit, die wegen des Fehlens von Tonwaren als «Akeramisches Neolithikum» bezeichnet wird. Später stellten Bauern Tongefäße her, die beispielsweise zur Aufbewahrung von Speisen dienten. Offensichtlich kamen nicht alle Errungenschaften der neuen Wirtschafts- und Lebensweise zur gleichen Zeit auf: Zuerst setzte die Landwirtschaft ein, die Menschen nahmen wohl zur selben Zeit feste Wohnsitze ein, aber Keramik wurde erst später hergestellt.

Insgesamt hatten die Gruppen von Menschen, die in einer Siedlung zusammenlebten und zusammenarbeiteten, fast alle zum Leben oder Überleben notwendigen Ressourcen an Ort und Stelle, oder sie produzierten sie im Zuge ihrer Landwirtschaft. Auf eine übergreifende Infrastruktur waren sie kaum angewiesen. Es mag zwar einen Austausch zwischen benachbarten Siedlungen gegeben haben (das belegen bei Ausgrabungen gefundene Gerätschaften und Tonwaren), aber die einzelnen Siedlungen waren autark. Eine übergeordnete Infrastruktur bestand nicht; für sie hätte man die Schrift gebraucht. Die Menschen verwendeten sie aber offensichtlich nicht, daher konnten auch keine Nachrichten über größere Distanzen übermittelt werden.

Ausbreitung von Landwirtschaft

Die Attraktivität des neuen Landnutzungssystems wurde sicher auch für Menschen evident, die in der Nachbarschaft zu den Ursprungsgebieten der Landwirtschaft lebten. Vor allem mag ihnen aufgefallen sein, dass bei den Bauern seltener gehungert wurde, die Kindersterblichkeit geringer und die Lebenserwartung insgesamt höher war als die von Menschen, die allein auf die Jagd und das Sammeln von Pflanzenteilen als Basis ihrer Ernährung setzten.

Damit man erfolgreich Kulturpflanzen auch in anderen Gebieten der Erde anbauen konnte, mussten deren Wuchsbedingungen auf eine Weise simuliert werden, dass sie denjenigen in den Gebirgen des Vorderen Orients entsprachen. Getreide und andere Kulturpflanzen brauchen genügend Wasser, um in einer ersten Entwicklungsphase zu gedeihen. Es ist günstig, wenn man dafür eine besonders regenreiche Jahreszeit ausnützen kann. In einer zweiten Entwicklungsphase reift das Getreide; dies ist nur auf einer offenen Fläche möglich, die von der vollen Sonne beschienen wird. Unter dem Schirm von Bäumen wird Getreide nicht reif. Geerntet werden kann es nur dann, wenn es völlig trocken ist; andernfalls lässt es sich nicht gut lagern, und die Körner lassen sich nicht aus den Spelzen herausholen.

Wo die standörtlichen Bedingungen nicht von Natur aus so geartet waren, musste die Landschaft von Grund auf verändert werden, bevor man mit dem Ackerbau beginnen konnte. Bei der besonders weit reichenden Ausbreitung des vorderasiatischen Ackerbaus bildeten sich zwei verschiedene Varianten eines Mensch-Umwelt-Verhältnisses heraus; das eine von ihnen baute auf dem bereits existierenden System auf, das andere unterschied sich grundsätzlich von dem vorher bestehenden System.

An den großen Strömen des Orients, die in der Nachbarschaft der Bergländer liegen, in denen die Landwirtschaft entstanden war, wuchsen nur wenige Holzgewächse, was die Herrichtung von Land für den Ackerbau erleichterte. Aber die Niederschlagsmengen waren zu gering. Daher konnte dort Ackerbau nur etabliert werden, wenn es gelang, Flusswasser zur künstlichen Bewässerung auf die Felder zu lenken. Der dafür notwendige Aufwand war groß, denn man musste Kanäle bauen. Noch viel komplizierter war die Verteilung von Wasser entlang von Euphrat und Tigris, später auch an anderen Strömen wie dem Nil. Alle Flussanrainer wollten Anteil daran haben. Dieses Problem zu lösen war eine sehr große Herausforderung, denn der Euphrat als längerer der beiden Flüsse des Zweistromlandes ist weit über 2000 Kilometer lang, der Tigris nur wenig kürzer. Dennoch bestanden schon etwa 6000 Jahre vor Christi Geburt erste Bewässerungssysteme.[102] Je weiter sich der Bewässerungslandbau ausbreitete, desto notwendiger war die Entwicklung einer Infrastruktur, über die die Verteilung der Wassermengen überregional geregelt werden konnte. Dazu brauchte man eine Verwaltung und eine Übermittlung von schriftlichen Nachrichten. Darauf aufbauend entwickelte sich ein staatliches System, aus dem ein ganz anderer Typ von Landschaften hervorging; er wird im folgenden Kapitel dargestellt, weil er sich fundamental vom Landnutzungssystem des frühen Ackerbaus unterschied.

Früher Ackerbau breitete sich auch nach Europa aus *(Abb. 12-1)*. Je weiter die Innovation nach Westen voranschritt, desto stärker musste die Umwelt verändert werden, damit Ackerbau möglich wurde: Wälder mussten beseitigt werden. Die Form der Landnutzung, die ausgehend von einer staatlichen Infrastruktur zur Ausbildung eines neuen Landschaftstyps führte, war mit dem System, das ohne Infrastruktur bestand, nicht kompatibel. Beide

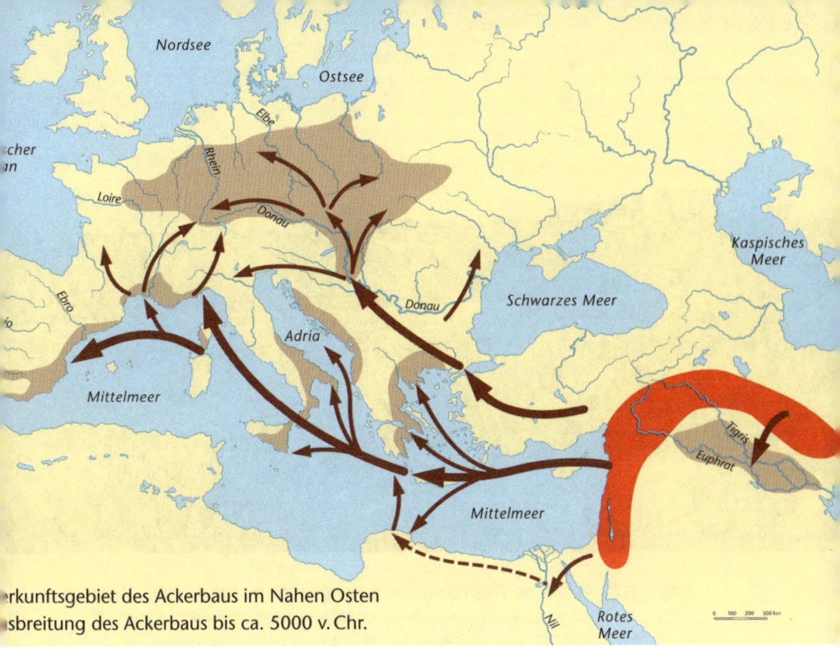

Abb. 12-1 Ausbreitung des Ackerbaus aus dem Nahen Osten nach Europa.

Systeme entwickelten sich in Vorderasien und Europa mehrere Jahrtausende lang weitgehend separat voneinander. Doch das mit Infrastruktur verbundene System von Landnutzung weitete sich im Lauf der Zeit ebenfalls nach Europa aus und erwies sich dort letztlich als das überlegene, obwohl die ohne Infrastruktur betriebene Landnutzung lange Zeit erfolgreich war.

Frühe Ackerbausiedlungen in Europa

Möglicherweise drangen Bauern etwa seit dem 7. Jahrtausend vor Chr. aus dem Orient in den Westen vor, um sich dort anzusiedeln. An den Lokalitäten, die für frühe Ackerbausiedlungen in Europa ausgewählt wurden, zeigt sich, dass diejenigen, die diese Siedlun-

Abb. 12-2 Auf dem Oberhang im Hintergrund bestand eine jungsteinzeitliche Siedlung, die gerade ausgegraben wird. Die Siedlung hatte eine Ökotopengrenzlage zwischen dem feuchten, steinigen Tal und den Ackerflächen (im Hintergrund; bei Kornwestheim im Neckarland).

gen anlegten, sehr gute Geländekenntnisse hatten. Dies spricht dafür, dass Einheimische, die zuvor als Jäger und Sammler gelebt hatten, die Landwirtschaft als Wirtschaftsform aus dem Nahen Osten übernahmen. Ausgrabungsergebnisse zeigen, dass Einheimische offensichtlich wussten, wo es Böden gab, die sich mit den damaligen Bodenbaugeräten bewirtschaften ließen: Das verfügbare Gerät bestand ausschließlich aus Stein, Knochen und Holz. Metall stand noch nicht zur Verfügung; auch die frühen Ackerbaukulturen Europas werden wegen der ausschließlichen Verwendung von Stein als hartem Material noch der Steinzeit zugeordnet, dem Neolithikum (Jungsteinzeit). Mit Stein-, Knochen- oder Holzgeräten ließen sich nur steinfreie Böden bearbeiten. Solche Böden gab es in den kleinen Küstenebenen am Mittelmeer und in einem insgesamt ausgedehnten Gebiet mit Lößregionen in Mitteleuropa; dieses Gebiet war insgesamt größer als dasjenige, in dem der Ackerbau einmal entwickelt worden war. So gut wie überall, wo Löß verbreitet war, konnten neolithische Siedlungen nachgewiesen werden, die seit dem 6. Jahrtausend vor Chr. gegründet wurden.[103] Löß bedeckte aber nicht das gesamte Terrain; an den steileren Unterhängen der Täler war er seit der Eiszeit bereits abgespült worden. Die Siedlungen entstanden jeweils am Rand der mit Löß bedeckten Flächen am halben Hang der Täler. Unterhalb der Siedlungen war wegen der Steine im Boden kein Ackerbau möglich; dort lagen Flächen, die man zur Viehweide nutzen konnte. Oberhalb der Siedlung befanden sich die Äcker auf Löß. Zwischen den beiden Nutzungsarealen lagen die Siedlungen in sog. Ökotopengrenzlage. So wurde die typische Situation ländlicher Siedlungen, die seitdem stets aufgesucht wurden, bereits vor rund sieben Jahrtausenden gefunden *(Abb. 12-2)*.

Diese Leistung ist vor allem deswegen als erstaunlich zu bewerten, weil das gesamte Terrain bewaldet war. Man kann sich vorstellen, dass die Menschen sich vor der Gründung von Siedlungen an den Bachläufen orientierten. Sie brachten in Erfahrung, wo am Hang die Grenze der Lößdecke lag, und dort begannen sie mit dem Siedlungsbau. Dazu musste zunächst der Wald gerodet werden. Dies war mit Steinäxten möglich.[104] Man kann die im Abstand von einigen Metern unregelmäßig nebeneinanderliegenden Gruben innerhalb von Siedlungsarealen als die Stellen deuten, an denen Baumstümpfe ausgegraben wurden.[105] Sie wurden später mit Abfall aus der Siedlung gefüllt; daher heben sie sich im hellen Löß als dunkle Verfärbungen ab *(Abb. 12-3)*.

Das Holz der Wälder, in denen Eichen häufig waren, wurde zum Hausbau verwendet. Die Häuser der frühen Bauern waren bis zu ungefähr dreißig Meter lang; sie werden daher als Langhäuser bezeichnet. Die Häuser könnten genau die Länge der Baumstämme erhalten haben, die in den Wäldern gestanden hatten. Auch das Areal künftiger Äcker wurde gerodet; vielleicht holte man dort aber nicht die Baumstümpfe aus dem Boden. Weiteres Holz wurde in die Siedlung gebracht, man brauchte es zur Herstellung von Werkzeug, zum Heizen und zur Nahrungszubereitung. Das Holz der meisten Laubbäume musste gut getrocknet werden, bevor man es zum Heizen verwenden konnte. Angesichts der großen Bedeutung, die Holz für die frühen Bauern hatte, ist es sehr unwahrscheinlich, dass die Steppenheidetheorie zutrifft, in der behauptet wird, dass es gerade die unbewaldeten oder wenig dicht bewaldeten Orte waren, an denen die ersten Siedlungen entstanden (vgl. Kapitel 11).

Außerdem ist es unwahrscheinlich, dass Brandrodung angewandt wurde; dabei hätte man eine kostbare und auch damals schon bald knapp werdende Ressource vergeudet. Zudem lassen sich die meisten in Europa vorkommenden Gehölzpflanzen nicht entflammen. Nur einige Nadelbäume können in Brand gesetzt werden; sie kamen aber in den Gebieten früher Landwirtschaft nicht oder nur selten vor. Brandrodung war auch deswegen nicht notwendig, weil die Böden gut mit Mineralstoffen versorgt waren, und zwar durch die Ablagerung von feinem Löß aus den Gletschervorfeldern. Brandrodung wird im Allgemeinen nur dort durchgeführt, wo man die Asche der verbrannten Pflanzen oder Pflanzenteile zum Düngen der Standorte nutzen möchte.

Sowohl am Mittelmeer als auch in Europa übernahm man eine Reihe von Kulturpflanzen aus dem Nahen Osten. Auch dort wurden in jeder Siedlung mindestens zwei Getreidearten, Hülsen- und Ölfrüchte angebaut. Daher brauchte man mehrere Felder, die nebeneinanderlagen. Auch die Felder europäischer Ackerbauern dürften in ihrer Ausdehnung nicht strikt festgelegt gewesen sein, und man legte sie wohl an wechselnden Stellen innerhalb einer künstlich geschaffenen Lichtung an. Geht man von einer Bevölkerung von etwa einhundert Menschen in der Siedlung aus, so musste man ungefähr dreißig Hektar Land roden, um genügend Flächen für Ackerland zu haben.[106] Auf den Ackerflächen konnte man dann optimale Wachstumsbedingungen für Kulturpflanzen aus dem Nahen Osten simulieren. Sie wuchsen in der normalerweise niederschlagsreichsten Jahreszeit heran, nämlich im Mai und Juni; im Nahen Osten lag diese Regenzeit einige Monate früher. Im Juli und August gibt es in Mitteleuropa auch meistens längere regenarme Zeiten, in denen das Korn reifen konnte; im Nahen Osten reift Getreide dagegen bereits im Frühsommer, zu Beginn der Trockenzeit, heran. Die Erntezeit von Getreide, im

Abb. 12-3 Abfallgruben einer jungsteinzeitlichen Siedlung heben sich deutlich vom hellen Löß ab. Vielleicht befanden sich dort vor der Verfüllung von Abfall Baumwurzeln des gerodeten Waldes.

Orient im Frühsommer, wurde in Mitteleuropa in den Hochsommer gelegt.

Es zeigte sich im Lauf der Zeit, dass die Transferierung von Getreide aus dem Nahen Osten nach Europa sehr gut möglich war. Das gemäßigte Klima Europas führte zu gleichmäßig hohen Erträgen der Kulturpflanzen; es gab nur relativ selten Jahre mit ungünstiger Witterung. Mitteleuropa entwickelte sich zu einer weltweit bedeutenden Kernregion des Ackerbaus, in der höhere Erträge erzielt wurden als vielerorts im Nahen Osten.

Die Böden mussten intensiv bearbeitet werden; wurden in einem Jahr die aufkommenden Kräuter und Sträucher nicht zerstört, setzten sofort die Initialen einer Sekundärsukzession ein, die schließlich zur Wiederbewaldung führte. Ohne ständige Bearbeitung gewannen die dynamischen Entwicklungen von Natur sofort die Oberhand.

Die Tiere, die die europäischen Ackerbauern damals hielten, fanden ebenso wie im Nahen Osten in den Wäldern hinreichend Nahrung. Rinder, Schafe und Ziegen lichteten die Gehölze allmählich auf, weil sie nicht nur Kräuter fraßen, sondern auch nachwachsende Jungtriebe von Bäumen. Je weniger Bäume in den Wäldern standen, desto vitaler konnte sich die Vegetation am Boden entwickeln. Unter dem Einfluss eines maritimen Klimas fanden die Tiere der Bauern fast das ganze Jahr über in den Wäldern genug Nahrung. In Bereichen mit stärker kontinental getöntem Klima lag im Winter längere Zeit Schnee. Dann mussten die Tiere gefüttert werden. Dafür gewannen die Bauern im Frühsommer Laubheu: Sie schnitten frisch belaubte Zweige von Ulmen, Linden, Eschen und anderen Gehölzen, trockneten sie den Sommer über in den Baumkronen und warfen sie im Winter dem Vieh vor. Wiesen, auf denen Grasheu bereitet wurde, gab es zur damaligen Zeit nicht.

Frühe Ackerbauernsiedlungen bestanden nicht auf Dauer. Nach einigen Jahrzehnten oder allenfalls wenigen Jahrhunderten – genauere Zeitangaben dazu sind leider nicht möglich, weil keine schriftlichen Quellen, sondern nur archäologische Funde darüber Auskunft geben – wurden die Siedlungen und ihre Wirtschaftsflächen aufgegeben und verlagert. Die Gründe dafür sind nicht klar; mutmaßlich kam es zu einer Mangelsituation. Möglicherweise ließen die landwirtschaftlichen Erträge nach. Es ist aber noch wahrscheinlicher, dass es nach einigen Jahrzehnten am Siedelplatz an geeignetem Bauholz mangelte, das man zum Neubau von Häusern brauchte. Der Bedarf an Bauholz war aber groß, denn in den Holzhäusern bestanden offene Feuerstellen, und es ist daher wahrscheinlich, dass immer wieder einmal Häuser niederbrannten und anschließend neu gebaut werden mussten. Auch ohne Feuer war die Lebensdauer von Holzhäusern begrenzt. Langholz stand dann nur noch in benachbarten Waldparzellen zur Verfügung. Man hätte es von dort holen können, aber möglicherweise erschien es den Menschen einfacher zu sein, an einem Platz, wo Langholz noch verfügbar war, eine neue Siedlung anzulegen.

Auf den nicht mehr bewirtschafteten Flächen konnte nun eine Sekundärsukzession von Wald ablaufen: Pflanzen breiteten sich wieder allein unter natürlichem Einfluss auf Böden aus, die bereits Waldböden waren. Im Verlauf der Neuentwicklungen von Wald konnten sich vielerorts nach dem Ablauf von frühen Sukzessionsstadien mit Birken, Pappeln und Weiden neue Waldbäume durchsetzen, und zwar die Buche in Mitteleuropa,[107] die Fichte in Teilen Skandinaviens[108] und im westlichen Alpenraum.[109] Die Ausbreitung dieser Baumarten dauerte mehrere Jahrtausende an, und zwar so lange, wie Siedlungen auf die oben beschriebene Art verlagert wurden und immer wieder an anderen Stellen Sekundärsukzessionen abliefen, nämlich vom frühen Neolithikum bis zum Beginn des Mittelalters. Wenn die sich neu ausbreitenden Baumarten im Verlauf von Sekundärsukzessionen auf ehemaligen Siedlungsflächen häufiger geworden waren, breiteten sie sich von dort aus auch allmählich in benachbarte Waldflächen aus, auf denen zuvor keine Siedlung mit ihren Äckern gelegen hatte.

Gebiete der Viehhalter am Rand der Ackerbauregionen

Im Lauf der folgenden Jahrtausende wurden auch Regionen mit steinigeren Böden in die agrarische Nutzung einbezogen. Am Mittelmeer war dies kaum möglich, denn die dortigen Agrarräume sind von Bergländern umgeben, die sich für die Einführung eines großflächigen Ackerbaus nicht eigneten. In den steil aufragenden Gebirgen am Mittelmeer war vielerorts nur Viehhaltung möglich. Seit Jahrtausenden ist der Gegensatz zwischen fruchtbaren Ackerregionen in den Küstenebenen und kargen Bergeshöhen, die von Hirten mit ihren Tieren aufgesucht werden, besonders charakteristisch für den Mittelmeerraum.[110] Die Hirtenkulturen entwickelten sich in den Randgebieten der Ackerbauregionen im Vorderen Orient und im Mittelmeergebiet in unterschiedlicher Weise. Einige Hirten lebten stationär, andere zogen auf unregelmäßigen Bahnen immer dorthin, wo Nahrung für ihre Tiere verfügbar war: Eine solche nomadische Lebensweise wurde vor allem für die Steppengebiete Osteuropas und Asiens typisch.

Abb. 12-4: In den Alpen (hier unterhalb vom Wendelstein) kann man Flächen im Tal für Ackerbau und Viehhaltung nutzen, weitere Weideflächen befinden sich in Hochlagen. Die steilen Berghänge sind dagegen bewaldet.

In den Bergländern Südosteuropas, in den Alpen und Pyrenäen erhielt Transhumanz dagegen eine große Bedeutung. Diese Form der Landbewirtschaftung mit Viehherden muss man vom Nomadismus unterscheiden. Transhumanz bedeutet, dass Hirten mit ihren Herden auf festgelegten Bahnen zwischen festen Orten oder Gebieten hin und her ziehen, und zwar im Rhythmus der Jahreszeiten: Es gibt Sommer- und Winterweidegebiete, oder die Tiere werden im Sommer an einem Ort im Freien, im Winter an einem anderen im Stall gehalten.[III] Eine besondere Form von Transhumanz ist die Alp- oder Almwirtschaft, die für die Alpen typisch wurde: Im Winter waren Hirten und Herden im Tal, und zwar in Siedlungen, von denen aus auch Ackerbau betrieben wurde. Im Sommer dagegen zog man mit den Tieren in die Hochlagen, wo sie auf natürlicherweise waldfreien Almweiden grasen konnten *(Abb. 12-4)*. In anderen Gegenden wurden weitere Wanderstrecken zurückgelegt, etwa zwischen dem Pannonischen Becken und den Gebirgen an dessen Rand.

In den folgenden Jahrtausenden entwickelten sich Ackerbauernkulturen parallel zu Viehhalterkulturen; zwischen ihnen bildeten sich kulturelle Gegensätze heraus, und an manchen Orten kam es auch zu Konflikten, unter anderem um die Frage, wer Land nutzen durfte. Viehhalterkulturen, vor allem Nomaden, waren erheblich mobiler als Bauern, die sowohl Äcker bestellten als auch Vieh hielten. Im Hinblick auf Mobilität waren Nomaden Jägern und Sammlern vergleichbar. Dennoch gab es erhebliche Unterschiede: Denn Jäger folgen Wildtieren, Nomaden ziehen mit domestizierten Tieren von Weidegrund zu Weidegrund.

Ausweitung der Ackerbaugebiete

In Mitteleuropa wurden in den folgenden Jahrtausenden allmählich immer mehr Gebiete außerhalb der Lößregionen ebenfalls von Bauern besiedelt, und zwar auf genau die gleiche Art und Weise wie ursprünglich die Lößgebiete: Siedlungen bestanden einige Jahrzehnte oder Jahrhunderte und wurden dann verlagert. Stets entstanden Siedlungen in Ökotopengrenzlage. Meistens lagen – wie in den Lößgebieten – die Äcker oberhalb der Siedlung, die zur Viehweide genutzten Grünlandflächen aber unterhalb, im Talgrund. Doch von dieser Regel gab es Ausnahmen, auf die im Folgenden besonders hingewiesen werden muss.

Interessanterweise ergibt sich eine Korrelation zwischen der Ausweitung der Siedlungsgebiete und den verfügbaren Rohstoffen, nach denen Prähistoriker die Epochen der Urgeschichte abgrenzen *(Tab. 12-1)*. Dies bedeutet sicher nicht, dass die Rohstoffe, die neu bearbeitet werden konnten, zur Bestellung von Feldern eingesetzt wurden. Aber sowohl die Verwendung von neuen Rohstoffen als auch die Fähigkeit, weitere Flächen in die Agrarnutzung einbeziehen zu können, verweisen darauf, dass technische Innovationen gelangen. Grundsätzlich blieben alle Gebiete, in denen einmal Siedlungen gegründet worden waren, auch in den folgenden Zeiten Siedlungsgebiete. Kein Siedlungsgebiet wurde in vorgeschichtlicher Zeit wieder aufgegeben.

Zeit	Nutzung von Äckern auf: Löß	Sand	Kalk	Silikat	Steillagen
Jungsteinzeit	+				
Kupferzeit	+	+			
Bronzezeit	+	+	+		
Eisen-/Römerzeit/Mittelalter	+	+	+	+	
Frühe Neuzeit	+	+	+	+	+
Gegenwart	+	(+)	(+)	(+)	-

\+ Ackerbau
(+) Ackerbau eingeschränkt
\- Ackerbau aufgegeben

Tab. 12-1 Im Lauf der Zeit konnten auch Ackerflächen bearbeitet werden, deren Böden ungünstiger waren. Heute konzentriert sich die Ackernutzung wieder auf die besten Böden.

Zusätzlich zu den Lößgebieten wurden in der Kupferzeit, die auch als Jung- oder Endneolithikum (späte Jungsteinzeit) bezeichnet wird, eiszeitlich geprägte Regionen mit sandigen Böden, die nur wenige Steine enthielten, in die Agrarnutzung einbezogen. Datiert werden kann der Beginn dieser Ausweitung der Siedelgebiete ungefähr auf das 4. Jahrtausend vor Chr. Zu den damals erstmals von Bauern besiedelten Gegenden zählen die Moränengebiete Norddeutschlands. Einige ehemalige Meeresböden in Skandinavien und im Südwesten Finnlands wurden ebenfalls seit der Kupferzeit agrarisch bewirtschaftet. Auch dort wurden die Siedlungen in Ökotopengrenzlage angelegt, aber die für den Ackerbau geeigneten Flächen lagen unterhalb von ihnen: Am Grund der ehemaligen Meeresarme war der Boden frei von Steinen. Hingegen ließen sich die Hügel oberhalb der Siedlungen, die aus ehemaligen Schäreninseln hervorgegangen waren, als Weideflächen für das Vieh nutzen *(Abb. 12-5)*. Zusätzlich entstanden erste agrarische Siedlungen in den Alpen und auf Moränenstandorten des Alpenvorlandes. In den Hochgebirgen stieß man auf Orte, an denen Metalle abgebaut werden konnten.

Abb. 12-5 Bauernhof in Ökotopengrenzlage zwischen früherem Weideland auf einer ehemaligen Schäre und Ackerland auf ehemaligem Meeresboden der Ostsee (bei Uppsala).

In der Bronzezeit, ungefähr seit dem beginnenden 2. Jahrtausend vor Chr., wurden erste Agrarsiedlungen in Karstgebieten angelegt, beispielsweise auf der Schwäbischen Alb. Die Siedlungen dort nahmen eine ähnliche Ökotopengrenzlage ein wie in Nordeuropa. Für den Ackerbau waren nur die Flächen unterhalb der Siedlungen feucht genug, während auf den steinigen Hügeln mit ihren flachgründigen Böden oberhalb der Siedlungen das Vieh weidete. Am Ende der Bronzezeit und in der frühen Eisenzeit, beginnend um 1000 vor Chr., gab es auch die ersten Siedlungen in den breiten Niederungen der Urstromtäler; dies ist vielleicht ein Hinweis darauf, dass damals – zu Zeiten der Urnenfelder- und Lausitzer Kultur – mehr günstiges Weideland für Pferde gebraucht wurde. Pferde bekamen seinerzeit große Bedeutung als Reit- und Arbeitstiere.

Seit den späteren Phasen der Eisenzeit, etwa ab der Mitte des ersten vorchristlichen Jahrtausends, gelang es den Bauern, auch steinigere Böden auf Schiefer, Sandstein, Basalt oder Granit zu bearbeiten, etwa in Eifel und Hunsrück.[112] Möglicherweise kamen in diesen Gebieten bereits eiserne Pflüge oder andere aus Eisen verfertigte Geräte zum Einsatz.

Die Ausweitung von Siedlungsflächen ist hier natürlich sehr pauschal und vereinfachend dargestellt. Sicher gab es Ausnahmen, weil eine völlige Korrelation zwischen den von Archäologen bezeichneten Epochen und der Erschließung neuer agrarisch genutzter Flächen unwahrscheinlich ist.

Dass immer neue Flächen in die Agrarnutzung einbezogen wurden, in denen die Böden weniger gut dafür geeignet waren, lässt sich auch als Resultat des Siedlungsdrucks werten: In allen Regionen, in denen Landwirtschaft einsetzte, kam es zu einem neuen Wachstum der Bevölkerung, dem an einer neuen Grenze des Wachstums Einhalt geboten wurde. Gelang es, weitere Flächen in die agrarische Nutzung einzubeziehen, ließ sich auch diese Wachstumsgrenze wiederum überwinden.

Parallel zur Ausweitung der Siedelareale nahm im Lauf der Zeit der Bergbau an Bedeutung zu. Zunächst wurde nur Kupfer abgebaut, beispielsweise in den Alpen, dann auch Zinn, etwa in Cornwall. Um Bronze herzustellen, brauchte man sowohl Kupfer als auch Zinn; beide Erze mussten zueinander gebracht werden, denn sie kamen nirgends zusammen vor. Später wurde dann auch Eisen abgebaut, das an vielen Orten verfügbar war. Eisen wurde zunächst mit Holz oder Holzkohle zur Schmelze gebracht. Wo Eisen verhüttet wurde, kam es nicht mehr zu einer Sekundärsukzession von Wald; dort wurden die Wälder auf Dauer weiter genutzt. Eisen wurde in erheblich größeren Mengen im täglichen Leben benötigt als andere Metalle. Es ist kein Schmuckmetall, sondern ein wichtiger Rohstoff zur Herstellung von Gerät, beispielsweise von Pflügen, mit denen steinigere Böden bearbeitet werden konnten, oder von Sensen, mit denen sich sowohl Getreide als auch Gras erheblich besser schneiden ließen als mit Sicheln aus Feuerstein. Wenn Eisen verfügbar war, konnte sich ein neuer Typ von Landschaft mit beständigen Siedlungen und ständig genutzten Agrarflächen entwickeln. Dies wurde auch tatsächlich ein paar Jahrhunderte später möglich; davon wird im kommenden Kapitel die Rede sein.

Ein anderer Rohstoff, der seit der Eisenzeit in größerem Umfang abgebaut wurde, war Salz. Zum Sieden von Salz benötigt man ebenso wie für das Schmelzen von Eisen große Mengen an Holz. In der Umgebung von Salzbergwerken wurden daher Wälder nicht weniger intensiv als in der Nähe von Verhüttungsplätzen genutzt. Die allgemeine Verfügbarkeit von Salz war eine weitere Voraussetzung für beständiges Siedeln: Damit ließen sich verderbliche Speisen konservieren.

In der Eisenzeit bildeten sich erste Formen von Wald-Feld-Wechselwirtschaften heraus, beispielsweise die Haubergswirtschaft im Siegerland.[113] Dabei spielte auch erstmals in Mitteleuropa die Brandrodung eine Rolle, denn es wurden Böden bearbeitet, die arm an Mineralstoffen waren und denen man durch das Verbrennen von organischer Substanz die darin enthaltenen Mineralstoffe als Dünger zuführen musste. Bei einer Wald-Feld-Wechselwirtschaft wurde nur das gut nutzbare Holz von den Standorten entfernt, das Klein- und Abfallholz hingegen zunächst getrocknet und dann verbrannt; ohne Trocknung hätte man es nicht entflammen können. Überreste einer Feld-Wald-Wechselwirtschaft in Mitteleuropa, die bis heute erhalten sind, werden oft als «urtümlich» gedeutet. Richtig daran ist, dass sie aus einem überkommenen System stammen. Aber an ihnen lässt sich kein Modell dafür entwickeln, wie in früheren Jahrtausenden generell Landwirtschaft betrieben wurde.

Persistenz von Landnutzung außerhalb staatlicher Strukturen: Tropischer Wanderfeldbau als vergleichbares Phänomen

Ein landwirtschaftliches Nutzungssystem, in dessen Rahmen Ländereien nur für eine bestimmte Zeit genutzt und die dazu gehörenden Siedlungen nur eine Zeitlang bewohnt und dann aufgegeben werden, existiert heute in Europa sowie in anderen zivilisierten Regionen nicht mehr. Wohl gibt es aber noch einen mit diesem System vergleichbaren tropischen Wanderfeldbau, etwa in entlegenen Inselregionen Südostasiens oder in den Regenwäldern am Amazonas. Obwohl alle Regionen, in denen heute noch Wanderfeldbau betrieben wird, dem Gebiet bestimmter Staaten zugeordnet werden können, leben die Menschen dort doch mehr oder weniger außerhalb der Zivilisation. Ihre Siedlungen sind, da sie verlagert werden, keine Stützpunkte für Infrastruktureinrichtungen, vor allem für festgelegte Routen von Straßen und Wegen. Es gibt aber wichtige Unterschiede zwischen dem Ackerbau, wie er in vorgeschichtlicher Zeit in Europa und heute in Tropischen Regenwäldern betrieben wird. Die Nutzung von Holz zum Bauen und Heizen hatte in gemäßigten Breiten einen höheren Stellenwert; daher war man in Europa stärker abhängig von der Holzverfügbarkeit. In den das ganze Jahr über warmen Tropen brauchte man weniger Holz zum Bau von Hütten, und eine Heizung war nicht erforderlich. In den gemäßigten Zonen wurden meistens fruchtbare Böden bearbeitet, denen man in der Regel keine Mineralstoffe durch Brandrodung zuführen musste. Tropische Böden sind dagegen arm an Mineralstoffen, weil erstens in den Tropen kein Löß abgelagert wurde und zweitens sich die im Ökosystem vorhandenen Mineralstoffe nicht im Boden, sondern in den üppig wuchernden Pflanzen befinden. Vor einer Landnutzung muss pflanzliches Material verbrannt werden, damit die Mineralstoffe der Asche den Boden düngen. Durch den Ackerbau verarmen die Böden innerhalb von einigen Jahren, so dass man die Landwirtschaft aufgeben und in eine andere Waldparzelle weiterziehen muss, um dort erneut für wenige Jahre Ackerbau zu betreiben. Auf der aufgelassenen Fläche läuft derweilen eine Sekundärsukzession der Vegetation ab; die Pflanzen nehmen neue Mineralstoffe auf, die bei der weiteren physikalischen und chemischen Verwitterung von Gestein im Untergrund freigesetzt werden.

Bäuerliche Besiedlung ohne übergreifende Infrastruktur führte zur Ausbildung einer anderen Landschaft als das System von Jagd und Sammelwirtschaft: Umwelt wurde verändert, damit Kulturpflanzen angebaut werden konnten, in die Umgebung getriebene Tiere beeinflussten die Vegetationsentwicklung, beispielsweise durch Auflichtung von Wald. Auch unter dem Einfluss eines später aufkommenden Landnutzungssystems, das in die Infrastruktur eines Staates integriert war, entwickelte sich Landschaft anders. Von dem späteren System unterscheidet sich das der Landnutzung ohne Infrastruktur dadurch, dass keine dauerhaften Siedlungen und stabilen Straßenverläufe entstanden, nur unregelmäßig geformte Felder angelegt wurden und sehr häufig Sekundärsukzessionen abliefen, weil Siedlungen und Wirtschaftsflächen aufgegeben wurden. Obwohl dieses Landnutzungssystem jahrtausendelang erfolgreich bestanden hat – in vielen Teilen Europas mehr als 6000 Jahre lang –, gibt es keinen klaren Begriff dafür. Aus dem Blickwinkel der Zivilisation bezeichnet man Menschen, die nicht in Infrastrukturen eingebunden waren und nicht permanent bestehende Siedlungen bewohnten, als «Unzivilisierte», «Wilde», «Barbaren», in neuerer Diktion auch als «Indigene Völker». Keinen Unterschied machte man hingegen zwischen Jägern und Sammlern auf der einen sowie Ackerbauern und Viehhaltern ohne feste Siedlungen auf der anderen Seite, obwohl beider Lebensweisen und die Landschaften, die sich unter ihrem Einfluss herausbildeten, in Wirklichkeit keineswegs übereinstimmen.

Werden Siedlungen und Ackerflächen von Zeit zu Zeit verlagert, ist das keineswegs immer Wanderfeldbau. Denn mit dem Begriff Wanderfeldbau ist die Vorstellung tropischer Brandrodungswirtschaft verbunden, die sich in wichtigen Punkten von der oben beschriebenen Wirtschaftsform in den gemäßigten Zonen unterscheidet. Ein mutmaßlich weiterer wichtiger Unterschied kommt hinzu: Ganz so kurzfristig wie in den Tropen, also nur wenige Jahre, scheinen die Siedlungen der gemäßigten Zonen nicht bestanden zu haben.

Eine *longue durée* von Elementen, die die Jahrtausende überdauerten, erreichten neben einzelnen, auch oberirdisch sichtbaren Geländedenkmalen (Tellsiedlungen im Nahen Osten, megalithische Anlagen, Grabhügel, Wälle und als Burgen bezeichnete Siedlungen der Metallzeit) vor allem Funde und Befunde, die Archäologen an zahlreichen Orten im Boden finden konnten. An vielen Siedlungsplätzen befinden sich immer noch mehr Mineralstoffe im Boden als andernorts; man kann sie durch bodenanalytische Methoden nachweisen.

Die Grundmuster der Besiedlung in früheren Waldlandschaften wurden festgelegt, als Siedlungen noch keine völlige Stabilität erlangt hatten. Sie blieben in späterer Zeit bestehen: Auch unter dem Einfluss folgender Landnutzungssysteme bestanden ländliche Siedlungen in Ökotopengrenzlage zwischen Ackerbau- und Weideflächen. Folge einer nicht dauerhaften Besiedlung waren häufige Sekundärsukzessionen, in deren Verlauf sich neue Pflanzen und sogar neue Formen von Vegetation etablieren konnten, unter anderem Buchenwälder in weiten Teilen Europas. Die Buchenausbreitung von den Alpen bis ins südliche Skandinavien dauerte so lange an, wie Siedlungen gegründet und wieder aufgegeben wurden, nämlich von etwa 5000 vor Chr. bis etwa 1000 nach Chr. Durch die an wechselnden Orten betriebene Landwirtschaft wurden einige Unkräuter etabliert; andere Gewächse, die zuvor nur an wenigen Stellen vorgekommen waren, wurden häufiger. Ebenfalls nahm die Zahl der Tiere zu, die sich als Nahrungskonkurrenten der Menschen von Getreide und anderen Kulturpflanzen ernährten.

Darüber hinaus hielten sich zahlreiche Metaphern, die mit Menschen außerhalb der Zivilisation verbunden sind. Dabei war es, wie schon gesagt, ziemlich unerheblich, ob sie ihren Lebensunterhalt als Jäger und Sammler oder als Bauern gewannen. Alle diese Menschen «wanderten»; einige von ihnen wurden aus antiker Sicht als «Ionier» bezeichnet, was nichts anderes als «Geher» oder

«Wandernde» bedeutet. Im Bewusstsein von Zivilisationen kam es auch zu «Völkerwanderungen» außerhalb der Zivilisation. Aus den Auseinandersetzungen zwischen Zivilisationen und «Nichtzivilisationen» erwuchsen Mythen der Entstehung von Nationen, etwa von Römern und Germanen; letztere lebten, Tacitus zufolge, in Wäldern. Dieses Urteil wirkte sich auf die Herausbildung des besonderen Verhältnisses zwischen den Deutschen und dem Wald aus; es begünstigte die Aufforstung im Deutschland des 18. und 19. Jahrhunderts. Urteile über Menschen, die außerhalb der Zivilisation standen, lebten auch dann noch fort, als die Akkulturation der vormals Unzivilisierten längst vollzogen war.

13 Landnutzung innerhalb von Staaten

Erste Staaten im Nahen Osten

Ebenso wie der Ackerbau, dessen Tradition in Europa aufgegriffen wurde, entstanden auch die ersten dauerhaften Siedlungen im Nahen Osten, aber nicht in den vorderasiatischen Gebirgen, sondern in deren Nachbarschaft, an den großen Strömen Euphrat und Tigris. Im dortigen regenarmen Klima konnte man seit etwa 6000 vor Chr. nur dann Ackerbau betreiben, wenn Felder künstlich bewässert wurden *(Abb. 13-1)*.[114] Da die Anlage von Kanälen zur künstlichen Bewässerung mit erheblichem Aufwand verbunden war, kann man davon ausgehen, dass die Lage von Feldern nicht mehr verändert wurde; sie wurden mutmaßlich auch von ortsfesten Siedlungen aus bewirtschaftet. Die künstliche Bewässerung entlang der sehr langen Flüsse war nur dann möglich, wenn sie von einer übergeordneten Instanz reguliert wurde und wenn schriftliche Nachrichten über weite Distanzen verbreitet werden konnten. Die Entstehung von früher Schriftlichkeit und ersten Staaten wird damit in Zusammenhang gebracht. Die Produktion schriftlicher Nachrichten hatte das Einsetzen einer historischen Überlieferung zur Folge.[115]

Als Zentren der Verwaltung entstanden Städte, die aus den ländlichen Räumen heraus mit Nahrungsmitteln versorgt werden mussten. Als Orte der politischen, wirtschaftlichen und kulturellen Macht mussten sie wehrhaft sein und verteidigt werden können. Daher wurden sie besonders befestigt, unter anderem mit Mauern und Gräben. In Städten lebten Bürger, die in der römischen Antike als «cives» bezeichnet wurden. Sie bildeten eine «civitas», eine Bürgerschaft oder Zivilisation. Die Entstehung einer Zivilisation war also mit dem Aufkommen von Städten und Staaten verbunden.

Abb. 13-1 In den Trockengebieten Vorderasiens kann man nur dort Kulturpflanzen anbauen oder einen Garten anlegen, wo Land künstlich bewässert wird. In dieser Aufnahme ist der «Garten des Königs» bei Mahan in der Provinz Kerman, Iran, zu sehen.

Die Besiedlung eines Landes ging niemals von Städten aus, weil diese ohne ein bereits vor ihrer Gründung besiedeltes ländliches Umfeld nicht existieren konnten. Ländliche Siedlungen konnten für sich allein bestehen, auch unter den Bedingungen der Landnutzung ohne Infrastruktur; Städte waren aber immer auf ländliche Siedlung und eine Versorgung durch sie angewiesen. Städte brauchten also stets eine politische und wirtschaftliche Infrastruktur.

In der Nähe von dauerhaft bestehenden Siedlungen wurden Gärten angelegt. Auch Gärten waren dauerhaft; ihre Anlage lohnte sich nur dann, wenn klar war, dass die Siedlungen, zu denen sie gehörten, nicht mehr verlagert werden sollten.[116] In den Gärten wuchsen Bäume, die einen Ertrag erst nach mehreren Jahren oder Jahrzehnten versprachen. Sie wurden veredelt, indem man Edelreiser auf Wildlinge pfropfte.[117] Im Bereich der Stadtkulturen des Nahen Ostens wurden unter anderem Oliven, Feigen und diverses Obst angebaut. Auch der Weinbau entwickelte sich. Die Bevölkerung wuchs an; daher musste die Landnutzung intensiviert werden. Handelswege auf dem Wasser und auf dem Land wurden eingerichtet, so dass mehr Nahrungsmittel in die Städte geschafft werden konnten.

Die Staaten mit ihren Infrastrukturen, mit ihren Städten und Ackerbaugebieten waren zwar so gegründet worden, dass sie auf lange Zeit bestehen sollten. Auf eine Phase des Aufbaus und der Expansion folgte nach spätestens einigen Jahrhunderten aber dennoch ein Niedergang. Aus historischer Sicht lässt sich das Aufblühen und Verschwinden früher Zivilisationen beispielsweise mit gewonnenen und verlorenen Kriegen erklären. Aus ökologischer oder landschaftswissenschaftlicher Sicht gibt es andere Gründe dafür, dass Zivilisationen nach einer Blütezeit wieder verschwanden. Bei der künstlichen Bewässerung verdunstete das Wasser auf den Feldern, darin gelöste Salze blieben auf der Bodenoberfläche zurück. Betrieb man sehr lange Zeit Bewässerungslandbau, wurden die Böden immer salzhaltiger. Gerste sowie Linsen und einige andere Hülsenfrüchtler konnte man noch auf Flächen anbauen, die leicht versalzen waren. Später gediehen auch diese Pflanzen nicht mehr, und vor allem in größeren Entfernungen von den Flüssen musste schließlich der Ackerbau dauerhaft aufgegeben werden. Die zur Verfügung stehenden Nahrungsmittelmengen gingen zurück, Staaten gingen unter. Andere blühten auf, in deren Umfeld noch genug salzfreies Ackerland genutzt werden konnte. Dauerhaft lösen ließ sich das Problem der Bodenversalzung nicht bis in die moderne Zeit; etliche Flächen, die zur Blütezeit einer orientalischen Kultur besiedelt und beackert waren, sind heute Wüstengebiete, die noch immer nicht wieder in eine Ackernutzung einbezogen werden konnten.

Weil innerhalb der frühen Zivilisationen mit ihrer Regulierung des Anbaus von Kulturpflanzen die Bevölkerungsdichte zunahm, breiteten sich staatliche Strukturen auch in andere Gegenden aus, zuerst wohl nach Ägypten, wo am Nil eine ähnliche Bewässerungslandwirtschaft betrieben werden konnte wie an Euphrat und Tigris. Anders als im Zweistromland musste man die Landwirtschaft an den Zeiten des Nilhochwassers ausrichten, das regelmäßig eintrat, dann nämlich, wenn in den tropischen Gebieten an den Oberläufen des Nils Regenzeit herrschte.

Im Lauf der folgenden Jahrtausende, etwa bis in die Zeit um Christi Geburt, breiteten sich Stadtkulturen mit ortsfesten Siedlungen von Ost nach West fortschreitend am gesamten Mittelmeer aus: auf Zypern und Kreta, auf kleineren griechischen Inseln, in den Küstenebenen an Flussmündungen des griechischen Festlandes, auf Sizilien und in Süditalien, dann in Norditalien, ebenfalls vor allem in den Küstenebenen. Die größte dieser Ebenen ist die Poebene, die dort, wo trockenes Land genutzt werden konnte, in das Gebiet der Stadtkulturen einbezogen wurde. Auch in den Küstenregionen des westlichen Mittelmeerraumes, auf Sardinien und Korsika, im Süden Frankreichs, in Nordafrika und an den Küsten der Iberischen Halbinsel entstanden dauerhafte Siedlungen. Bis zum ersten vorchristlichen Jahrtausend waren die permanent besiedelten und beackerten Areale klein. In ihrer Mitte lagen die Städte, die mit Produkten von ständig beackerten Flächen versorgt wurden. Von den Städten aus wurden die Küstenebenen beherrscht, etwa die Argolis von Mykene und Tiryns aus *(Abb. 13-2)*, Attika von Athen und die Eurotas-Ebene von Sparta. Die Landwirtschaft konnte sich nicht in die weitere Umgebung ausdehnen, denn dort ragten schroffe und karge Bergländer auf. Die Viehhalter in den Bergen wurden nicht vollständig in staatliche Infrastrukturen integriert. Sie mussten nämlich weiterhin mobil

Abb. 13-2 Blick über Argos und die Argolis, eine früh dauerhaft besiedelte Küstenebene auf der Peloponnes.

bleiben und siedelten sich daher nicht dauerhaft an bestimmten Plätzen an. Sie hatten nun einerseits zu den Menschen in dauerhaft besiedelten Küstenregionen, andererseits zu Menschen im Hinterland Kontakt, die Landnutzung ohne Infrastruktur betrieben und von Zeit zu Zeit ihre Siedlungen und Wirtschaftsflächen verlagerten.

Zu allen Staatswesen der Küstenebenen am Mittelmeer gehörten Häfen. Von dort gingen Handelsbeziehungen aus, die zunächst vor allem die Siedlungszentren des östlichen Mittelmeeres, später dann des gesamten Meeres miteinander verbanden. In dieses Handelsnetz waren auch beispielsweise das Nilmündungsgebiet, andere Küstenregionen in Nordafrika und die Levante einbezogen. Je besser das Handelsnetz funktionierte, desto besser waren auch die Lebensbedingungen in den Küstenebenen rings um das Mittelmeer gesichert. Prinzipiell waren überall ähnliche Güter verfügbar: Korn, Oliven und das daraus hergestellte Öl, Wein, Gewürze, Holz, Bodenschätze. In der einen Küstenebene gab es in dem einen Jahr einen Überschuss, in der anderen herrschte Mangel, etwa weil es lokal zu einem der am Mittelmeer gefürchteten Kaltluftvorstöße aus dem Norden gekommen war: Sie zerstören auch heute immer wieder frostempfindliche Pflanzen. Aber sie tun das nicht im gesamten Mittelmeergebiet, sondern in der Regel nur in einzelnen Teilen davon, entweder in Südfrankreich oder Italien, in Griechenland oder dem Schwarzmeergebiet, jedenfalls nicht in allen diesen Gebieten zur gleichen Zeit.

Durch Handel gewann man Sicherheit: Man konnte Güter von einem Ort des Überschusses zu einem Ort des Mangels bringen. Lange Zeit bestehende Handelsbeziehungen hatten zur Folge, dass viele nutzbare Pflanzen schon frühzeitig an sämtliche Küsten des Mittelmeerraumes gelangten, beispielsweise der Ölbaum, der ursprünglich nicht überall am Mittelmeer gewachsen war. Durch den intensiven Austausch von Pflanzen wurde der Charakter mediterraner Landschaften aneinander angenähert. Überall, wo ein mediterranes Klima mit winterlichem Regen und sommerlicher Trockenheit und nur gelegentlichen Kaltluftvorstößen herrscht, wuchsen schließlich die gleichen Pflanzen: Ölbäume, Zypressen, Pinien, Feigen, Pistazien usw. Nicht alle diese Gewächse sind Überreste einer natürlichen Vegetation, vielmehr handelt es sich um Landschaftsbestandteile, die deswegen überall am Mittelmeer verbreitet sind, weil sie über den Handel bereits in antiker Zeit ausgetauscht und überallhin gebracht wurden.

Im Lauf der Zeit erwarben Staatswesen in Griechenland Kolonien, vor allem am Schwarzen Meer, auf Sizilien und in Süditalien, auch in Südfrankreich. Dort entstanden ebenfalls dauerhafte Siedlungen, die von permanent bewirtschafteten Agrarflächen umgeben waren. Von den Kolonien aus konnte die Versorgung der alten Herrschaftszentren verbessert werden. Sie lagen alle so weit von den Ursprungssiedlungen entfernt, dass sie nicht von dem gleichen Kaltluftvorstoß erreicht werden konnten. Daher gab es immer zumindest einzelne Kolonien, an denen die für die Versorgung wichtigen Kulturpflanzen ohne witterungsbedingte Einbußen heranreiften.

In den letzten Jahrhunderten vor Christi Geburt verschob sich das Zentrum der Macht antiker Kulturen mehr und mehr nach Rom. Auch die «Ewige Stadt» (mit dieser Metapher wird zum Ausdruck gebracht, dass ihr langes Bestehen als etwas Besonderes aufgefasst wurde), war von einer fruchtbaren Ebene (Latium) umgeben, und sie lag in der Nähe eines Hafens (Ostia).

In ihrem Bemühen, ihr eigenes Staatswesen gegenüber Witterungsunbilden abzusichern, gründeten die Römer immer neue Kolonien, die in die Infrastruktur der Verkehrswege auf dem Mittelmeer eingefügt wurden. Aber auch das Binnenland wurde dichter besiedelt und intensiver genutzt, beispielsweise dadurch, dass Bürger und ehemalige Militärs von Villen aus Land bewirtschafteten. Landwege wurden in das Netz der Verkehrsinfrastruktur aufgenommen: Wo man keine Flüsse mit Booten befahren konnte, bauten die Römer Straßen, mit denen sie Regionen weiträumig erschlossen, zunächst in Italien, dann auch in anderen Gebieten.

Bei ihrem Vordringen in neue Regionen kam es zu Konflikten, und zwar immer weniger zwischen den Stadtkulturen, sondern immer mehr zwischen Staaten am Mittelmeer und «Nichtstaaten» in den sich nördlich anschließenden Gebieten. Dort lebten Menschen, die nicht in eine übergreifende Infrastruktur eingebunden waren und ihre Siedlungs- und Wirtschaftsflächen immer noch von Zeit zu Zeit verlagerten. Allerdings hatten sie das Areal, in dem sie siedelten, im Lauf der Jahrhunderte immer weiter ausgedehnt; gerade im ersten Jahrtausend vor Chr. waren sie auch in Gebiete mit steinigeren Böden vorgedrungen, in denen die Bedingungen für Landwirtschaft weniger gut waren als in den Kernregionen der Besiedlung.

Zwischen den in Staaten integrierten Römern und den «Barbaren», die außerhalb der Zivilisation lebten, kam es zu Missverständnissen: Beide Seiten kannten die Bedingungen nicht, unter denen die anderen lebten. Unzivilisierte, «Wilde» wurden unterworfen und in die Bedingungen des neuen Landnutzungssystems mit seiner Infrastruktur hineingezwungen. «Wandernde Völker», die vielleicht mit dieser Metapher nur deswegen beschrieben wurden, weil sie einen neuen Siedelplatz aufsuchen wollten, wurden als Eindringlinge in zivilisierte Regionen aufgefasst. Die «Nichtstaatlichkeit» oder «Unzivilisation» der Menschen aus Gebieten ohne Infrastruktur wurde von den in die Zivilisation integrierten Menschen für bedrohlich gehalten. Auf der anderen Seite verstanden die Menschen, die weiterhin ohne Infrastruktur lebten, nicht, dass die Übernahme der neuen Lebensweise ihnen Vorteile bringen konnte. Dabei hätten die Vorteile auf der Hand liegen können: Mit einer Infrastruktur konnten die Lebensbedingungen erneut verbessert werden, es gab seltener Hunger, die Lebenserwartung stieg, mehr Kinder überlebten, so dass ein weiteres Wachstum menschlicher Populationen einsetzen konnte. Auch stieg die Menge an Besitz oder gar an Reichtum an, wenn man innerhalb eines Staates lebte.

Resultat des gegenseitigen Missverstehens waren militärische Auseinandersetzungen, die als Kriege zwischen Nationen gedeutet wurden, aber eigentlich Auseinandersetzungen zwischen Systemen von Lebensformen waren. Das Gebiet des römischen Imperiums breitete sich schließlich nach Norden aus. Besonders leicht möglich war dies an den Westküsten Europas, die auf Wasserwegen in eine Infrastruktur zu integrieren waren: die französischen Küsten, das Rheinmündungsgebiet, von dort aus auch Teile der Küsten an der Nordsee, die Britischen Inseln. Die großen Flüsse Westeuropas wurden zu weiteren Handelswegen, vor allem Rhone und Rhein sowie deren Nebenflüsse. In den fruchtbaren Lößgebieten Mitteleuropas entstanden unter römischem Einfluss feste Siedlungen; dort wurden wie in Italien Villen gebaut, von denen aus man eine großräumige Landwirtschaft betrieb. Das gesamte Gebiet des römischen Imperiums wurde durch Schutzanlagen (Hadrianswall, Limes) gegen Regionen abgegrenzt, in denen keine Zivilisation herrschte. Am Limes stieß das Gebiet mit Infrastruktur an das ohne Infrastruktur. Auf der einen Seite des Grenzwalls wurden Siedlungen nicht mehr aufgegeben, so dass es nicht mehr zu Sekundärsukzessionen von Wald kam, auf der anderen Seite wurde die Entwicklung der Landschaft weiterhin davon geprägt.

Über die Infrastruktur des Handels gelang es, auch Regionen in den permanent besiedelten Raum einzubeziehen, in denen die Voraussetzungen für eine dauerhafte Grundversorgung der Menschen nicht oder nicht immer gegeben waren, beispielsweise im hohen Gebirge, wo die klimatischen Bedingungen nicht jedes Jahr das Einbringen einer guten Ernte ermöglichten, und in den Marschen an der Nordseeküste, wo das Land gelegentlich von Salzwasser überflutet wurde und daher keine Bäume wuchsen. Daher gab es dort kein Holz zum Hausbau und zum Heizen. In solchen Gegenden mussten Handelsgüter bereitgestellt werden, die man gegen Korn und Holz tauschen konnte: Erz aus dem Gebirge sowie Vieh, Wolle und Milchprodukte aus den Marschen.

Hier wird ein Gegensatz zwischen Altsiedelland, das auch ohne Bestehen einer Infrastruktur besiedelt werden konnte, und einem jung besiedelten Land deutlich, in dem nur dann Menschen lebten, wenn sie über Warentausch mit ihnen fehlenden Grundversorgungsgütern beliefert werden konnten. Robert Gradmann unterschied grundsätzlich zwischen alt- und jungbesiedeltem Land.[118] Allerdings bezog er diesen Gegensatz vor allem auf Kernregionen der Landwirtschaft (altbesiedeltes Land) und höher gelegene Gebirge mit steinigen Böden, die schwer zu bearbeiten waren (jungbesiedeltes Land), vornehmlich in Südwestdeutschland. Heute lässt sich in Einzelfällen schwerer als vor einigen Jahrzehnten entscheiden, ob eine Gebirgsregion bereits «alt» besiedelt war, also ohne dass eine Infrastruktur bestand, oder ob es abhängig von Siedelzentren erst in der Römerzeit oder im Mittelalter zur Besiedlung kam.

Besser zu entscheiden ist dies im Fall der Küstenregionen. In römischer Zeit wurden Marschländer nördlich und östlich der Rheinmündung zwar nicht Teile des Imperium Romanum, aber standen wirtschaftlich doch unter dessen Einfluss. Das zeigen die zahlreichen importierten Handelsgüter, die in diesen Gebieten gefunden wurden.[119] Weil offensichtlich Handelsbeziehungen bestanden, wurde Holz in die Marschen an der Küste gebracht. Daher konnten Menschen in diesem baumarmen Gebiet siedeln. Sie bauten Häuser aus Holz, zunächst zu ebener Erde, dann auf künstlichen Hügeln, den Warften oder Wurten *(Abb. 2-4)*. Dorthin konnten sie sich selbst und ihr Vieh in Sicherheit bringen, wenn hohe Fluten das Land überspülten. Einige Siedlungen in den Marschen bestanden erheblich länger als Ansiedlungen im Binnenland; die Wurtensiedlung Feddersen Wierde bei Bremerhaven wurde vom 1. bis zum 5. Jahrhundert nach Chr. besiedelt, also genauso lange, wie der römische Einfluss auf Mitteleuropa anhielt.[120]

Der Rückschlag der «Völkerwanderungszeit»

Danach wurden nicht nur die Feddersen Wierde, sondern auch zahlreiche andere Wurtensiedlungen verlassen. Offenbar konnte der waldfreie Küstenraum nicht mehr besiedelt werden, als kein Holz mehr über eine Infrastruktur zu den Siedlern gebracht wurde. Regionen an der Küste gehören somit zu den wenigen, die im Lauf der Siedlungsgeschichte in Mitteleuropa wieder verlassen wurden, nachdem dort die Besiedlung einmal eingesetzt hatte. In der Geschichtsschreibung wird berichtet, dass Küstenbewohner an der Nordsee im 5. Jahrhundert nach Chr. nach England gefahren seien und sich dort neu angesiedelt hätten. Dort konnte die Infrastruktur wohl besser aufrechterhalten werden als an den flachen Küsten der Deutschen Bucht.

Insgesamt ließ in Mitteleuropa die Kraft der Infrastruktur nach. Vielerorts, wo bereits eine staatliche und wirtschaftliche Ordnung mit einer dauerhaften Besiedlung installiert worden war, kehrte man zum alten Muster der Siedlungen zurück, die nach einigen Jahrzehnten aufgegeben bzw. verlagert wurden. In einzelnen Fällen wurden Siedlungslagen wieder aufgesucht, an denen bereits Jahrtausende zuvor Jäger und Sammler gelebt hatten: An Gewässern mit geringem Gefälle legte man Stauanlagen an, sogenannte Fischwehre, wo man besonders gut Fisch fangen konnte.

Strömte Wasser über die Stauanlage, entstanden unterhalb davon sauerstoffreiche Strudel, in denen sich Fische sammelten. Man konnte sie dort mit besonders gutem Erfolg fangen. Aus solchen Siedlungen könnten die vor allem im Gebiet um Elbe und Oder charakteristischen Kietzsiedlungen hervorgegangen sein.[121]

Geschichtsschreiber, die innerhalb von weiterhin bestehenden staatlichen Strukturen lebten, charakterisierten die Epoche zwischen dem Rückzug der Römer aus weiten Teilen Europas und dem beginnenden Mittelalter als Völkerwanderungszeit. Mit diesem Begriff kann aus landschaftsgeschichtlicher Sicht kaum gemeint sein, dass ganze Völkerschaften quer durch Europa wanderten, denn es wäre unmöglich gewesen, «wandernde Völker» auf ihren Wanderzügen mit genügend Nahrungsmitteln zu versorgen. Viel eher ist anzunehmen, dass «Wanderungen» auf kurzen Strecken stattfanden, von einem aufgegebenen Siedelplatz zu einem in der Nähe liegenden neuen Ort. Allenfalls könnte man sich vorstellen, dass einzelne Menschen, die zuvor bereits im Einzugsbereich einer Infrastruktur gelebt hatten, dorthin zogen, wo eine sichere Versorgung weiterhin bestand – entsprechend zu den als «Angeln und Sachsen» bezeichneten Menschen, die vom europäischen Kontinent auf die britischen Inseln zogen.

Krisen betrafen aber auch das römische Mutterland; ein Teil davon mag auf Probleme bei der Landnutzung zurückgegangen sein. Vor allem scheint es zu einem erheblichen Mangel an nutzbarem Holz gekommen zu sein. Wälder in den Randgebirgen des Mittelmeergebietes waren abgeholzt worden; sie regenerierten sich anschließend nicht nach natürlichen Mechanismen, vielleicht weil die Nutzung von Brennholz fortgesetzt wurde oder man Tiere auf den Flächen weiden ließ. Auch Hirten, die nicht in das Staatswesen integriert waren, kamen mit ihren Tieren an solche Orte und trugen zur Erosion von Land bei. Vielerorts wurde die flachgründige Bodenkrume abgeschwemmt; diese Gefahr bestand vor allem bei heftigem winterlichem Regen in den Mittelmeerländern, etwa im dafür besonders empfindlichen dalmatischen Karstgebirge, wo an einigen Orten exorbitant hohe Niederschlagssummen gemessen werden.

Endgültige Ausbreitung von dauerhafter bäuerlicher Besiedlung: das mittelalterliche Dorf

Einige Jahrhunderte nach dem Zusammenbruch des weite Teile Europas umfassenden Römischen Reichs breiteten sich, wohl vor allem ausgehend von noch vorhandenen Zellen der Infrastruktur im heutigen Frankreich, erneut staatliche Strukturen in Mitteleuropa aus. Nun wurde dort das Landnutzungssystem der nur kurze Zeit bestehenden Siedlungen und der nach einigen Jahrzehnten wieder verlassenen Wirtschaftsflächen endgültig aufgegeben. Dabei wirkten offenbar staatliche Autoritäten mit der christlichen Kirche zusammen. In den Siedlungen errichtete Kirchen wirkten stabilisierend auf die Orte. Dabei spielte vielleicht eine Rolle, dass Gotteshäuser, die einem der zahlreichen Heiligen gewidmet waren, nicht wieder aufgegeben werden sollten; daher blieben auch die Siedlungen bei den Kirchen bestehen. Einige dieser Orte könnten aus Siedlungen hervorgegangen sein, die ursprünglich nicht für einen dauerhaften Bestand gegründet worden waren. Anstelle von römischen Villen gab es nun Weiler. In einem Weiler lebten wohl etwa ähnlich viele Menschen wie in einer Villa; das mag dazu geführt haben, dass man den Begriff «Weiler» aus dem lateinischen Begriff «villa» ableitete. In römischen Villen lebten unfreie und mittellose Landarbeiter; sie waren kaserniert und konnten keine Familien gründen. Dagegen bewohnten die Menschen in einem Weiler einzelne Gebäude, und zwar im Familienverband. Sie konnten in bescheidenem Umfang Eigentum erwerben. Dies trug zur Überlegenheit mittelalterlicher Siedlungen gegenüber antiken Vorläufern bei.[122]

Andere Siedlungen mögen später neu gegründet worden sein, wobei man wohl mehrere kleine Weiler zu größeren Kirchdörfern vereinigte. Möglicherweise ausschließlich regionalen Moden folgend oder auf Anordnung von obrigkeitlich eingesetzten Landesherren erhielten neu gegründete Siedlungen spezielle Formen. Besonders weite Verbreitung fanden unregelmäßige Haufendörfer

Abb. 13-3 Das Haufendorf Emetzheim bei Weißenburg breitete sich in mehrere Richtungen aus.

(Abb. 13-3). Oft entwickelten sich in ihnen Meierhöfe, in denen der jeweils mächtigste Bauer saß; über ihn wurden Abgaben an die Grundherren weitergeleitet. In etlichen Dörfern entwickelten sich Meierhöfe später zu Schlössern als Wohnorten des Landadels.

In einigen Gegenden legte man langgestreckte Straßendörfer an. Sie gingen oft aus kleineren Weilern hervor, die einen anderen Grundriss hatten. Das lässt sich daran erkennen, dass dort bis heute Straßen zunächst in Richtung der Siedlungskerne verlaufen, dann aber einige hundert Meter, bevor sie den Ort erreichen, abknicken und auf die beiden Enden des Straßendorfes zuführen. Die Umlenkung solcher Straßen wurde notwendig, nachdem man aus einem kleinen Weiler ein langgestrecktes Straßendorf gemacht hatte *(Abb. 13-4)*.

Abb. 13-4 Im Straßendorf Linum in Brandenburg sind alle Höfe an einer zentralen Straße angeordnet. Überörtliche Straßen führen zu den beiden Enden der Siedlung.

In einigen Gegenden entstanden um einen länglichen Platz errichtete Angerdörfer oder um runde Plätze angelegte Rundlinge. Diese Siedlungsformen sind – entgegen älteren Ansichten – nicht generell von Abkömmlingen bestimmter Ethnien – im Fall der Rundlinge und auch der Angerdörfer von «Slawen» – gegründet und besiedelt worden. Ethnische Bezüge zwischen Bewohnern und ihren typischen Dorfformen bestehen nicht regelhaft *(Abb. 13-5)*.[123]

Grundsätzlich lagen die mittelalterlichen Dörfer genauso wie Siedlungen früherer Zeit in Ökotopengrenzlage zwischen Ackerland und Grünland *(Abb. 7-1)*. Die landwirtschaftlichen Nutzflächen wurden aber neu geordnet. Dabei wurde auch gerodet. Das

Abb. 13-5 Angerdorf (Saalow in Brandenburg) mit unbebautem Platz in der Mitte, auf dem früher Vieh zusammengetrieben werden konnte.

heißt aber nicht unbedingt, dass neue Lichtungen in Wälder geschlagen wurden, sondern konnte auch bedeuten, dass einzelne Bäume gefällt und Strauchwerk entfernt wurde, das auf einer Fläche, die man nutzen wollte, zuvor in einer Sekundärsukzession in die Höhe gewachsen war. Steine wurden aus dem Boden geholt, damit der Grund der Äcker geebnet werden konnte. Die bezeichnenderweise «Feldsteine» genannten Felsbrocken verwendete man vielerorts zum Bau von «Feldsteinkirchen».

Mittelalterliches Ackerland

Das Ackerland wurde in vielen Gegenden in drei Felder aufgeteilt *(Abb. 13-6)*. Jeder Bauer im Dorf besaß Äcker, die auch als Beete bezeichnet wurden, in jedem der drei Felder. Die Äcker wurden ihrer Breite nach von sogenannten Locatoren abgemessen. Sie waren stets nur wenige Meter breit, aber sehr langgestreckt, wobei die Länge der Äcker offenbar nicht so klar fixiert war wie deren Brei-

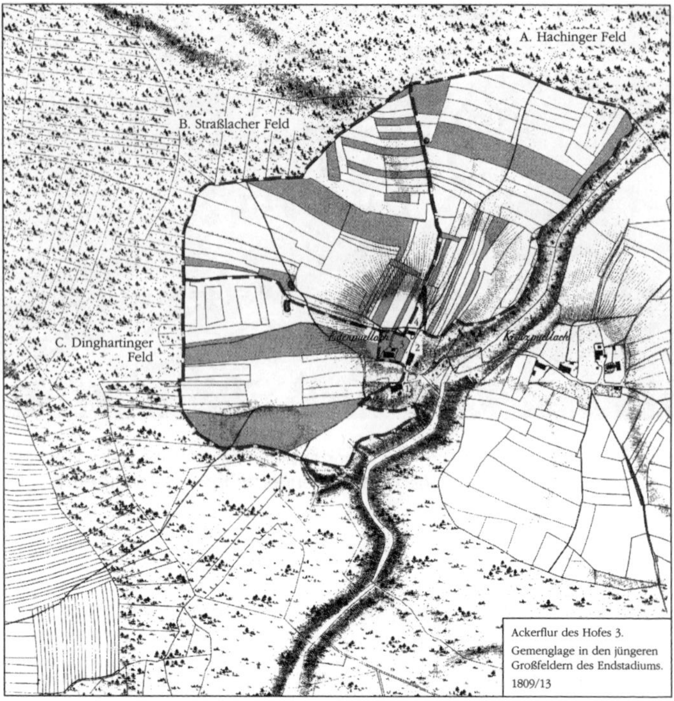

Abb. 13-6 Auf das Mittelalter zurückgehende Flureinteilung in Ödenpullach bei München. Die Flur war in drei Felder geteilt. Jeder Bauer hatte Besitz in jedem Feld. Der Besitz von Hof 3 ist grau eingefärbt (nach Schwarz 1989, Karte 126,4).

te. Die Äcker wurden mit Pflügen bearbeitet, die die Scholle nach nur einer Seite kippen konnten (nicht wahlweise nach beiden Seiten wie moderne Pflüge). Mit solchen Beetpflügen bearbeitete man den Boden in langen Bahnen und kippte die Scholle stets zur Beetmitte hin. Dies geschah vielleicht deshalb, weil Dünger knapp war und man ihn daher auf dem eigenen Acker halten wollte; der Acker grenzte nämlich unmittelbar an den Acker eines Nachbarn, dem man den Dünger nicht gönnte. Auf diese Weise erhielten die Äcker eine charakteristische Form: Sie sind in der

Mitte aufgewölbt und werden daher als Hoch- oder Wölbäcker bezeichnet. Diese Äcker sind nicht etwa durch Erbteilungen so schmal geworden, wie Robert Gradmann meinte; er war der Ansicht, an der Verbreitung schmaler Ackerbeete ließen sich Realteilungsgebiete erkennen: Die Äcker seien immer weiter geteilt worden und daher so schmal geworden. In anderen Gegenden, in denen der Landbesitz nach dem Anerbenrecht ungeteilt vererbt worden sei, gäbe es diese Äcker nicht.[124] Allerdings zeigt sich, dass die Äcker ursprünglich in Gegenden des Anerbenrechts ebenso schmal waren wie in den Realteilungsgebieten. Der Zusammenhang zwischen Erbrecht und Flurformen besteht auf andere Weise: In den Anerbengebieten, wo der Besitz weniger stark zersplittert war, konnte man in späterer Zeit leichter Agrarreformen durchführen und schmale Ackerbeete zu größeren Äckern zusammenfügen.

Zahlreiche nebeneinanderliegende Beete oder Äcker bildeten ein Feld. In der mittelalterlichen Agrarlandschaft hatten Acker und Feld also nicht die gleiche Bedeutung: Ein Feld bestand aus vielen Äckern. Insgesamt gab es um das Dorf herum mehrere Felder, meistens drei von ihnen. Auf ihnen musste Flurzwang herrschen, das heißt, alle Bauern mussten auf allen Äckern identische Pflanzenarten anbauen. Weil es nämlich keine Wege zwischen den schmalen Äckern gab, mussten die Kulturen alle zur gleichen Zeit bestellt und geerntet werden, und dabei mussten Erntewagen auch auf den bereits abgeernteten Äckern des Nachbarn abgestellt werden können. Der Flurzwang wurde vom Grundherrn überwacht. Oft wird er so beschrieben, als habe es sich um eine Schikane gehandelt. Doch er war notwendig, um die Äcker bestellen zu können.

Die drei Felder wurden unterschiedlich bewirtschaftet. Auf einem davon wuchs Winterkorn, das im Herbst ausgebracht und im folgenden Sommer geerntet wurde. Ein zweites Feld wurde im Frühjahr mit einer Sommerfrucht bestellt und ebenfalls im Sommer geerntet, allerdings ein wenig später als das Wintergetreidefeld. Auf diese Weise waren die Tätigkeiten auf den Feldern mit einer geringeren Zahl an Arbeitskräften zu leisten. Das dritte Feld

Abb. 13-7 Terrassiertes Gelände an einem steilen Berghang wurde als zusätzliches Ackerland oder als Weinberg genutzt (Visperterminen/Wallis).

blieb brach liegen. Dort kam es zu einer Regeneration des Bodens, und zwar dadurch, dass Unkraut in die Höhe wuchs und Mineralstoffe aus dem Boden löste. Wenn man diese Pflanzen unterpflügte, gewann man für das kommende Jahr, in dem das Feld wieder bearbeitet werden sollte, zusätzliche Pflanzennährstoffe. Brachland wurde auch beweidet und dabei gedüngt. Im folgenden Jahr kam es zu einer Rotation, zu einem Fruchtwechsel. Auf dem Winterfruchtfeld wurde im folgenden Jahr eine Sommerfrucht angebaut, im dritten Jahr blieb es brach liegen. Eine solche Fruchtwechselwirtschaft wurde Dreifelderwirtschaft genannt.

Um zusätzliche Äcker anzulegen, terrassierte man Hänge, vor allem Südhänge, extrazonale Standorte, die stark von der Sonne beschienen wurden. Dort erzeugte man nahezu ebene, schmale Ackerstreifen, zwischen denen steiler geneigte Böschungen lagen *(Abb. 13-7)*.

Unterhalb des Dorfes wurden Wiesen bewirtschaftet. Wiesen sind von Weiden zu unterscheiden: Weiden werden von Haustieren abgeweidet, Wiesen zur Gewinnung von frischem Grünfutter oder von Heu gemäht, das zur Konservierung getrocknet wurde. Bei jeder Mahd wurden den Standorten gemeinsam mit der Grünmasse zahlreiche Mineralstoffe entzogen. Sie mussten den Böden durch Düngung zurückgegeben werden; andernfalls ließen nach wenigen Jahren der Wiesennutzung die Erträge erheblich nach. Dünger aus dem Stall stand nur für die Äcker zur Verfügung. Daher brauchte man eine andere Form von Düngung für die Wiesen. Man leitete Wasser aus Bächen auf das Grünland; entweder lenkte man es vom Bach in einen Kanal, der fast eben am Talhang entlanggeführt wurde; von ihm aus ließ man dann das Wasser hangabwärts zurück in den Bach laufen *(Abb. 13-8)*. Oder man überstaute ganze Wiesenflächen. Dabei gelangten Mineralstoffe aus dem Wasser auf die Grünlandstandorte.[125]

Allmenden oder Gemeine Marken mit Weideland und Wald

Die drei Felder des Ackerlandes und die Wiesen bildeten den Innenbereich der Wirtschaftsflächen eines Dorfes, in dem das Land als Besitz einzelnen Bauernhöfen zugeordnet war. Dieser Innenbereich war von einem äußeren Bereich einer Gemeinen Mark oder Allmende umgeben, der von allen Mitgliedern einer Dorfgemeinschaft gemeinsam genutzt wurde, und zwar sowohl als Weideland als auch zur Gewinnung von Holz. Auch mobile Tierhalter ließen ihre Tiere auf solchen Flächen grasen. Die Bewirtschaftung Gemeiner Marken wurde innerhalb eines Staates nicht wesentlich neu organisiert. Die dortigen Landschaften mögen ähnlich ausgesehen haben wie unter den Bedingungen einer Landnutzung au-

Abb. 13-8 Überrest einer Wiesenbewässerungsanlage bei Blasiwald/ Schwarzwald. Auf den berieselten Flächen wächst das Gras erheblich rascher.

ßerhalb des Staates, die von immer wieder verlagerten Siedlungen ausging. Doch die Nutzungsintensität der Allmenden stieg erheblich an, auch dadurch, dass sie nun dauerhaft genutzt wurden. Typisch für Allmenden war ein allmählicher Übergang zwischen stärker beweideten Flächen und dichterem Wald, wobei Wald ten-

Abb. 13-9 Immer wieder auf den Stock gesetzter Niederwald, der danach wieder austreibt (Reher Kratt bei Itzehoe).

denziell immer weiter zurückgedrängt wurde. Bereiche stärkerer Beweidung waren arm an Gehölzen, sie wurden als Heide oder Trift bezeichnet. Mehr Bäume standen im ebenfalls beweideten Hudewald. Weil hier nur wenige Bäume in die Höhe kamen, konnten sie sich in die Breite entwickeln und ästhetisch reizvolle Formen annehmen.

Unterschiedliche Formen der Holznutzung ließen verschiedene Typen von Wäldern entstehen: Niederwälder wurden regelmäßig geschlagen und auf den Stock gesetzt, wie man sagte. Die Bäume trieben nach dem Schlagen wieder aus. Ihre Stämme kamen aus den Baumstümpfen nicht gerade, sondern gebogen in die Höhe. Nach wenigen Jahrzehnten konnte man die Gehölzpflanzen erneut schlagen. Krumm gewachsenes Holz diente als Brennholz; es wurde aber auch in Fachwerk oder Schiffsspanten eingebaut, wenn man gebogene Hölzer brauchte. Mit Kleinholz aus dem Niederwald füllte man Gefache von Fachwerkhäusern aus *(Abb. 13-9)*.

Abb. 13-10
Im Fachwerkbau fanden krumm oder unregelmäßig gewachsene Holztriebe Verwendung. In allen Laubwaldgebieten entstanden Fachwerkhäuser.

Wollte man zusätzlich Tiere in einem derart genutzten Wald weiden lassen, schlug man die Stämme zwei bis drei Meter über dem Boden ab. Dann trieben die Bäume in einer Höhe wieder aus, die von weidenden Tieren nicht erreichbar war.

Man konnte Wälder so bewirtschaften, dass man sowohl Brennholz als auch einigermaßen gerade gewachsenes Bauholz gewann. Dazu ließ man einzelne Eichen in die Höhe wachsen und schlug unter ihnen aufkommende weitere Gehölzpflanzen wie im Niederwaldbetrieb. Ein solcher Wald wird als Mittelwald bezeichnet. Mit Eichenstämmen aus einem Mittelwald konnte man keine massiven Holzhäuser errichten, auch eine Verbretterung von Giebeln war nicht möglich. Denn völlig gerade gewachsen waren diese Eichen nicht. Fachwerkbauten ließen sich mit solchem Holz aber errichten; die Unregelmäßigkeiten im Wachstum der Laubbäume konnte man durch die Füllungen der Gefache mit Kleinholz, Flechtwerk, Lehm oder auch Ziegeln ausgleichen, so dass die

Abb. 13-11
Aus Holz von Fichten, Tannen und Kiefern baute man massive Holzhäuser, oder man verbretterte Teile der Gebäude. Nadelholz ließ sich auch zu Schindeln verarbeiten (Freilichtmuseum auf der Glentleiten in Oberbayern).

Wände eines solchen Hauses dicht waren. In allen Laubwaldgebieten findet man Fachwerkhäuser *(Abb. 13-10)*.

Nadelbäume lassen sich nicht im Nieder- oder Mittelwaldbetrieb bewirtschaften; sie müssen nach dem Holzeinschlag aus Saat neu in die Höhe wachsen. Voll entwickelte Hochwälder blieben nur in entlegenen Regionen erhalten, die nicht zur regelmäßigen Weide- oder Holznutzung aufgesucht wurden. Ihr Holz wurde vor allem dann genutzt, wenn Stämme ausgewachsen waren. Kapitale Nadelbaumstämme aus solchen Wäldern wurden zu Flößen gebunden und auf dem Wasser zu Orten des Holzmangels verfrachtet, besonders in die rasch wachsenden Städte in den Küstenländern, in die Niederlande, nach Hamburg oder Venedig. In Gegenden, in denen es viele gerade gewachsene Nadelbäume gab, errichtete man massive Holzhäuser, verbretterte Giebel und deckte auch Dächer mit Schindeln: im Osten Europas, in Gebirgsgegenden wie den Alpen und dem Schwarzwald *(Abb. 13-11)*, in

Nordeuropa. Der einzige Laubbaum, dessen Holz sich zum Bau eines Blockhauses eignet, ist die Erle. Aus ihrem Holz baute man Häuser in ausgedehnten Moorgebieten wie dem Spreewald und rings um das Steinhuder Meer. Stets gibt es eine sehr gute Korrelation zwischen den Wäldern eines Gebietes und der Bauweise der Häuser. Massive Holzhäuser gibt es nur in Gegenden mit Nadelwäldern und Erlenbrüchen, Fachwerkhäuser in Laubwaldgebieten.

Weil Siedlungen dauerhaft besiedelt und in der Regel nicht mehr aufgegeben und Wälder sehr viel intensiver genutzt wurden als zuvor, gab es keine Sekundärsukzessionen von Wald mehr. Einige Baumarten konnten die immer wiederkehrende Nutzung nicht vertragen, vor allem die Buche. Sie breitete sich nun nicht mehr weiter aus, und ihre Bedeutung in vielen Wäldern ging zurück. Dagegen wurden ausschlagfreudige Gehölze dank der regelmäßig wiederkehrenden Nutzung häufiger, darunter Eichen und vor allem Hainbuchen.

Sonderformen der Landnutzung

Es gab zahlreiche abweichende Formen der Landnutzung. In einigen Straßendörfern und Siedlungen, die ihnen ähnelten (Waldhufensiedlungen, Hagenhufensiedlungen, Moorhufensiedlungen) gab es keine Dreifelderwirtschaft und keinen Flurzwang. Jeder Bauer bewirtschaftete individuell Land vor und hinter seinem an der Straße gelegenen Gehöft. Eine Dreifelderwirtschaft bestand auch dort nicht, wo keine großen Dörfer gebildet wurden, sondern weiterhin kleine Weiler oder Einzelhöfe bestanden, beispielsweise in weiten Teilen Skandinaviens, auf den Britischen Inseln oder in Südeuropa.

In armen Sandgebieten, die aus ehemaligen Gletscherablagerungen hervorgegangen waren, gab es die Eschwirtschaft: Auf großen Feldern, die man Kamp nannte, konnte man jedes Jahr die gleiche Kulturpflanze, beispielsweise Roggen, anbauen, wenn man mit Plaggen düngte. Plaggen bestanden aus dem Oberboden von

Abb. 13-12 Eingedeichtes Land an der Nordseeküste, Koog oder Polder genannt, liefert reiche Ackererträge. Beim Abtrocknen sackte es zusammen. Daher liegt die Polderoberfläche (rechts) unterhalb des Meeresspiegels (links).

Heideflächen; sie wurden in der Heide geschlagen und anschließend als Einstreu im Stall verwendet. Während eines Winters wurden die Plaggen mit tierischen Fäkalien vermengt und im Frühjahr auf die Felder aufgetragen. Die Felder wurden gedüngt und zugleich aufgehöht; eine Eschflur konnte im Lauf der Jahre um viele Dezimeter höher werden. Die Eschwirtschaft bewahrte die Fruchtbarkeit der Äcker, führte aber zur erheblichen Bodenverarmung der außerhalb der Markung gelegenen Heideflächen. Dort freigelegter Sand konnte vom Wind verweht werden, so dass Dünen entstanden.

Vor allem in Gegenden mit armen steinigen Böden entwickelten sich verschiedene Formen einer Wald-Feld-Wechselwirtschaft, für die es vielleicht Vorläufer in Bergbaugebieten der Eisenzeit gegeben hatte, vor allem in einigen Gebirgen sowie in Skandinavien und Finnland. Ihnen allen gemeinsam ist die Gewinnung von größeren Holzstücken, während das Kleinholz an Ort und Stelle verbrannt wurde, damit die Asche den Boden düngte. Das war in Laubwaldgebieten nicht immer einfach, weil frisches Laubholz schwer entflammbar ist. Man musste es zunächst trocknen. In einigen Gegenden zerrte man getrocknete und entzündete Brombeerranken steile Hänge hinunter. Anschließend wurde für einige Jahre Ackerbau bzw. Weidewirtschaft betrieben, ehe man das Holz wieder in die Höhe wachsen ließ. Brandrodung erfolgte an Rütten oder Reuten; solche Reutberge gab es an zahlreichen Steilhängen des Alpenraums, auch im Schwarzwald. Birkenberge bewirtschaftete man in ähnlicher Weise im Bayerischen Wald; in der Eifel war die Schiffelwirtschaft verbreitet, im Siegerland die Haubergswirtschaft.

Im Gegensatz zu den eher dürftigen Erträgen dieser Wirtschaftsformen auf armen Böden ließen sich an der Nordseeküste erhebliche Erträge erzielen. Zunächst waren dort erneut Wurten oder Warften besiedelt worden, als es wieder eine Infrastruktur gab, über die Holz in die Marschen im Tausch gegen tierische Produkte geliefert werden konnte. Man begann dort aber auch, Ackerbau zu treiben, und zwar vor allem nachdem man Deiche als Schutzwälle gegen die Fluten errichtet hatte. Frühere Fluten hatten auf den Flächen reichlich Mineralstoffe hinterlassen, die ein üppiges Wachstum von Kulturpflanzen zuließen, sobald das Meersalz aus den Böden gewaschen war. Dies war rasch der Fall, so dass die Marschbauern in eingedeichten Flächen, den Kögen oder Poldern, reiche Ernten einbrachten. In einer beispiellosen gemeinsamen Anstrengung gelang es den Marschbauern an der Nordseeküste im 13. Jahrhundert, den «Ring» der Deiche zu schließen, und zwar vom Rheinmündungsgebiet bis zum heute dänischen Teil Jütlands mit seinen Steilküsten *(Abb. 13-12)*.

Allerdings erwuchsen neue Probleme aus der Eindeichung: Man musste Regenwasser aus den Poldern ableiten; dafür konstruierte man Siele im Deich, die sich bei Niedrigwasser des Meeres öffneten, von hohen Fluten aber zugedrückt wurden.[126] An den Sielen lief viel Wasser ab; dort konnte man Häfen anlegen, so dass die Marschen an den Handel angebunden blieben.[127] Schwieriger

Abb. 13-13 Zum Bau eines Haubargs (hier der Rote Haubarg auf der Halbinsel Eiderstedt bei Husum) reichte wenig Holz aus.

wurde der Umgang mit hohen Fluten, die gegen die damals noch nicht sehr stabilen Deiche drückten und diese brechen ließen. Hochwasser wirkte sich besonders verheerend aus, wenn das eingedeichte Land zusammengesackt und die Landoberfläche unter den Meeresspiegel abgesunken war. Immer wieder kam es zu Katastrophen, von denen allerdings diejenigen Siedler weniger gefährdet waren, deren Häuser auch im eingedeichten Land auf Warften standen. Deiche mussten erneuert werden, vor allem in Nordfriesland und am Jadebusen gingen infolge von Deichbrüchen bei Sturmfluten weite Ländereien verloren. Man verwies auf Stolz und Hochmut der überaus reich gewordenen Marschbauern, die mit Sturmflutkatastrophen bestraft wurden.

Trotz aller Überflutungen entwickelten sich die Marschgebiete zu besonders reichem Bauernland. Beim Handel, nun nicht nur mit tierischen Produkten, sondern auch mit Getreide und anderen Kulturpflanzen, erzielten die Marschbauern, die nicht in eine

Dreifelderwirtschaft oder einen Flurzwang eingebunden, sondern frei waren (und sich daher als «Friesen» bezeichneten), erhebliche

Gewinne. Viele von ihnen waren bereits in früher Zeit freie Unternehmer. Sie gelangten nicht nur an Holz zum Hausbau und an Brennholz, sondern an zahlreiche weitere Produkte: Taufsteine aus der Eifel und Skandinavien,[128] kunstvolle Schnitzaltäre, Möbel, später Orgeln, Gewürze, Tee und Delfter Kachelöfen. Mit relativ wenig Holz konnte man große Bauernhäuser errichten, sogenannte Gulfhäuser und – als eine Sonderform davon – den Haubarg *(Abb. 13-13):* Einige wenige mächtige Nadelholzstämme, die man oft aus Skandinavien holte, indem man sie im Schlepptau eines Schiffes durch das Meer zog und sie dabei imprägnierte, reichten zur Konstruktion eines Gerüstes aus, auf das man das Dach legte. In der Mitte des Hauses befand sich ein großer Stauraum für die Ernte, seitlich lagen Wohnungen und Ställe.

Gärten

Überall wo Siedlungen dauerhaft bestanden, lohnte sich die Anlage von Gärten. Gartenböden brauchten einige Jahre oder gar Jahrzehnte, bis sie ihre volle Fruchtbarkeit entfalteten und reiche Erträge an Gemüse oder Gewürzen brachten. Obstbäume lieferten erst nach mehreren Jahren reichlichen Ertrag. In einigen Regionen verlegte man sich auf Spezialkulturen, beispielsweise den Anbau von Wein oder Hopfen. Vorbedingung dafür, mit dem Anbau einer Spezialkultur zu beginnen, war das Bestehen eines Handelsnetzes. Beim Anbau von Wein konnte man Überschüsse erzielen, die man gegen Korn und andere Grundnahrungsmittel tauschte *(Abb. 13-14)*. Die Verbindung von Spezialkulturen mit Handel verweist darauf, dass Weinanbau vor allem von Siedlungen aus betrieben wurde, die einen eher städtischen Charakter aufwiesen. Viele dieser Siedlungen kann man als Ackerbürgerstädte bezeichnen; gute Beispiele findet man vielerorts in Frankreich oder in den südwestdeutschen Weinbaugebieten. Es gab zwar sicher auch Gärten in Dörfern, besonders große Bedeutung hatten sie

Abb. 13-14 Die Anlage eines Weinbergs war nur in einer langfristig genutzten Region mit einem stabilen Handelsnetz möglich (Hessigheimer Felsengärten am Neckar).

aber in Städten (etwa vor den Stadtmauern) oder im Umkreis von Klöstern.

Mühlen

Sowohl in der Nähe von ländlichen Siedlungen als auch bei Klöstern, Burgen und Städten lagen Mühlen. Von ländlichen Siedlungen waren sie in der Regel ein Stück weit entfernt. Das ergab sich zunächst einmal aus der Ökotopengrenzlage der ländlichen Siedlung am halben Hang der Täler. Dörfer lagen weder direkt an einem Bach, der eine Wassermühle antrieb, noch auf einer Anhöhe, wo man eine Windmühle betreiben konnte. Die abgesetzte Lage der Mühle erwies sich als zweckmäßig, weil es immer wieder zu Bränden in heiß gelaufenen Lagern der Mühle kam; Bauernhöfe eines Dorfes ließen sich vor Feuer bewahren, wenn sie in gehörigem Abstand zur Mühle errichtet worden waren.

Wo das Gefälle eines Fließgewässers zum Betrieb einer Wassermühle nicht ausreichte, staute man Wasser hinter einem Damm

zu einem Mühlteich oder Mühlweiher.

Burgherren boten das Mahlen von Getreide in der Burgmühle als Dienstleistung an. Unter anderem auf diese Weise kamen Burgbewohner zu ihrem Lebensunterhalt: Sie behielten einen Teil des gemahlenen Korns oder erhielten Geld für die Aufbereitung des Getreides.

Städte und Klöster

Einige Städte und Klöster Mittel- und Westeuropas entstanden bereits in früher Zeit. Die meisten von ihnen wurden aber erst gegründet, nachdem sich eine Basis ländlicher Siedlungen entwickelt hatte, von der aus sie versorgt werden konnten.[129]

In viele Klosteranlagen waren Mühlen integriert, und auch in den Städten oder an deren Rand lagen Wassermühlen. Daher wurden die meisten Städte unmittelbar am fließenden Wasser gegründet. Wo das Gefälle der Flüsse nicht reichte, baute man auch hier Dämme und Wehre, um Wasser zu stauen: In Hamburg wandelte sich das Flüsschen Alster zu einem großen See, der heute in die Stadtanlage integriert ist *(Abb. 13-15)*. Der Wasserspiegel bestehender Seen wurde um bis zu mehrere Meter angehoben, um deren Gefälle zu nutzen. In Stockholm wurde sogar ein ganzer Meeresarm von der Ostsee abgeschnitten, um ihn für den Betrieb der Stockholmer Mühlen zu nutzen: So entstand der Mälarsee.[130] Auch in städtischen Mühlen wurde Bewohnern der Umgebung das Mahlen von Korn als Dienstleistung angeboten. Ferner sägte man in Mühlen Holz, betrieb Pochwerke, in denen Erz zerkleinert wurde, oder stellte Pulver aus Gewürzen her.

Städte mussten in der Nähe der Mühlen liegen, und die Mühlen sollten sogar möglichst in die Stadt einbezogen sein, damit auch im Fall einer Belagerung täglich Getreide zur Versorgung der Bevölkerung gemahlen werden konnte. In einigen Städten entwickelten sich Mühlenstandorte aus früheren Anlagen von Fisch-

Abb. 13-15 In Hamburg wurde die Alster aufgestaut, um Wassermühlen betreiben zu können. Binnen- und Außenalster wurden später durch Festungsanlagen getrennt, über die heute Straßen und die Bahnlinie verlaufen.

wehren. Der Brandgefahr versuchte man durch den Bau von Steinhäusern zu begegnen. Mühlen wurden zu gewerblichen Herzen der Städte; aus manchen Mühlen gingen in späterer Zeit Industriebetriebe hervor.

Die Wasserwege hatten auch Bedeutung für die Versorgung der Städte mit Holz, das auf Flüssen in Form von einzelnen Stämmen getriftet oder zu Flößen gebunden transportiert wurde. Auf schiffbaren Flüssen wurden zahlreiche weitere Güter befördert, die für die Stadtbewohner wichtig waren. Mit Wasser wurden Fäkalien und andere Abfallstoffe aus der Stadt gespült.

Bei der planmäßigen Gründung von Städten wurde möglichst darauf geachtet, die Kirchen optimal in den Stadtgrundriss einzupassen. Mittelalterliche Kirchen sind so gut wie immer von West nach Ost ausgerichtet. Günstig war es daher, wenn die Hauptstraßen ebenfalls von West nach Ost oder genau von Nord nach Süd ausgerichtet waren. In dem einen Fall führten sie parallel am Kirchenschiff entlang, im anderen verliefen sie im rechten Winkel zum Kirchenbau. Nur wenige Orte boten optimale Voraussetzungen für den Bau von Städten, in denen sowohl die Lage am Wasser gegeben war wie auch die genaue Ausrichtung der Straßen in Abhängigkeit von den Kirchen möglich wurde. Magdeburg entstand an der weit und breit einzigen Stelle an der Elbe, an der eine Stadt genau von Nord nach Süd ausgerichtet sein konnte, Lemgo an der einzigen Stelle, an der eine Stadt an dem Flüsschen Bega genau von Ost nach West orientiert sein konnte.

Städte wurden mit Abgaben aus dem ländlichen Umfeld versorgt, für deren Eintreibung der Grundherr sorgte. Im Rahmen eines ausgeklügelten Lehnswesens mussten die Bauern einen Teil ihrer Ernte abgeben, den man als «Zehnten» bezeichnete. Den zehnten Teil einer Ernte bildete er aber wohl nur im Idealfall; manche Grundherren erhöhten ihn. Die Abgaben wurden von den Bauern ebenso wie der Flurzwang oft als Repression empfunden. Für die Entwicklung der Städte als Zentren von Verwaltung und Handel, Bildung und Kirche hatten Abgaben aus dem ländlichen Umfeld aber erhebliche Bedeutung. Vor allem die städtische Bevölkerung wuchs rasch an, weil die Städte viele Verdienstmöglichkeiten erschlossen und rechtlose, abhängige Bauern dort zu freien Bürgern werden konnten. Doch die Agglomeration zahlreicher Menschen führte auch zur Ausbreitung von Seuchen.

Einige Städte wurden im Lauf des Mittelalters oder der frühen Neuzeit zu Residenzen. Dort lässt sich aus der Betrachtung der Stadttopographie eine interessante Entwicklung nachzeichnen: Zunächst wurde Wasser gestaut, um ein Fischwehr zu errichten und eine Mühle zu betreiben. Diese Anlagen befanden sich stets am Rand einer Stadt, sofern diese nur an einem Ufer des genutzten Flusses oder Baches lag. Die Betreiber der Mühlen kamen zu Kapital und errichteten repräsentative Gebäude. Diese gelangten später in den Besitz von Adels- oder Herrschergeschlechtern; sie wurden repräsentativ umgebaut, oder es entstanden Schlösser anstelle älterer Anwesen. Die Herrscher, die auf diese Weise ihre Residenzen in die Städte verlagerten, behielten oft die Namen der

Burgen, von denen sie stammten: die Herren von Anhalt in Dessau, Calenberger in Hannover, Württemberger in Stuttgart, Wittelsbacher in München, Habsburger in Wien. Ihre Schlösser grenzen typischerweise auf der einen Seite an die Residenzstädte, auf der anderen an eine Freifläche in einer Gewässerniederung, die nicht bebaut werden konnte; dort befanden sich zuerst städtische oder herrschaftliche Viehweiden, später wurden dort vielerorts repräsentative Gärten und Parks angelegt.

Rohstoffversorgung und Handel

Städte und Klöster mussten in ein regionales und überregionales Verkehrsnetz eingebunden sein. Ihre Grundversorgung konnte meistens aus dem direkten Umland gedeckt werden. Günstigenfalls gab es im Umkreis dieser Orte Lagerstätten von Salz, Eisen oder anderen Bodenschätzen, die man abbauen und gegen andere Produkte eintauschen konnte. Anders als am Mittelmeer waren die für ein dauerhaftes Leben notwendigen oder von den Menschen begehrten Stoffe unregelmäßig verteilt. Dabei ist nicht nur an Bodenschätze zu denken, sondern auch an Bestandteile der Nahrung, die man an einigen Orten besser als an anderen produzieren konnte. Wein und weitere kälteempfindliche Früchte sowie manche Gewürze wuchsen im wärmeren Klima des Südens besser. In gleichmäßig feuchten Gebieten wie in Flandern oder am Alpenrand konnte man besser als anderswo Lein anbauen und Stoffe daraus herstellen. In einigen Kornkammern gab es Überschüsse an Getreide, die abgegeben werden konnten. Begehrt war Nadelholz aus den mitteleuropäischen Gebirgen, aus Skandinavien und dem Baltikum; man brauchte es besonders in waldarmen Regionen an der Nordsee und am Mittelmeer. In einigen Waldgebieten stellte man Holzkohle her, die leichter über Land zu transportieren war als massives Holz; man brauchte sie zur Erzeugung hoher Temperaturen bei der Schmelze von Glas oder Erz. Glas wurde seit dem Mittelalter nicht nur an den Meeresküsten hergestellt, wo man dem Quarzsand entweder reines Meersalz oder Pflanzenmaterial, das Meersalz enthielt, als Katalysator beimengte. Mit diesen Zusätzen konnte man die hohe Schmelztemperatur von Quarz herabsetzen. Nun begann man auch, Waldglashütten zu betreiben. Dort verwendete man Pottasche als Katalysator. Sie bestand aus den Salzen, die bei der Verbrennung von Holz als Asche zurückblieben. Waldglashütten gab es zuerst in mitteleuropäischen Gebirgen, dann auch in Skandinavien und Finnland.

Alle Güter, die an einem Ort im Überschuss vorhanden waren, an denen es aber andernorts mangelte, wurden entweder auf dem Wasser oder auf Landwegen transportiert, beispielsweise auf dem Hellweg und seinen östlichen Fortsetzungen, der Flandern und den Niederrhein mit der Mittelelbe, Ostpreußen und dem Baltikum verband. Passwege führten über die Alpen und andere Hochgebirge. Manche Fernstraßen umgingen ländliche Siedlungen, die von den überregional verbreiteten Gütern nicht direkt profitierten, um auf möglichst direktem Weg Städte miteinander zu verbinden. Im Gebirge wurden sie möglichst auf den Höhen der Wasserscheiden entlanggeführt (Rennsteig in Thüringen, Hochstraße im Schwarzwald), weil man auf diese Weise Steigungen nach Möglichkeit umging. Außerdem konnten Warentransporte weniger leicht angegriffen werden, wenn sie über die Höhen geleitet wurden. In Tälern waren sie dagegen Wegelagerern stärker ausgeliefert, die sie von oben her überfielen. Daher mussten Fernwege vor allem dann, wenn sie durch Täler führten, mit Burgen von oben her gesichert werden.

Der Handel nahm derart große Ausmaße an, dass er nicht mehr mit Geld abgewickelt werden konnte, bei dem der Materialwert dem Nominalwert entsprach. Etwa im 13. Jahrhundert gab es erste Währungen, bei denen Nominal- und Materialwerte divergierten, etwa in Norditalien und in Böhmen, wo der Prager Groschen als erste derartige Währung in Mitteleuropa in Umlauf kam. Solches Geld konnte weite Verbreitung finden, und es erleichterte den Fernhandel erheblich.

Neue Muster von Handel wurden im Zusammenhang mit der dauerhaften Besiedlung des Ostseeraums offensichtlich. Während am Mittelmeer die klimatischen Bedingungen an allen Küsten ähnlich waren, so dass alle für eine dauerhafte Ernährung notwendigen Pflanzen so gut wie überall wuchsen, unterschieden sich die Standortvoraussetzungen für die Nutzung lebensnotwendiger Ressourcen an der Ostsee und anderen angrenzenden Meeresküsten erheblich. Im Süden gab es mehr Getreide und Laubholz, außerdem kamen von dort Salz, Wein und Gewürze; im Norden war Nadelholz verfügbar, dazu Eisenerz in Schweden. Nur dann, wenn man alle diese Produkte durch Handel und Transport zusammenführte, war ein stabiles Leben an allen Küsten der Ostsee möglich.[131] Entsprechendes galt für die Küstengebiete der Nordsee, Norwegens, schließlich auch für die Inseln des Nordatlantiks, Island und Grönland.[132]

Kontakte mit Nomaden

Immer wieder kam es zu Konflikten zwischen ortsfest siedelnden Ackerbauern und Nomaden, die mit ihren Tieren aus Osteuropa und Zentralasien nach Mittel- und Westeuropa vordrangen. Nomaden und auch viele transhumante Viehhirten konnten nicht oder nicht vollständig in stabile Siedlungsstrukturen integriert werden, weil sie auch weiterhin mobil bleiben mussten. Ihre Art der Landnutzung und die dadurch hervorgerufene Landschaftsform veränderte sich über die Jahrhunderte kaum.

Die dauerhafte und zunehmend intensivere Nutzung von Land führte auch in den Ländern nördlich des Mittelmeergebietes zu ökologischen Krisen.

Die eingedeichten Marschen an der Nordseeküste wurden immer stärker durch hohe Fluten bedroht, je weiter das abtrocknende Land zusammensackte. Doch keine Sturmflut zerstörte den gesamten Küstenraum. In der Nordsee zirkuliert eine Gezeitenwelle, mit der sich die Zeiten von Hoch- und Niedrigwasser im Gegenuhrzeigersinn verschieben. Nur dann, wenn gerade zur Hochwasserzeit starker Wind direkt auf einen Küstenabschnitt wehte, konnte es dort zu exorbitant hohen Wasserständen kommen. Nur dann war in einer bestimmten Gegend der Deich bedroht. Aber nicht jeder Deich, auf den Hochwasser traf, brach auch. Viele Polder konnten nach einem Deichbruch erneut eingedeicht werden; wie gut und wie schnell dies möglich war, hing bereits im Mittelalter vom verfügbaren Kapital ab. In den reichen Niederlanden wurden Deiche eher repariert und Polder gehalten. In Nordfriesland ging im Verlauf von mittelalterlichen und frühneuzeitlichen Fluten ein großer Teil der zuvor eingedeichten Marschen endgültig verloren. Trotz der ständigen Bedrohung durch das Meer und der dadurch ausgelösten Krisen blieb der Reichtum der Bauern in den Küstenmarschen bestehen. In den Niederlanden und auch in den Küstenregionen Deutschlands herrschte vielerorts Wohlstand, als es in weiten Teilen des übrigen Europas zu Krisen kam. Besonders eklatant wurden diese Gegensätze in der ersten Hälfte des 17. Jahrhunderts, der Zeit des «Goldenen Zeitalters» in den Niederlanden und des Dreißigjährigen Krieges in anderen europäischen Ländern. Anschließend gingen von den Küstenländern Impulse zur Stabilisierung aus, als man begann, Folgen von Krisen zu überwinden.

In den küstenfernen Gebieten schritt die Entwaldung voran; Holzmangel drohte.[133] Die Bodenfruchtbarkeit nahm vielerorts ab, es mangelte an Dünger. Die Plaggengewinnung ließ unfruchtbare

Sandgebiete zurück. Ackerbau wurde aufgegeben, aber man konnte die Viehhaltung ausweiten *(Abb. 1–2).* Die Bodenerosion durch Wind und Wasser wurde zum immer größeren Problem.[134] Hunger drohte vor allem nach Missernten und in Kriegszeiten; dabei spielte sicher auch eine Rolle, dass dann die Handelswege nicht oder nicht vollständig zur Verfügung standen, um Mangelwaren andernorts zu requirieren und herbeizuschaffen. Doch die Bevölkerung wuchs im Ganzen weiterhin an, auch wenn es immer wieder zu Seuchen kam, vor allem in den Städten, in denen die hygienischen Bedingungen zum Teil katastrophal waren, weil zwischen den Orten der Trinkwasserentnahme und der Abwassereinleitung kaum unterschieden wurde. Dies alles führte aber nicht – wie im Orient und vielerorts am Mittelmeer – zu einer Aufgabe von ganzen Siedlungszentren. In Mittel-, West- und Nordeuropa wurden Wege gefunden, die Krisen zu überwinden, und zwar durch den Aufbau eines neuen Systems der Lebensweise und der Landnutzung. Dies wird im anschließenden Kapitel vorgestellt.

Abschließende Gesamtbewertung des Systems

Das System aus sesshafter Lebensweise, dauerhafter Landnutzung und damit verbundener Neugestaltung der Landschaft breitete sich erheblich langsamer aus als zuvor das Landnutzungssystem mit nicht permanentem Ackerbau. Obwohl mit dem System eine Hebung des Lebensstandards verbunden war, wurde es nicht immer freiwillig übernommen. In vielen Gegenden gab es Widerstand gegen die Ausbreitung von permanenter Siedlung, Infrastruktur und Staat. Es kam sogar zu einem Rückschlag bei der Ausbreitung des Systems, indem sich nach einer Phase der dauerhaften Besiedlung in weiten Teilen Europas nochmals das System der nicht permanenten Bewirtschaftung von Land durchsetzte, nämlich in der Völkerwanderungszeit, die begann, als die Stärke des Imperium Romanum abnahm.

Der Perfektionsgrad, mit dem eine dauerhafte Nutzung von Land betrieben wurde, nahm im Lauf der Jahrtausende zu, als das

System auf immer neue Räume am Mittelmeer und in Europa ausgriff. Doch nirgends gelang es, das System tatsächlich auf Dauer aufrechtzuerhalten. Auf politische, wirtschaftliche und kulturelle Blütezeiten folgten Phasen des Niedergangs, die unter anderem durch verschiedene ökologische Probleme ausgelöst wurden: durch Bodenversalzung, Rückgang von Erntemengen, Erosion, Abholzung von Wald sowie Naturkatastrophen, bei denen sich natürliche Kräfte als stärker erwiesen als die von Menschen errichteten Strukturen, die vor ihnen schützen sollten.

Zahlreiche Strukturen, die unter den Bedingungen des Systems dauerhafter Siedlungen und dauerhafter Bewirtschaftung von Land angelegt worden waren, entwickelten eine *longue durée* bis in unsere Tage. Dazu gehören Bauwerke aus frühen Phasen von Hochkultur, im Nahen Osten, in Ägypten, im Mittelmeergebiet und in weiten Teilen von Europa. Grundmuster der Topographie blieben bestehen: Viele Städte im Orient, am Mittelmeer, erst recht später in das System integrierte Städte in Europa befinden sich immer noch dort, wo sie bereits vor Jahrhunderten oder Jahrtausenden lagen. Das gilt selbst für viele ländliche Siedlungen. Zwar wird immer wieder auch auf Wüstungen verwiesen, auf Siedlungen, die im Lauf der Zeit verlassen und aufgegeben wurden. Doch die Regel war dies nicht: Die meisten Siedlungen entwickelten eine erstaunliche *longue durée* bis in heutige Tage. Die Straßennetze vieler Orte, vor allem der Städte, wiesen bereits zur Zeit der Siedlungsgründung Grundmuster auf, die sich auf Dauer erhalten haben; das lässt sich beispielsweise in den schon zu römischer Zeit gegründeten Städten Köln, Augsburg und Regensburg erkennen. Grenzbauwerke wie der Limes und der Hadrianswall kann man heute ebenso noch erkennen wie Spuren früherer Verkehrswege, von römischen Straßen sowie von Fernwegen des Mittelalters, beispielsweise des Hellwegs. Standorte von Mühlen und Dämmen sind oft Überreste aus dem Mittelalter, ebenso wie die Seen, die damals gestaut wurden. Sie konnten beträchtliche Ausmaße annehmen. Besonders groß ist der Mälarsee als «Mühlteich» Stockholms; die Havel wurde durch Mühlenstauanlagen in der Stadt Brandenburg bis an den Stadtrand des heutigen Berlin aufgestaut, so dass aus einem schmalen Fluss ein breiterer See wurde, den man auch für einen breiteren Fluss halten könnte. Doch dieses Gewässer hat so gut wie kein Gefälle, seine Bezeichnung als See ist also aus ökologischer Sicht korrekt.

Neue Formen der Nutzung von Land, beispielsweise in eingedeichten Seemarschen oder auf terrassierten Äckern, aber auch auf bewässerten Wiesen, führten zur Ausbildung von neuen Typen von Pflanzenstandorten, an denen sich bisher nicht in einem Gebiet vorkommende Tier- und Pflanzenarten ausbreiten konnten. Pflanzen sehr warmer Standorte wie das Adonisröschen und der Klettenkerbel sind erst seitdem auch in Mitteleuropa einheimisch.[135]

Durch die lange andauernde und intensive Nutzung wurden viele Standorte, vor allem deren Böden, erheblich und auf Dauer verändert: Manche vor Jahrtausenden bereits versalzenen Böden lassen sich bis heute nicht wieder agrarisch nutzen. Entwaldung von Gebirgen am Rand des Mittelmeergebietes führte zu erheblicher Erosion; denn bei starken winterlichen Niederschlägen wurde weithin die Bodenkrume abgetragen. Bei der Ackernutzung wurden vielen Böden Mineralstoffe entzogen. Wenn man heute Spuren früherer ackerbaulicher Nutzung unter Wald findet, vor allem Überreste von Wölbäckern und Ackerterrassen, verweist das darauf, dass irgendwann die agrarische Nutzung aufgegeben wurde, weil sie sich nicht mehr lohnte. Man entschloss sich, diese Flächen aufzuforsten, doch bedenkt man oft bis heute nicht, wie sehr diese Flächen von einer Auszehrung an Mineralstoffen während der früheren Ackernutzung geprägt wurden, so dass auch die Versorgung der Bäume mit lebensnotwendigen Mineralstoffen problematisch sein könnte. Viele Bäume in aufgeforsteten Wäldern dürften auch aus diesem Grund Symptome von Schädigung aufweisen, zumal wenn sie bereits ein höheres Alter erreicht haben. Besonders erheblich war die Bodenverarmung auf Heideflächen, die für die Gewinnung von Plaggen genutzt wurden.

Eine *longue durée* entwickelten neben den Staatsformen auch die im Rahmen dieses Systems entstehenden Wirtschaftsstrukturen. Die unterschiedlichen Grundmuster des Handels am Mittelmeer und im Ostseeraum sowie auf Überlandwegen ergaben sich unter den Bedingungen des Systems dauerhafter Siedlung; die Spuren davon prägen sich ebenfalls in der Landschaft aus. Die sich etablierenden Infrastrukturen waren stets auf mögliche Erweiterungen ausgerichtet. Jede Ausweitung einer Infrastruktur stärkte sie und sicherte sie gegenüber Störung von außen ab. In den Staaten, von denen die Infrastrukturen aufgebaut wurden, unterschied man dabei nicht zwischen Gebieten, in denen es noch keine Infrastruktur gab, und anderen, in denen eine abweichende Infrastruktur aufgebaut war. Beide Gebiete unterwarf man dadurch, dass man sie mit seiner eigenen Infrastruktur überzog.

Zur Zeit der Vorherrschaft des Systems und im Rückblick darauf entwickelten sich zahlreiche Metaphern, die in der Literatur, aber auch in mündlich tradierten Sagen und Märchen überliefert sind. Die antiken Kulturen mit ihren Helden und Monumenten wie den Sieben Weltwundern erfuhren eine ähnliche Verherrlichung wie das Mittelalter. Immer wieder beobachtete man argwöhnisch, dass einzelne Menschen oder Gruppen rasch reich wurden, nicht zuletzt auf Kosten der Umwelt. Es wird von Notzeiten des Mittelalters berichtet und der Unterdrückung von Bauern. Abgaben an die Grundherren werden vor allem mit Repressalien gegenüber den Bauern in Verbindung gebracht. Dies traf sicher oft zu, aber in solchen Erzählungen wird nicht bedacht, dass sich die Kultur der Städte und Klöster nicht ohne Abgaben entwickeln konnte.

Die Etablierung fester Siedlungs- und Wirtschaftsstrukturen bzw. deren Abwehr führte in vielen Fällen zum Aufkommen nationaler Gründungsmythen. Beispielsweise wird seit den Konflikten der Römer mit der einheimischen Bevölkerung in Mitteleuropa behauptet, daran sei eine germanische oder deutsche «Nation» beteiligt gewesen. Dies ist erst sehr viel später so gesehen worden; in der Zeit um Christi Geburt wird es einzig und allein für wichtig gehalten worden sein, sich gegen die Ausbreitung eines nicht vertrauten Infrastruktursystems zu stellen. Um einen Krieg einer Nation gegen eine andere ging es jedenfalls damals nicht, denn im System nicht dauerhaft bestehender Siedlungen und Wirtschaftsstrukturen lebende Menschen bildeten weder einen Staat oder eine Nation, noch hatten sie eine Regierung oder einen Feldherrn.

14 Landschaften des Reformzeitalters

Die Überwindung einer Landnutzungskrise

Landnutzungskrisen am Ende des Mittelalters führten nicht wie in früheren Zeiten zur Verlagerung von Schwerpunkten der Zivilisation, sondern sie wurden durch ein ganzes Bündel von Innovationen in dem Gebiet gelöst, in dem sie entstanden waren. Diese Innovationen bedingten und stützten sich gegenseitig, und zwar mit dem Ergebnis, dass die Landnutzung komplett umgestellt und Landschaft tiefgreifend verändert wurde. Wissenschaftliche Erwägungen und ästhetische Gesichtspunkte wirkten darauf ein; Aspekte von Aufklärung und ein neu aufkommendes Bewusstsein für Landschaft spielten dabei eine wesentliche Rolle.

Wurzeln der Landreformen

Reformen der Lebensweise und der Landnutzung gingen von verschiedenen Ländern West- und Mitteleuropas aus. Vor allem in Norditalien und den Niederlanden strebte man schon während des Mittelalters eine profitablere Landbewirtschaftung an. Land am Wasser, das zuvor wegen der immer wieder drohenden Überschwemmungen nicht oder nur extensiv genutzt worden war, wurde besser nutzbar gemacht. Marschgebiete an Flüssen und Meeren wurden von Dämmen oder Deichen umgeben. Danach war man in der Lage, durch die Bestellung von ausnehmend fruchtbarem Land Überschüsse an Agrarprodukten zu erwirtschaften, die man auf städtischen Märkten absetzen konnte.[136] So wurden Marschländer besser in wirtschaftliche Infrastrukturen eingebunden. In den Niederlanden entwickelte sich nach deren Loslösung von Spanien besonders großer Wohlstand: Dort war ein «Goldenes

Abb. 14-1 Der strikt formal gestaltete Große Garten von Hannover-Herrenhausen.

Zeitalter» genau zu der Zeit angebrochen, als weite Teile des übrigen Europas unter den Wirren und Krisen des Dreißigjährigen Krieges zu leiden hatten.[137]

Seit der zweiten Hälfte des 17. Jahrhunderts gingen wichtige Reformen von Frankreich aus. Ludwig XIV. herrschte absolutistisch, sein Minister Jean-Baptiste Colbert trat für die Einführung des Merkantilismus als wirtschaftliches Prinzip ein, bei dem es darauf ankam, Überschüsse zu erzielen. Die strahlenförmig verlaufenden Wegebündel der Französischen Parks, die man nach dem Vorbild der Anlagen von Versailles vielerorts anlegte, wurden zu einem Symbol für den Absolutismus. Parkanlagen wurden nicht nur in Frankreich, sondern auch andernorts streng geometrisch gestaltet. Alle natürlichen Elemente darin wurden in Façon gebracht: Wasser in Kanälen, Wassergräben und Brunnen, Pflanzen in Alleen mit exakt geschnittenen Bäumen, Büschen und Hecken sowie in strikt abgegrenzten Beeten. Bei der Auswahl der Gehölze griff man auf alte Erfahrungen bei der Laubheugewinnung und beim Schneiteln zurück. Man verwendete Pflanzen, von denen man wusste, dass sie nach dem Schneiden sofort wieder austrieben: Hainbuche, Linde, Eibe, Buchsbaum. Beete wurden durch Buchsbaumrabatten voneinander abgetrennt *(Abb. 14-1)*. Wenn man die Elemente eines solchen Parks regelmäßig pflegte, veränderte sich dessen Aussehen über lange Zeit nicht. So konnte man die Illusion einer beständigen «Natur» vermitteln, die weder durch natürliche Entwicklungen noch durch von Menschen ausgehende Zerstörungen verändert wurde.

Zur besseren Verteilung von Gütern im ganzen Land brauchte man neue Verkehrswege. Viele von ihnen wurden schnurgerade geführt, um den Transport zu beschleunigen. An die Straßenränder pflanzte man Bäume, so dass Alleen entstanden. Die Wurzeln der Alleebäume befestigten den Straßenkörper; die Bäume ermöglichten eine bessere Markierung des Wegeverlaufs. Alleebäume verhinderten, dass Fuhrleute vom Weg abwichen, wenn dieser durchweicht war, und neue Fahrspuren neben ihm hinterließen *(Abb. 14-2)*.[138] Unbefestigte und seitlich nicht begrenzte Straßen hatten in den Jahrhunderten zuvor eine Breite von bis zu 100 Metern oder mehr angenommen, weil ständig neue Fahrspuren entstanden; die Fuhrleute zerstörten dabei auch immer wieder landwirtschaftliche Kulturen. Nur wenn man die Straßen mit Bäumen einfasste, konnte man bis zu deren beiden Seiten hin Landnutzung betreiben.

Massengüter ließen sich effizienter auf dem Wasserweg transportieren. Daher wurden nicht nur in den Niederlanden und Norditalien, sondern auch in Frankreich zahlreiche Kanäle angelegt, um die strahlenförmig vom Landesinneren zu den Küsten verlaufenden Flüsse untereinander zu einem Verkehrsnetz zu verbinden. Besonders große Bedeutung erhielt der in den Jahren von 1666 bis 1681 gegrabene Canal du Midi. Kanäle wurden ebenfalls mit Bäumen eingefasst, vor allem mit Pappeln, die die Böschungen der Wasserstraßen trocken hielten und dadurch stabilisierten.

Typisch für den Merkantilismus war die Einrichtung von Manufakturen – zuerst in Frankreich, dann auch in anderen Ländern.

Abb. 14-2 Von Eichen eingefasste Allee bei Meppen/Emsland. Der Straßenkörper wird durch Gräben dräniert.

Sie wurden möglichst dort gegründet, wo die natürlichen Bedingungen dafür günstig waren, wo man bestimmte Rohstoffe nutzen konnte, wo Wasser- oder auch Windkraft besonders gut nutzbar waren oder wo sich die Betriebe gut vom Verkehr her erschließen ließen. In manchen rohstoffarmen Gebieten entschloss man sich zum Anbau bestimmter Pflanzen in Spezialkulturen. Deren Produkte wurden vor Ort weiterverarbeitet, beispielsweise Tabak, Hopfen, Raps, Färberwaid, Gewürze, seit dem 19. Jahrhundert auch Zuckerrüben. Der Anbau dieser Pflanzen, spezielle Lagerhäuser (Tabakscheunen, Hopfenscheunen) und die im Laufe der Zeit immer größer werdenden Manufakturen und Fabriken (Zuckerfabriken) prägten ganze Landstriche. Wenn es gelang, Produkte aus diesen Rohstoffen auf nah und fern gelegenen Märkten mit Profit abzusetzen, ließen sich genügend andere Produkte erwerben, an denen es vor Ort mangelte.

Die Waldnutzung wurde streng reguliert. Bis heute herrschen in Frankreich vielerorts Mittelwälder vor, in denen einerseits buschförmiges Gehölz für die Gewinnung von Brennstoff wächst, andererseits Überhälter größere Wuchshöhen erreichen. Die hoch gewachsenen Bäume werden als Bauholz genutzt.

In Deutschland griff man viele Ideen aus Frankreich auf. Nur wenige Jahre nach dem Dreißigjährigen Krieg begann die Gestaltung des Herrenhäuser Gartens in Hannover.[139] In den mitteleuropäischen Gebirgen bestand großer Bedarf an Holz. Daher wurden viele Bäume geschlagen, deren Holz man für die Verhüttung von Erz und zum Schmelzen von Glas brauchte. Weiteres Holz kam zu Flößen gebunden in die urbanen Zentren an der Peripherie des Kontinentes, nach Norditalien und vor allem in die Niederlande.[140] Die Entwicklung der deutschen Länder hing besonders stark von der dauerhaften Verfügbarkeit von Holz ab, weil man sowohl den Rohstoff als auch das Handelsgut benötigte, um Überschüsse zu erzielen und profitabel wirtschaften zu können. Im Gegensatz zu den westeuropäischen Nachbarländern gehörten zu den deutschen Ländern keine Kolonien, aus deren unermesslich großen Wäldern man Holz ins Mutterland importierte. Die Holzvorräte landesherrlicher Forsten wurden daher seit der zweiten Hälfte des 17. Jahrhunderts erfasst und beschrieben.[141] Unter anderem in der «Sylvicultura oeconomica» des Hannß Carl von Carlowitz von 1713[142] wurde das Prinzip der nachhaltigen Bewirtschaftung von Wäldern formuliert: Keinem Wald dürfe mehr Holz entnommen werden, als zur gleichen Zeit nachwuchs. In der Folgezeit wurden vor allem in deutschen Ländern Wälder gepflegt, vermessen und neu aufgebaut; es entstanden Forstverwaltungen und Forstschulen, Forstgesetze und Forstlehrbücher.[143]

Wenig später begannen erste Reformen der Landwirtschaft. Kleine Felder wurden zu größeren zusammengelegt; diesen Vorgang bezeichnete man als Verkoppelung. Denn dabei wurden kleine Felder aneinandergekoppelt, um größere zu schaffen *(Abb. 14-3)*. 1746 wurde eine Verkoppelung in Jonitz bei Dessau durchgeführt, möglicherweise eine der frühesten Maßnahmen dieser Art in Deutschland.[144]

Abb. 14-3 Koppel auf der Geest bei Hattstedt in Nordfriesland. Schmale Ackerstreifen wurden miteinander verbunden und von einer Wallhecke umgeben.

Reformen der Landwirtschaft gingen vor allem von England aus. Dort gestalteten reiche Großgrundbesitzer die Agrarlandschaft um. Sie errichteten Landhäuser nach norditalienischen Vorbildern. Allmendflächen wurden unter privaten Besitzern aufgeteilt; die neu geschaffenen Feldblöcke wurden von Hecken umgeben. Dieser Vorgang wurde «Enclosure» genannt.[145] Heckenpflanzungen wurden Zäunen vorgezogen, denn für Zäune hätte man Holz gebraucht, ein knappes Gut der damaligen Zeit. Ein Ideal bildete die «Ornamented Farm», von der eine Verschönerung des ganzen Landes ausging: mit sanft geschwungenen Wegen, Baumgruppen, Hecken sowie mannigfaltigen landwirtschaftlichen Nutzflächen.

Nach diesen Prinzipien wurden vor allem Englische Landschaftsparks gestaltet. Sie sollten «natürlicher» wirken als formale Französische Gärten. Nach dem Siebenjährigen Krieg, in dem die Macht Englands erheblich zunahm, ging man auch auf dem Kontinent dazu über, Landschaftsparks nach englischem Vorbild anzulegen; eine der frühesten Parks dieser Art sind die Wörlitzer Anlagen bei Dessau, mit deren Planung unmittelbar nach dem Krieg begonnen wurde.[146]

Prinzipien des Merkantilismus, die Verkoppelung, die als Gemeinheitsteilungen bezeichneten Aufteilungen von Allmenden, die nachhaltige Bewirtschaftung von Wald, die von Ornamented Farms ausgehende Landesverschönerung und die Anlage von Landschaftsparks wurden als Maßnahmen miteinander verbunden – mit dem Resultat, dass sich eine neue Form von Landschaft herausbildete. Die Felder waren nun etwa quadratische Blöcke. Sie hatten exakte Abmessungen auf allen vier Seiten und damit eine klar festgelegte Grundfläche – im Gegensatz zu den Ackerstreifen des Mittelalters, bei denen allein die Breite strikt festgelegt war. Das Land wurde vielerorts eingeebnet und von Hecken umgeben. Dabei sammelte man Feldsteine auf, die man beim Straßenbau verwenden konnte. Manche Straßen wurden nur zur Hälfte gepflastert, ein anderer Teil blieb als sogenannter Sommerweg eine Sandbahn, die Reiter und Fuhrleute bei trockenem Wetter nutzten, um die Hufe der Pferde nicht allzu rasch abzunutzen *(Abb. 14-4)*.

Auf den Koppeln konnte man entweder Ackerbau oder Viehhaltung intensivieren. Die Viehweiden hatten einen lebenden Zaun in Form von Hecken erhalten. Daher brauchte man keine Hirten mehr, die zuvor in den gemeinen Marken, Allmenden oder Gemeinheiten die Tiere gehütet hatten. Erwachsene, die als Viehhüter gearbeitet hatten, konnten andere Aufgaben übernehmen, Kinder und Jugendliche Schulen besuchen. Viele Menschen wanderten in andere Kontinente aus.

Dreifelderwirtschaft und Flurzwang wurden abgeschafft; Fruchtwechsel war aber notwendig, um den Boden nicht verarmen zu lassen und um keine allzu starke Vermehrung von Schädlingen auszulösen. Der Fruchtwechsel musste neu organisiert werden. Man verzichtete auf die Brachephase und entwickelte neue Fruchtfolgen unter Einschluss von Hülsenfrüchtlern und der aus Amerika eingeführten Kartoffel, die zu einem neuen Massennah-

Abb. 14-4 Nur teilweise gepflasterte Straße bei Werben/Elbe. Bei gutem Wetter konnte der Sommerweg (rechts) genutzt werden, um die Hufe der Pferde zu schonen.

Abb. 14-5 Ehemalige Wölbäcker, deren Formen noch gut zu erkennen sind, wurden mit Fichten aufgeforstet (bei Dachau/Oberbayern).

rungsmittel wurde. Bakterien an den Wurzeln von Erbse, Linse, Klee und Bohne binden Stickstoff aus der Luft und machen ihn für Pflanzen verfügbar. So hob man die Bodenfruchtbarkeit und erhöhte auch die Getreide- und Kartoffelerträge. Man erntete auch deshalb mehr, weil durch die Abschaffung der Brachephase nun um die Hälfte mehr Land bestellt wurde. Denn nicht mehr nur auf zwei Dritteln der Fläche, sondern auf dem gesamten Land wurden Kulturpflanzen angebaut. Zusätzliche neue Ackerflächen hatte man durch die Markenteilungen gewonnen.

Nur ein Teil der Allmenden oder Gemeinen Marken wurde zu Bauernland. Ein anderer Teil wurde den Forstverwaltungen unterstellt. Sie bauten dort neue Wälder auf *(Abb. 14-5)*. Der Landbevölkerung wurde verboten, Vieh in die Wälder zu treiben und unberechtigt Holz im Wald zu machen. Bäume sollten so rasch wie

möglich in die Höhe wachsen. Für die Bauern wurde es allerdings schwierig, an Brennholz zu gelangen, wenn sie keinen eigenen Wald besaßen. Zur Brennholzgewinnung konnten fortan Hecken und Feldgehölze herangezogen werden. Hecken musste man auf eine Weise schneiden, dass das Vieh jung austreibende Gehölze nicht erreichen konnte. Dies mag ein Grund dafür gewesen sein, warum man Gehölze vielerorts auf einen Wall pflanzte und auf diese Weise eine Wallhecke anlegte.

Die Landreformen wurden mit ästhetischen Gesichtspunkten verknüpft; das Land sollte verschönert werden. So legte man nicht nur Landschaftsparks an, sondern verfolgte die Idee, ganze Länder zu Gärten zu machen, zu einem Gartenreich, wie man das mancherorts in England zu erkennen glaubte und wie es in der Umgebung von Dessau und Wörlitz, auch später entsprechend bei Berlin und Potsdam oder in der Umgebung von Hohenheim bei Stuttgart gestaltet wurde.[147]

Gemeine Marken, Allmenden oder Heiden, deren Abschaffung im 18. Jahrhundert begann, wurden zur gleichen Zeit auch als «schöne Natur» entdeckt und bald als solche geschätzt. Johann Andreas de Lüc (Luc), ein Bekannter von Jean-Jacques Rousseau, besuchte 1781 die Lüneburger Heide. Er war möglicherweise der Erste, der dieses Land verklärte.[148] In der Folge wurde die Heidelandschaft auch von vielen anderen Autoren als schöne Natur dargestellt.[149]

Französische Revolution und Industrialisierung

Die Landreformen begannen zwar im 18. Jahrhundert, zogen sich aber lange Zeit hin. Mancherorts wurden Ländereien erst im 20. Jahrhundert verkoppelt. Die Reformen waren schließlich nur deswegen erfolgreich, weil ihre Ziele auch von weiteren Umstellungen gestützt wurden, die das Leben der Menschen und ihr Wirtschaften umwälzten.

Nach der Französischen Revolution von 1789 wurden bisher von Grundherren abhängige Bauern in die Freiheit entlassen. Allerdings führten Bauernbefreiungen nicht automatisch zu einer Verbesserung der Lebensverhältnisse auf den Dörfern; denn viele bisher abhängige und nun freie Bauern hatten kein eigenes oder nur sehr wenig Land. Sie mussten sich neue Arbeit suchen. Viele Bauern hatten zu wenig eigenes Kapital, um neue Betriebsgebäude und auch weitere Verkoppelungen durchführen zu können. Ihre finanzielle Situation verbesserte sich erst nach der Einführung des landwirtschaftlichen Kreditwesens in der Mitte des 19. Jahrhunderts.

Insgesamt wurde in den Dörfern eine große Menge an Arbeitskräften freigesetzt. Sie fanden nur in den Städten Arbeit; allerdings wurden dort zur gleichen Zeit auch große Mengen an Arbeitskräften gesucht. 1769 wurde in England das Patent für eine bahnbrechende Erfindung erteilt: für die Dampfmaschine des James Watt. Mit ihr konnte die Produktion von Gütern in Industriebetrieben revolutioniert werden. England, das eine Vorreiterrolle bei der Landreform eingenommen hatte, war auch das Land, das am frühesten industrialisiert wurde. In den Industriebetrieben bestand ein erheblicher Bedarf an Arbeitern, den man nicht ohne die Freisetzung von Arbeitskräften auf dem Land hätte befriedigen können.

Industrialisierung und Bemühungen um eine Reform der Landnutzung werden häufig als gegenläufige Prozesse gesehen, auch schon in der damaligen Zeit. 1790 nahm Georg Forster an, dass das Aufkommen von Industrie den Bestand von Wäldern bedrohte.[150] Doch Landreformen und Industrialisierung ergänzten sich in unerwarteter Weise. Dank der Steigerung der landwirtschaftlichen Produktion wurde es letztlich möglich, alle Krisen bei der Versorgung mit Lebensmitteln für die stark wachsende Bevölkerung in den Industriestädten zu meistern.

Die Dampfmaschine revolutionierte nämlich nicht nur die industrielle Produktion, sondern auch die Landnutzung. Mit ihr gelang es, in Bergwerken an tief im Untergrund liegende Kohle heranzukommen. Dampfmaschinen trieben Bewetterungsanlagen für

Stollen und Aufzüge an, mit denen man Kohle zutage förderte. Kohle konnte mit der ebenfalls von Dampfmaschinen angetriebenen Eisenbahn weiträumig verteilt werden. Damit stand eine Alternative zur Nutzung von Holz als Brennstoff zur Verfügung. Dank der Verwendung von Kohle in Hüttenwerken, Glasfabriken und zum Heizen gelang es, die Übernutzung von Wäldern abzubauen und neue Waldflächen aufzuforsten. Wälder wurden im Zeitalter der Industrialisierung also nicht zurückgedrängt, sondern ihre Ausdehnung nahm im Gegenteil sogar zu.

Mit Mineraldünger, den man ebenfalls unter Nutzung von Dampfmaschinen gewann und flächendeckend im Land verteilte, ließen sich die Erträge landwirtschaftlicher Nutzflächen erheblich steigern. Dadurch wurden noch viel größere Mengen an Nahrungsmitteln auf die Märkte geworfen, so dass mehr Menschen ernährt werden konnten als zuvor. Viele Bauern kamen seit der zweiten Hälfte des 19. Jahrhunderts zu Wohlstand, vor allem in Gegenden, in denen das landwirtschaftliche Genossenschaftswesen und ein dichtes Eisenbahnnetz bereits aufgebaut worden waren.

Etliche Bauern vergrößerten in der Folgezeit Betriebsgebäude und Wohnhäuser; diese Entwicklung setzte sich in der Zeit der Mechanisierung von Landwirtschaft fort, die mit der Einführung von Lokomobilen begann, dampfgetriebenen Maschinen, die beim Pflügen und Dreschen verwendet wurden. In den Dörfern wurden neue Gemeinschaftsbauten errichtet: Rathäuser, Schulen, Kirchen und Pfarrhäuser, Bahnhöfe, Kolonialwarenläden, deren bezeichnender Name darauf verweist, dass es dort alles zu kaufen gab, was das eigene Land nicht hergab. Hinzu kamen Gebäude für die Feuerwehr, Molkereien, Speicher für Kulturpflanzen und Düngemittel. Beim Bau der vielen neuen Häuser verwendete man oft Industrieziegel. Sie stammten aus großen Ziegeleien, die ihren Rohstoff umfangreichen Ziegelgruben entnahmen. Ziegel kamen mit der Eisenbahn auch in Gegenden, in denen es keinen oder nur minderwertigen Ziegelton gab. Zwischen der Umstellung der Landnutzung und dem Aufbau von Industrie bestand ein enger Zusammenhang.

Die Landschaft wandelte sich erheblich: nicht nur dort, wo umfangreiche Industrie-, Bergwerks- und Wohnanlagen entstanden oder auf möglichst ebenen Trassen geführte Eisenbahnlinien das Land durchzogen, sondern auch dort, wo die Landreformen voranschritten, Land verkoppelt, Chausseen gebaut und Wälder aufgeforstet wurden.

In einigen Gegenden wurden andere Wege der Modernisierung eingeschlagen; nicht überall wurde Land verkoppelt. Die langgestreckten Fluren von vielen Hagen- und Waldhufensiedlungen blieben ebenso erhalten wie die Langstreifenfluren mit ihren Wölbäckern in solchen Gebieten, in denen durch Realteilung der Besitz sehr stark zersplittert worden war. Denn je mehr Bauern Anteil am Land eines Dorfes hatten, desto komplizierter war dessen Neuverteilung im Rahmen einer Verkoppelung. In Württemberg sorgte unter anderem Ferdinand von Steinbeis im 19. Jahrhundert für die Etablierung von Industrie in den Gebieten, in denen das Land unter sehr vielen kleinen Bauern aufgeteilt war. Am Rand der Schwäbischen Alb ließ sich hervorragend die Wasserkraft von Flüssen nutzen, die dort aus Karstquellen entsprangen. Kleinbauern verdingten sich als Arbeiter in Textilfabriken und feinmechanischen Werken; ihre kleinen Äcker bewirtschafteten sie im Nebenerwerb auch weiterhin. Hier ergab sich ebenso eine besondere Kombination zwischen Industrieproduktion und Landwirtschaft im Nebenerwerb wie in Gebirgsgegenden: In den Waldhufensiedlungen im Erzgebirge oder im Schwarzwald wurden beispielsweise Uhrenfabriken gegründet, in denen viele Menschen Arbeit fanden. Oder man förderte Heimarbeit (Weberei, Holzverarbeitung). Diese Formen von Industrieproduktion waren davon abhängig, dass die hergestellten Waren gut vertrieben wurden. Nach einer Frühphase des Überlandhandels, in der Hausierer (Uhrenmänner aus dem Schwarzwald, Striezelkinder aus dem Erzgebirge, Tüotten mit Textilien aus Westfalen) von den entlegenen Stätten der Produktion in die Städte gezogen waren, um Waren zu verkaufen, brachte der Transport auf Straßen und Eisenbahnlinien erhebliche Verbesserungen der Absatzmöglichkeiten.

Abb. 14-6 Der Englische Garten in München entstand durch die Umgestaltung eines früheren Hudewaldes.

Gegen die tiefgreifenden Reformen regte sich kaum Protest. Das hatte sicher mehrere Gründe. Viele Reformen wurden autoritär durchgesetzt. Immer mehr Menschen mag aber auch klar geworden sein, dass sie unmittelbar von den Landnutzungsreformen profitierten: In den Industrieländern kam es immer seltener zu Hunger- und Notzeiten. Außerdem stellte man viele Neuentwicklungen so dar, als seien sie Wiederherstellungen älterer Zustände. In Deutschland wurde mit der Aufforstung der Gedanke verbunden, man stelle ehemalige Wälder wieder her, die zur Römerzeit bereits bestanden hatten. Von Wäldern nahm man an, dass sie zur deutschen Identität gehörten; angeblich hatten ja die Wälder den Germanen ihre Unabhängigkeit gerettet. Einige für schön gehaltene alte Hudewälder, in die man nun keine Tiere mehr eintrieb, wurden zu englischen Landschaftsparks umgedeutet; das ist in den Parkanlagen von Wörlitz und Dessau, im Englischen Garten in München *(Abb. 14-6)* oder im Georgengarten in Hannover gut zu erkennen. In diesen Gärten errichtete man Parkarchitekturen als Nachbauten antiker Vorbilder, zum Teil in Form von Ruinen. Damit «baute» man gewissermaßen arkadische Landschaften nach, die man von Bildern Claude Lorrains und anderer Maler kannte.

Innovationen auf den Dörfern hielt man für Wiederherstellungen eines mittelalterlichen Wohlstandes, der eine Fiktion war. Viele Häuser wurden so gebaut, als stammten sie aus alter Zeit; antike Säulen, Rund- oder Spitzbögen sollten wohl zum Ausdruck bringen, dass etwas, das angeblich schon lange bestand, auch langen Bestand haben sollte. Zu den Bauernhäusern gehörte ein «traditioneller» Bauerngarten. Aber darin wurden zahlreiche Pflanzen gezogen, deren Anbau erst für das 18. oder 19. Jahrhundert belegt ist. So pflanzte man Obstsorten, die erst in dieser Zeit gezüchtet worden waren[151], legte Kartoffeln oder zog Grüne Bohnen und Tomaten, die ursprünglich aus Amerika stammten. Lehrer oder Pastoren brachten die Idee, einen Hausgarten anzulegen, aus den Städten in die Dörfer. Sie waren während ihrer Ausbildung mit Anfangsgründen des Gartenbaus vertraut gemacht worden. Noch im frühen 20. Jahrhundert zeigten sie Bauern, wie man solche Gärten anlegt, die wir heute für «typische Bauerngärten» halten.

Immer wieder orientierte man sich bei der Errichtung neuer Bauten an Vorbildern, die man für Teile einer Idylle hielt: Viele Landhäuser hatten Villen von Palladio zum Vorbild. Sie wurden zunächst in England, dann in Deutschland und anderswo errichtet. Selbst bei Bauten für die Eisenbahn griff man oft auf antike Vorbilder zurück. Viele Viadukte des 19. Jahrhunderts sehen wie römische Aquädukte aus, Bahnhöfe wie nachgebaute römische Villen *(Abb. 14-7)*. Beim Bau von Fabrikantenvillen, Industrieanlagen, Verwaltungsgebäuden, Kirchen und auch zahlreichen Bauernhäusern hatte man ebenfalls ältere Vorbilder vor Augen: Sie entstanden in neoklassizistischem, neoromanischem oder neogotischem Stil oder in einem Stilgemisch mit Anleihen an zahlreichen Vorbildern. Durch diese stilistischen Rückgriffe versuchte man wohl, Neues möglichst gut mit Altem zu verbinden. Bis heute

Abb. 14-7 Der Bahnhof von Bückeburg sieht wie der Nachbau einer römischen Villa aus.

wird so aber auch der Eindruck erweckt, als habe die reformierte Landschaft mit allen ihren Bauten schon viel längere Zeit bestanden, als dies tatsächlich der Fall war.

Persistenz des Systems von Landnutzung und Landschaft des Zeitalters der Reformen

Landschaften stehen heute nicht mehr unter dem Einfluss der Landreformen des 18. bis frühen 20. Jahrhunderts, sondern sind in neue systemische Zusammenhänge eingebaut. Die Landnutzung der Zeit der Reformen wird heute mit dem Bild von «traditioneller bäuerlicher Landwirtschaft» im Familienbetrieb gleichgesetzt, dem Bild des Bauernhofs und dem Aussehen von dessen landschaftlicher Umgebung.

Viele Ortskerne erhielten eine markante bauliche Prägung, vor allem durch Kirchen, Rathäuser, Schulen, Feuerwehrgebäude, Molkereien, Schlachthäuser, Handwerksbetriebe und Kolonialwarenläden. In der eng vernetzten reformierten Landschaft mit ihren zahlreichen Stützpunkten der Verwaltung wurden alle diese Gebäude optimal genutzt. Diese Nutzung ging inzwischen in vielen Fällen verloren. Entweder benötigte man neue Bauten für die Verwaltung, den Schulbetrieb, die Feuerwehr oder den Supermarkt, oder die Nutzung am Ort wurde aufgegeben. Doch die Prägung der Orte durch die Bauten blieb bestehen.

Auf einen systemischen Zusammenhang zwischen Landnutzung und Landschaft, der vom 18. bis zum frühen 20. Jahrhundert bestanden hatte, gehen viele Elemente in der Landschaft zurück, die man heute als Relikte der «historischen Kulturlandschaft» bewahren möchte. Sie standen ebenso wie die oben genannten Gebäude ehemals in einem funktionalen Zusammenhang, den es heute nicht mehr gibt und der auch vielen Menschen gar nicht mehr bekannt ist: Alleen, chaussierte Straßen, das Wegenetz der Landwirtschaft oder Überreste von Eisenbahnlinien, deren Trassen zum Teil als Straßen oder Radwege weiter genutzt werden. Bahndämme, Bahneinschnitte und oft monumentale Brücken blieben in vielen Fällen funktionslos erhalten, ebenso wie Bahnhofsgebäude, Güterschuppen oder Lagerhäuser und Getreidespeicher, die man im 19. und frühen 20. Jahrhundert in der Nähe der Bahnhöfe errichtet hatte *(Abb. 14-8)*. Transformatorenhäuschen brauchte man, als Ortschaften im frühen 20. Jahrhundert elektrifiziert wurden, heute besteht kein Bedarf mehr daran.

Stehen blieben vielerorts auch monumentale Industriebauten, beispielsweise von Zuckerfabriken, Sägewerken, Ziegeleien und Bergwerksanlagen. In den Städten konnte man nicht mehr genutzte Fabrikanlagen zum Teil anderweitig nutzen, auf dem Land sind die Möglichkeiten dazu nur sehr begrenzt gegeben.

Vor allem dort, wo es in späterer Zeit zu einem Nutzungswandel kam, erhielten sich Strukturen, die auf die Landnutzung von Reformlandschaften zurückgehen. Im Wald oder auf heute extensiv genutzten Viehweiden findet man vielerorts Überreste von

Ackerterrassen und Koppeln. Die Koppelstruktur blieb auch in vielen Neubaugebieten an den Rändern großer Städte erhalten.

Dort entwickelte sich das Straßennetz auf der Grundlage des ehemals landwirtschaftlich genutzten Wegenetzes; die ehemals durch Verkoppelung entstandenen Feldblöcke wurden mit Häusern bebaut. In vielen Fällen griff man bei der Benennung der Straßen auf alte Flurnamen oder die Namen der Bauern zurück, denen das Land ehemals gehört hatte. Mancherorts beseitigte man die Umfriedungen früherer Koppeln nicht; in einigen heutigen Wohngebieten blieben Wallhecken erhalten, die an die frühere Nutzung der bebauten Areale erinnern.

Auf die Zeit der Reformen des 18. bis 20. Jahrhunderts geht vielerorts die Zusammensetzung und Struktur heutiger Wälder zurück. Aus dieser Zeit stammt das Netz der Waldwege, die Einteilung der Wälder in Haue, Jagen oder Schläge. Im 19. Jahrhundert hatte man mit einem steigenden Holzbedarf gerechnet und daher vor allem Holzarten gepflanzt, die schnell wuchsen und auch auf ehemals landwirtschaftlich genutztem, armem Boden rasch in die Höhe kamen. Daher hatte man oft Fichten, Kiefern oder andere Nadelbäume ausgewählt, die bis heute in vielen Forsten dominant sind.

Überreste der materiellen Kultur, die in den Kontext des Landnutzungssystems des Zeitalters der Reformen gehören, finden sich in bäuerlichen Freilichtmuseen oder in Museen, in denen Traktoren und andere Landmaschinen präsentiert werden; an einigen Orten gibt es Museumseisenbahnen. Gerade derartige Museen können den Eindruck hervorrufen, alles dort Präsentierte stamme aus der Zeitschicht eines statischen «Früher», das sich von einem statischen «Jetzt» abhebt. Der Eindruck, das System von Landnutzung und Landschaft der Reformen sei lange Zeit stabil gewesen, mag aus mehreren Gründen entstanden sein. Viele Strukturen dieses Systems blieben nur deshalb lange bestehen, weil Kriege und Krisen der ersten Hälfte des 20. Jahrhunderts ihre Weiterentwicklung verhinderten. Lange Beständigkeit mag auch durch den Baustil vorgetäuscht werden oder worden sein: Viele Bahnhöfe, Industriebetriebe und Verwaltungsgebäude sollten von Anfang an

Abb. 14-8 Am aufgegebenen Bahnhof von Bodenburg bei Hildesheim kommt es zu einer natürlichen Sekundärsukzession von Wald.

so aussehen, als ob sie schon ein hohes Alter aufwiesen, als sie in Betrieb genommen wurden. Weil viele Menschen von den Reformen profitierten, indem sich ihr Wohlstand mehrte, Infrastruktur und Lebensbedingungen sich verbesserten, verbinden ihre Nachfahren, die davon in Erzählungen erfuhren, auch heute noch positive Emotionen mit den Strukturen dieses Systems. Zahlreiche Heimatvereine wurden in der Zeit gegründet, als sich die Lebensbedingungen auf dem Land zum Positiven veränderten. Bis heute ist die Beschäftigung mit der Geschichte der Vermehrung von Wohlstand und der Verbesserung von Lebensbedingungen seit der Mitte des 19. Jahrhunderts ein wichtiges Thema in diesen Vereinen.

Die Landschaft dieses Systems wird von vielen Menschen als «Normalzustand von Natur» aufgefasst. Im 18. und 19. Jahrhundert gab es die ersten systematischen Erfassungen von Flora und Fauna einzelner Gebiete.[152] Biodiversität wird landläufig nur räumlich gesehen und nicht zeitlich. Dies aber wäre notwendig; Biodiversität ist keine Konstante, sondern besteht räumlich *und* zeitlich. Die Ausbreitung zahlreicher Pflanzen- und Tierarten wurde durch die Umgestaltung und bestimmte Nutzungen des Landes begünstigt. Der Wandel der Landnutzung führte aber auch zum Verschwinden anderer Arten von Lebewesen. Ganz allgemein gibt es einen «Normalzustand» der Biodiversität nicht; sie ist in jedem Fall ein Spiegel der Landnutzung.

Gesamtbewertung

Besonders bemerkenswert am Landnutzungssystem der Reformen ist, dass es zum ersten Mal in der Menschheitsgeschichte gelang, eine tiefgreifende Krise der Landnutzung dort zu überwinden, wo sie aufgetreten war. Das war im Zweistromland ebenso wenig gelungen wie in den Staaten der Antike am Mittelmeer. Es entstanden völlig neue Zusammenhänge der Landnutzung, die sich in der Formung einer völlig neuartigen Landschaft niederschlugen. Der Eindruck des Entstehens neuer landschaftlicher Zusammenhänge wurde aber insgesamt dadurch weitgehend überdeckt, dass man vielfach an gestalterische Traditionen anknüpfte, vor allem an Vorbilder der Antike und des Mittelalters. Aufs Ganze gesehen entstanden jedoch völlig neue Parks, Koppeln, Hecken, Wälder, Siedlungen und Infrastrukturen, die mit denjenigen früherer Systeme nicht vergleichbar waren. Alle Menschen profitierten davon, so dass das System auf große Akzeptanz stieß. Dies gilt insbesondere in der Rückschau auf die «gute alte Zeit», in der dieses System funktionierte.

Sowohl im 19. und frühen 20.Jahrhundert als auch in der Rückschau wird häufig übersehen, wie sehr die Industrialisierung die Durchführung der Landreformen unterstützte. Stattdessen wird der Gegensatz zwischen der Neuordnung der ländlichen Welt und der Industrialisierung betont. Die von den Förstern propagierte nachhaltige Waldwirtschaft und die Agrarreformen wären ohne Industrialisierung jedoch in den ersten Ansätzen stecken geblieben.

Unter den Systembedingungen der Landreformen wurden zahlreiche stabile Gebäude errichtet. Bahnanlagen, Bergwerke und Industrieanlagen wurden so gebaut, als seien sie schon ewig vorhanden und für die Ewigkeit gedacht. Indessen sind gerade technische Betriebe auf baulichen Wandel angewiesen, um optimale Produktionsbedingungen und Abläufe der Infrastruktur zu ermöglichen. Steht ein Abbruch alter Anlagen an, muss man bedenken, dass sie möglicherweise ganze Landstriche prägen. Viele Menschen haben inzwischen heimatliche Bindungen an sie und wollen sie unter Schutz gestellt sehen.

Die hier dargestellten Landreformen begannen in Westeuropa und wurden dort zu einem Gesamtsystem zusammengefügt, das in weiten Teilen der Welt übernommen wurde. Einige Gebiete, in denen die Landnutzung aufgegeben worden war, weil sich Folgen von Übernutzung bemerkbar gemacht hatten, konnten mit den Errungenschaften der Landreformen erneut intensiv kultiviert werden, etwa weite Landstriche am Mittelmeer. Aber auch in anderen Regionen ließ sich in der Folgezeit eine profitable Landwirtschaft etablieren, unter anderem in vielen Kolonien in Übersee und später den unabhängigen Ländern, die daraus hervorgingen. Intensiver Landbau, der mit demjenigen der Landreformen in Westeuropa vergleichbar war, folgte in etlichen dieser Länder unmittelbar auf Systeme des Wanderfeldbaus, beispielsweise in manchen Teilen Asiens und Afrikas.

15 Typische Verteilungen von Nutzungsbereichen in der Landschaft

Traditionen der Landnutzung

Die jahrtausendelange Auseinandersetzung von Menschen mit den Bedingungen der Natur führte dazu, dass sich charakteristische Grundzüge der Landnutzung herausbildeten: Einzelne Bereiche im Raum wurden immer wieder in gleicher Weise in Nutzung genommen. Nur wenn man viel Energie aufwendet, kann man sich über bestimmte Regeln der Landnutzung hinwegsetzen. Siedlungen, Felder, Grünland oder Wald haben ihre jeweils typischen Orte in der Landschaft. Daran zeigt sich, dass Menschen jahrtausendelang ihre Umwelt sehr intensiv beobachteten. Dies soll an einigen wichtigen Elementen von Landschaft deutlich gemacht werden.[153]

Felder

Felder, auf denen Kulturpflanzen angebaut werden, befinden sich vor allem auf ebenen oder nur leicht geneigten Flächen mit tiefgründigen, fruchtbaren Böden, die entweder keine oder nur wenige Steine enthalten. Besonders günstig sind Standorte auf Löß, der während der Eiszeiten abgelagert worden war. Die Flächen von solchen Feldern waren ursprünglich von zonaler Vegetation bedeckt, die vor der Anlage von Äckern gerodet werden musste. In weiten Teilen Mittel- und Osteuropas, in Ostasien und Nordamerika ist Löß bis zu ein paar hundert Kilometern von ehemaligen Gletscherrändern entfernt zu finden. Einige dieser Flächen befinden sich in Trockengebieten; sie müssen zumindest zeitweise künstlich bewässert werden. Böden, die sich auf Löß entwickelten, sind ertragreich, und sie lassen sich gut bearbeiten: Gerät wird relativ gering verschlissen, weil es nur selten an harten Stein stößt. Auf völlig ebenen oder nur leicht geneigten Feldern hat die Bodenbearbeitung durch Pflügen, Hacken und Eggen keine massive Abschwemmung von gelockertem Erdreich bei Regenfällen oder bei der Schneeschmelze zur Folge. Äcker bekamen in Gegenden mit Lößbedeckung und anderen tiefgründigen Böden ihre typischen Standorte auf den Ebenen und Hügeln zwischen den Tälern. Man spricht von «Lößplatten», auf denen typischerweise Ackerland verbreitet ist.

Auch in Flussniederungen, vor allem in der Nähe von Flussmündungen, und an flachen Meeresküsten gibt es steinfreie und sehr fruchtbare Flächen. Wenn sie nicht mehr überflutet wurden, konnte sich zonale Vegetation auf ihnen einstellen. Überflutung aber führte zur Ausbildung azonaler Vegetationstypen: Auenwälder in Flussniederungen, gehölzfreie Salzwiesen in allen Bereichen der gemäßigten Zonen der Erde, die mehr oder weniger regelmäßig vom Meer überflutet wurden. In den Küstenebenen am Mittelmeer kam es nur selten zu Überflutungen; daher konnten sie schon frühzeitig dauerhaft in eine Ackernutzung genommen werden. In anderen Gebieten brauchte man Dämme oder Deiche zum Schutz vor dem Wasser, um Ackerland anlegen zu können. In eingedeichten Seemarschen wurde Meersalz vom Regenwasser rasch ausgewaschen. Alle anderen für ein optimales Pflanzenwachstum notwendigen Mineralstoffe blieben im Boden verfügbar.

Nur wenige Steine enthalten Böden auf ehemaligen Moränen, in trockenen Senken von Karstlandschaften und auf ehemaligen Meeresböden an der Ostsee, die in den letzten Jahrtausenden infolge der Landhebung trocken fielen. Auch dort war ursprünglich zonale Vegetation entwickelt. In Karstgebieten und an der Ostsee befinden sich die Ackerstandorte im Unterschied zu anderen Gegenden in den Senken.

Mit hohem technischem Aufwand wurden geneigte Flächen terrassiert, vor allem an Südhängen mit extrazonaler Vegetation. Mit der Terrassierung schuf man weitere nahezu ebene Nutzungsareale, auf denen die Gefahr der Abschwemmung von Erdreich nach der Bodenbearbeitung ebenfalls gering war.

Grünland

Grünland ist der Oberbegriff für Viehweiden und Wiesen, auf denen Gras geschnitten wird. Man kann es frisch verfüttern, zu Heu trocknen oder als Silage milchsauer konservieren. In traditionellen Agrarlandschaften findet man Grünland ebenfalls regelhaft verbreitet und an mehreren verschiedenen Standorten: auf steinigeren und stärker geneigten, feuchten oder versalzenen Flächen, auf denen keine Kulturpflanzen wachsen oder die weniger gut mit Pflug, Hacke oder Egge bearbeitet werden können. Wo die Vegetationsperiode für ein Wachstum von Wald zu kurz ist, stößt man auf natürliches Grünland.

Feuchte Flächen mit steinigen Böden gibt es in Talsenken; dort wurde Löß zwar in der Eiszeit abgelagert, aber in den Jahrtausenden danach abgeschwemmt, so dass darunter liegende steinigere Schichten an die Oberfläche traten. Ufernahe Bereiche von Talsenken werden natürlicherweise häufig überflutet und dabei mit Mineralstoffen versorgt. Die dort entwickelten azonalen Auenwälder wurden entweder gerodet oder durch kontinuierliche Beweidung zunächst zu Hudewäldern und dann allmählich in offenere Formen von Grünland überführt. Traten die Gewässer über die Ufer, musste man das Vieh in Sicherheit bringen. Andere Aspekte der Überflutungen waren aber durchaus nützlich; denn mit jeder Flut wurde eine große Menge vielfältiger Mineralstoffe an den Standorten abgesetzt.

Beweidete Flächen sind an den unregelmäßig abgefressenen Pflanzen zu erkennen. Horste von bestimmten Gewächsen, die vom Vieh verschmäht werden, bleiben stehen. Laub von den unteren Ästen von Bäumen, die auf einer Viehweide oder an deren Rand stehen, wird ebenfalls abgerupft. Wie mit dem Lineal gezogen bildet sich eine sogenannte Fraßkante aus. Bäume auf Viehweiden haben eine wichtige Funktion: Unter ihnen findet das

Vieh beim Wiederkäuen Schutz vor Sonne und Regen. Stehen keine Bäume auf einer Viehweide, braucht man eine Schutzhütte für die Tiere. An der Fraßkante erkennt man bereits aus der Ferne, welche Grünlandflächen beweidet werden.

Eine andere Form von Grünlandnutzung betreibt man in den Randsenken breiter Flusstäler und ehemaliger Urstromtäler, wo sich natürlicherweise Wasser staut. Dort herrschte ursprünglich azonaler Bruchwald vor. Die darin dominierenden Erlen lebten in einer Symbiose mit Bakterien, die Stickstoff aus der Luft banden. Sowohl den Bäumen als auch den Standorten wurden auf diese Weise Stickstoffverbindungen zur Verfügung gestellt. Bruchwaldstandorte sind daher potentiell fruchtbar. Nach der Rodung der Erlen und dem Ziehen von Gräben zur Trockenlegung des Landes gewann man sehr gut mit Stickstoffverbindungen gedüngte Grünlandstandorte. Nur wenn die Dränage sehr gut funktioniert, eignet sich das Land als Viehweide; andernfalls kommt eine Nutzung als Wiese zur Gewinnung von Gras oder Heu in Betracht.

Vor allem Wiesenstandorte, denen bei jeder Mahd nicht nur Pflanzenmaterial, sondern dabei auch erhebliche Mengen an Mineralstoffen entzogen werden, müssen gedüngt werden, damit sie auch in den folgenden Jahren wieder gute Erträge liefern. Die traditionelle Düngung erfolgte durch Wiesenbewässerung. Daher war klar, dass man Wiesen nur dort anlegen konnte, wo Wasser zur Verfügung stand, also in Talsenken und an überrieselten Abhängen. Es gab verschiedene Techniken der Wiesenbewässerung. Weite Niederungen konnte man zeitweise überstauen, wobei sich zusätzliche Mineralstoffe auf den Flächen absetzten. Oder man legte Gräben an, in denen man Wasser auf Hänge leitete. Im günstigen Fall konnte man Abwasser aus Siedlungen und Ställen in die Gräben einleiten; die darin enthaltenen Mineralstoffe waren ein wertvoller Dünger.

In einigen Feuchtgebieten bewahrte man Heu in Hütten oder in großen Haufen auf, die inmitten des Grünlandes standen. Das Heu wurde erst im Winter zu den Ställen gebracht, wenn man Schneeflächen (etwa im Alpenvorland) oder auch zugefrorene

Wasserläufe (z.B. im Spreewald) mit Schlitten befahren konnte. Im Sommer dagegen waren die feuchten und durchweichten Wiesen vielerorts mit schweren Wagen nicht befahrbar.

Seit dem Zeitalter der Landreformen kam es vor allem in der Nähe von Städten zu einer typischen Umnutzung von Grünland. Aus städtischen Viehweiden, die man damals nicht mehr brauchte, entstanden Landschaftsparks in englischem Stil. Beispiele für Parkanlagen, die aus ehemaligen Viehweiden hervorgingen, sind der Englische Garten in München und der Georgengarten in Hannover, auch ein Großteil der Parkanlagen des Gartenreichs Dessau-Wörlitz. Ehemalige Grünlandflächen eigneten sich oft zur Anlage von Kleingärten. Auch Sportanlagen entstanden vielerorts auf ehemaligen Grünlandflächen. Das lässt sich nicht nur in großen Städten beobachten, etwa in Bremen und Stuttgart, sondern auch in kleineren Orten. Dort wurden Sportplätze oder Fußballstadien auf Land angelegt, das sich im öffentlichen Eigentum befand; ehemals hatten dort die Gemeindeweiden gelegen.

Grünlandflächen, die sich vor allem als Viehweiden nutzen lassen, bestehen auf ehemaligen, aber nicht vollständig trockengelegten Meeresböden. Solche Flächen werden an der Nordsee als Salzwiese, an der Ostsee als Boddenwiese bezeichnet, obwohl diese Flächen meistens nicht (als Wiese) gemäht, sondern beweidet werden. Bei jeder der gelegentlichen Überflutungen werden auf diesen Flächen Mineralstoffe deponiert, mit denen das Grünland natürlicherweise gedüngt wird. Das ebenfalls eingetragene Meersalz verhindert den Aufwuchs von Bäumen, so dass diese Flächen nicht gerodet werden müssen, bevor die Beweidung beginnen kann. Wegen des gelegentlichen Eintrags von Meersalz kommen nur spezielle Gewächse von Salz- und Boddenwiesen auf diesen Standorten vor. Eine Mahd dieser Flächen ist riskant, weil man oft das geschnittene Gras nicht trocken bekommt und es bei plötzlich auftretender Überflutung weggespült wird. Trockengestelle zum Trocknen von Heu können nicht aufgestellt werden.

Ebenfalls natürlicherweise waldfreies Grünland ist in zonalen oder extrazonalen Trockengebieten sowie auf azonalen alpinen Standorten oberhalb der Waldgrenze im Gebirge ausgebildet.

Dort sind der Nutzung aber Grenzen gesetzt. In Hochgebirgslagen kann das Vieh nur wenige Monate im Sommer auf die Weide gelassen werden, vielerorts nur von Juni oder Juli bis September. Die Flächen sind in den übrigen Jahreszeiten von einer dicken Schneedecke überzogen. In manchen Trockengebieten ist die Vegetation nur zeitweilig entwickelt, so dass auch nur dann Weidevieh in diese Gebiete eingetrieben werden kann. In Trockengebieten droht ständig eine Überweidung der Standorte, weil sich dort der Mineralstoffentzug nur schwer durch Mineraldüngung kompensieren lässt. Extrem trockene Gebiete kommen für eine regelmäßige Nutzung überhaupt nicht in Betracht. Sie können nur nach einem der seltenen Regenfälle für einige Zeit von Nomaden mit sehr mobilen Viehherden aufgesucht werden.

Weitere Weideflächen befinden sich auf flachgründigen, armen Böden, auf trockenen Kuppen von Karstgebieten und auf ehemaligen, aus dem Meer emporgehobenen Ostseeinseln, ferner auf trockenem Sand, auch auf ehemaligen Dünen, die von Vegetation so weit festgelegt sind, dass kein Sand mehr verweht wird. Dort dehnen sich Weidegebiete anstelle früherer zonaler und – vor allem an Steilhängen – extrazonaler Wälder aus. Auch an diesen flachgründigen Orten, die nur schwer gedüngt werden können, kommt es rasch zu einer Übernutzung der Böden. Wird die Grasnarbe über sandigen Böden zerstört, kann der Sand vom Wind in Bewegung gesetzt werden, und es bilden sich, ausgelöst durch anthropogenen Einfluss, erneut Dünen.

Wald

Wälder befinden sich in der Regel auf Standorten, die sich nicht anders nutzen lassen: in abgelegenen Regionen, etwa im Gebirge, auf steilen oder nordwärts exponierten Hängen oder auf unfruchtbaren Böden. Etliche dieser Standorte können als extrazonal oder azonal angesehen werden. An vielen zonalen Standorten befinden sich dagegen heute keine Wälder, denn sie eignen sich besonders gut für die Landwirtschaft.

Die meisten Flächen, die heutzutage für Siedlung, Ackerbau und Viehhaltung genutzt werden, waren ehemals ebenfalls bewaldet. Doch man darf daraus nicht den Schluss ziehen, dass alle heute vorhandenen Wälder ursprünglichen Charakter aufweisen und die darin geschaffenen Flächen Rodungsinseln sind. Denn zahlreiche Wälder in der heutigen Landschaft entstanden durch eine Flurreduktion, eine Aufgabe früherer landwirtschaftlicher Nutzgebiete.

Viele heute anzutreffende Wälder gehen komplett auf Aufforstung zurück oder wurden forstlich aus ehemals beweideten Wäldern entwickelt. Dies lässt sich sowohl aus alten Karten und Flurbezeichnungen als auch aus Geländeformen folgern, die man unter den Bäumen finden kann. Oft zeichnen sich an Waldböden Überreste ehemaliger Äcker (Ackerbeete, Terrassierungen, Wälle zur Umgrenzung von Koppeln) oder Reste von Gräben ab, mit denen ehemals Grünland be- oder entwässert wurde.

Ländliche Siedlung

Einzelhöfe, Weiler und Dörfer finden sich in den meisten Gegenden in einer Ökotopengrenzlage zwischen zwei agrarischen Nutzungsräumen: dem trockeneren, tiefgründigen und leichter zu bearbeitenden Ackerland und flachgründigem, im Idealfall auch feuchterem Grünland. Am Rand von Tälern der Löß- und Moränenlandschaften, auch in vielen Bergländern sowie am Übergang zwischen trockener Geest und feuchter Marsch an der Nordsee liegen die Äcker oberhalb, das Grünland unterhalb der Siedlung. Diese typische Lage der ländlichen Siedlung ist markant, auch wenn die Höhenunterschiede zwischen Ackerland, Siedlung und Grünland oft nur gering sind. Bei dieser Siedlungslage konnte das unterhalb der Häuser weidende Vieh von oben her beaufsichtigt werden. Abwasser aus den Siedlungen wurde zur Düngung auf das Grünland geleitet.

Vor allem zu größeren ländlichen Siedlungen gehört eine Kirche. Traditionell ist sie von West nach Ost orientiert. Der Kirchturm sollte in der gesamten Umgebung einer Siedlung sichtbar sein: Der Turmhahn oder eine anders geformte Wetterfahne zeigte die Windrichtung an. Für die auf dem Land arbeitenden Bauern war dies ein wichtiges Hilfsmittel, um die Wetterentwicklung der nächsten Stunden vorhersehen zu können. Mit den Kirchenglocken und später auch den Turmuhren konnte die Arbeit einer gesamten Dorfgemeinschaft synchronisiert werden: Man betete nicht nur zur gleichen Zeit auf allen Feldern, sondern mit dem Morgen-, Mittags- und Abendläuten wurde der Tag strukturiert.

In Karstgebieten und am Rand ehemaliger Meeresbuchten und -arme in Skandinavien ist die Ökotopengrenzlage der Siedlung genau invers: Dort befinden sich die Äcker auf den weniger steinigen und feuchteren Flächen unterhalb der Siedlung, die Weideflächen auf trockenem, oft sehr flachgründigem und steinigem Boden oberhalb der Siedlung auf Kalkhügeln oder ehemaligen Inseln (Schären). Einzelne Siedlungen in Kalkgebieten füllen Senken völlig aus, weil sich nur dort genügend Trinkwasser sammeln ließ – in einem künstlichen See, der auf der Schwäbischen Alb «Hüle» genannt wird. Auf diese Lage verweisen zahlreiche Ortsnamen (Hülben, Berghülen).

Völlig anders gelegen sind ländliche Siedlungen im Marschland, wo es nur geringe Höhenunterschiede gibt. Dort gründete man Siedlungen zunächst auf Strand- oder Uferwällen, die ihre Umgebung oft um nur wenige Dezimeter überragen und daher seltener vom Hochwasser überflutet werden. Zusätzlich legte man künstliche Hügel für die Siedlungen an, die Warft, Warf, Wurt oder Terp genannt werden. Dabei orientierte man sich oft ebenfalls an Strand- und Uferwällen; auf natürlicherweise bestehenden Höhen im Gelände mussten die Hügel nicht so hoch aufgeschüttet werden wie anderswo. Auf ihnen sind Bewohner und Vieh sicher vor Überflutungen. Wurden Marschen eingedeicht, blieben die traditionellen Siedlungslagen oft bestehen. Auch heute noch bieten die künstlichen Hügel einen zusätzlichen Schutz für die Bewohner, wenn Deiche brechen sollten. Auf einer Wurt ist außerdem der Baugrund trockener, und an der Kirche, dem Mittelpunkt des Ortes, nutzt man trockene Flächen für den Friedhof;

nur dort, nicht aber im dauernd feuchten Boden werden Leichen im Lauf der Zeit zersetzt.

Siedlungen auf Uferwällen und Wurten sind vor allem an flachen Meeresküsten verbreitet, beispielsweise an der Nordsee. Entsprechende Siedlungen findet man auch in Flussniederungen, etwa an Elbe, Weser und Rhein sowie an deren Nebenflüssen. Dort errichtete man vielerorts Flusswurten.

Fischersiedlung

Menschen, die Fischfang betrieben, lebten am Ufer von Gewässern. Ihre Siedlungen bestanden nur zu bestimmten Zeiten, und zwar zuerst in den Jahrtausenden nach der letzten Eiszeit, in denen sich in Mitteleuropa die Wälder geschlossen hatten. In späteren Phasen der Urgeschichte, während der späten Jungstein- oder Kupferzeit und der Bronzezeit, gab es erneut Seeufersiedlungen. Ihre Bewohner lebten vom Kulturpflanzenanbau und von der Tierhaltung, betrieben aber auch Fischerei. Fischersiedlungen entstanden erneut im frühen Mittelalter, und zwar oft an Fischwehren, wo Wasser gestaut und über ein Wehr geleitet wurde, so dass sich unterhalb der Gefällstrecke ein Strudel mit sauerstoffreichem Wasser bildete. Dort fanden sich besonders viele Fische ein, und man konnte sie leicht erbeuten. Derartige Fischwehre konnten zu Mühlwehren weiterentwickelt werden; an ihnen entstanden Mühlen, in einzelnen Fällen sogar Städte. Fischersiedlungen im slawisch besiedelten Gebiet Ostmitteleuropas wurden auch als Kietze bezeichnet.

Weitere Fischersiedlungen gibt es an den Meeresküsten; sie werden nur saisonal besiedelt. Ihre Bewohner leben das übrige Jahr in ländlichen Siedlungen. Fischersiedlungen an der Küste entstanden vor allem an den Übergängen von Steilküsten zu Nehrungen; dort konnte man das offene Meer mit Fischerbooten am besten erreichen. Einige dieser Siedlungen entwickelten sich zu dauernd besiedelten Hafenorten oder Feriensiedlungen weiter.

Die Anlage von Mühlen war stets aufwendig. Mühlen wurden daher nur in der Umgebung von ortsfesten Siedlungen gebaut, also in den meisten Gebieten Mitteleuropas seit dem frühen Mittelalter. In prähistorischer Zeit betrieb man dagegen üblicherweise Hand- oder Drehmühlen.

Im Unterschied zu anderen typischen ländlichen Siedlungen liegen Wassermühlen selbstverständlich stets unmittelbar am Wasser. Ihre Standorte können bei hohen Wasserständen überflutet werden. Im Verlauf von Siedlungserweiterungen wurden gelegentlich die Kerne ländlicher Siedlungen mit benachbarten Mühlen verbunden, und es gibt auch Siedlungen, die um Mühlen herum entstanden. Oft legte man aber Wert darauf, dass die Abstände zwischen Mühlen und anderen Wohnhäusern oder Scheunen groß waren; um diese bei einem Brand der Mühle vor Feuer zu schützen.

Wenn das Gefälle der Bäche, deren Wasserkraft zum Mahlen genutzt wurde, nicht ausreichte, wurde Wasser in Weihern oder Teichen aufgestaut, um den Betrieb der Mühlen zu gewährleisten. Der Seespiegel zahlreicher Seen wurde um bis zu einige Meter erhöht. Sehr gut können Wassermühlen an Quelltöpfen betrieben werden. Diese sehr starken Quellen liegen am Rand von Karstgebirgen; große Mengen an Wasser treten dort aus unterirdischen Wasserläufen an die Oberfläche und betreiben sofort Mühlen, etwa am Blautopf bei Blaubeuren oder an der Rhumequelle in Rhumspringe. Vielerorts sind die Mühlenbauten verschwunden, oder Wassermühlen werden nicht mehr traditionell betrieben, aber deren Gebäude oder auch Anlagen sind noch vorhanden, etwa ein Stauwehr oder ein Mühlkanal, in dem Wasser auf das Mühlrad geleitet wurde.

Nur dort, wo sich ursprünglich keine Gewässer zum Betrieb von Mühlen nutzen ließen, errichtete man bereits im Mittelalter Windmühlen zum Kornmahlen, im gefällearmen nördlichen Mitteleuropa, wo sich kein Gewässer stauen ließ, in Trockengebieten (Mitteldeutschland) und in Karstregionen ohne Karstquellen (Nordestland, einige große Ostseeinseln). An manchen Orten wurden frühere Stauanlagen mit den dazugehörenden Wassermühlen im Zeitalter der Landreformen aufgegeben, um in den Senken zusätzliches Grünland zu schaffen. Dann baute man Windmühlen anstelle früherer Wassermühlen. Vielerorts errichtete man Windmühlen auf kleinen künstlichen Hügeln, damit sie vom Wind besser erreicht wurden. Die meisten Windmühlen in Niederungsgebieten an nordmitteleuropäischen Flüssen und Meeresküsten dienten nicht dem Mahlen von Korn, sondern mit ihnen wurde tief gelegenes Wirtschaftsland trocken gehalten.

An vielen früheren Standorten von Wassermühlen, in den Niederlanden (z.B. in Zaandam) auch an Windmühlen, entwickelten sich seit dem 18. oder 19. Jahrhundert Initialen von Industrie: Sägewerke, Spinnereien, Webereien, feinmechanische Betriebe. Einige ehemals mühlenreiche Gegenden wurden zu Industriegebieten, beispielsweise das Vorland von Schwäbischer Alb und Erzgebirge, das Bergische Land, das Schweizer Mittelland und die Poebene am Südrand der Alpen.

Heute werden keine konventionellen Wasser- oder Windmühlen mehr gebaut. Allerdings werden neue Anlagen zur Wasserkraftnutzung (z.B. Laufwasserkraftwerke) und Windkraftnutzung (Windräder) errichtet.

Burg

Burgen entstanden am Mittelmeer bereits in antiker Zeit, nördlich der Alpen im Mittelalter als Stützpunkte von politischer und wirtschaftlicher Infrastruktur. Zu ihrer Sicherung nutzte man die Topographie aus, indem man sie entweder auf Kuppen steiler Berge oder auf Flussinseln (Wasserburg, Niederungsburg oder Motte) errichtete. Zusätzlich waren sie aufwendig durch Mauern gesichert. Niederungsburgen lagen oft in der Nähe von Wassermühlen; die Mühle wurde von der Burg aus geschützt, die Burgbewohner wurden regelmäßig mit Mehl versorgt, und in der Mühle konnten auch Dienstleistungen angeboten werden.

Zu vielen Höhenburgen gehörte ebenfalls eine Burgmühle im darunterliegenden Tal. Wichtig für Höhenburgen war deren Aussichtslage. Viele von ihnen entstanden dort, wo bereits steinzeitliche Jäger nach Beute Ausschau gehalten hatten. Nach dem Verlust ihrer Funktion als Stützpunkt der Macht wurden viele Burgen zu beliebten Ausflugszielen und Aussichtspunkten. Es ergab sich häufig eine charakteristische Linie der Umnutzung: An aussichtsreichen Orten lauerten am Ende der Eiszeit Jäger ihrer Beute auf. Im Mittelalter wurde eine Burg errichtet, und heute besucht man die Anlagen als Ausflugsziel.

Stadt

Städte sind wichtige Zentren der Infrastruktur von Regionen. Sie sind aber in der Regel nicht die ältesten Siedlungen dieser Gebiete; oft entstanden sie erst lange nach der bäuerlichen Aufsiedlung eines Landes.

Einige Städte wurden in einer Spornlage auf einem Berg gegründet, in der Nachbarschaft einer Burg (Urbino, Rothenburg ob der Tauber), oder sie gingen aus Burgweilern hervor, die von den Bediensteten der Burgherren bewohnt wurden. Erheblich mehr Städte entstanden dicht am fließenden Wasser, wo man ein Wehr errichten und eine Mühle betreiben konnte. Gut geeignet für eine Stadtgründung war ein Ort, an dem ein vor Überflutung sicheres Terrain dicht am Wasser lag (Zürich, Schwäbisch Hall, Marburg, Hildesheim, Warschau). Dort war die Entfernung zwischen Mühlenstandort und nie überflutetem zentralem Wohngebiet am Markt besonders gering. Typisch für diese Städte sind steile Straßen zwischen Niederung und Anhöhe, an denen die Häuser besonders gut fundamentiert werden mussten. Viele Städte entstanden dort, wo sich Flüsse in mehrere Arme aufteilen: Den einen Flussarm konnte man zum Betrieb eines Fischwehres oder einer Mühle stauen, den anderen mit einer Schleuse versehen, um Schiffe oder Flöße passieren zu lassen (Paris, München, Nürnberg, auch vergleichbar in Stockholm). Mehrere schmale Flussarme ließen sich ferner leichter überqueren als ein breiter.

Diese Lage nutzte man ebenfalls aus, wenn man eine Stadt in Spornlage zwischen zwei ineinander mündenden Flüssen gründete. Einige dieser Städte tragen Namen, in denen diese Lage umschrieben wird (Gemünden, Minden, Hannoversch Münden, Neckargemünd), aber es gibt auch andere, bei denen diese Lage nicht aus dem Namen hervorgeht (Passau, Hameln, Rinteln). In der Nähe der Flussmündung stauten sich beide Flüsse gegenseitig auf, so dass deren Strömung nachließ und sich Sand absetzte, der in den Gewässern bis zu dieser Stelle mitgeführt worden war. Es entstanden flache Stellen, und mancherorts teilten sich Flüsse in mehrere Arme auf, die zwischen Sandinseln verliefen. Dort entstanden Furten und Brücken. Mindestens einer der Flüsse wurde zum Betrieb eines Fischwehres oder einer Mühle genutzt und gegebenenfalls aufgestaut.

Alle Städte in Flussniederungen ließen sich unter Nutzung der Wasserläufe gut befestigen; nur an den Seiten der Stadt, an denen kein Fluss verlief, brauchte man einen Graben, in den Wasser eingeleitet werden konnte. Von Brücken aus, die in der Nähe der Wehre standen, konnte man besonders gut Fische fangen.

Die Mühlen, die man am gestauten Fluss und auch zwischen den Flussinseln anlegte, waren das gewerbliche Herz der Stadt. Dort konnte man jederzeit, auch bei einer Belagerung, Korn mahlen. Und man konnte mit dem Mahlen von Korn eine Dienstleistung für das Umland anbieten, durch die Geld in die Stadt kam. Viele Mühlen entwickelten sich zu Initialen von Fabriken weiter, so dass die daneben liegenden Städte zu bedeutenden Industriestandorten wurden (Winterthur, Chemnitz, Ulm).

Andere Städte wurden zu Residenzen, und das geschah – stark generalisierend gesehen – auf ungefähr folgende Weise. Zunächst mag ein Fischwehr, dann eine Wassermühle bestanden haben. Der Mühlenbesitzer kam zu Wohlstand und errichtete ein großes Gebäude neben der Mühle. Später wurde dieses Gebäude von adligen Geschlechtern übernommen, die es zu einer Residenz umbauten.

Die Adligen waren zunächst auf Burgen ansässig gewesen, deren Namen ihre Familien trugen; erst im Lauf des Mittelalters oder in der frühen Neuzeit ließen sie sich in Städten nieder. Das gilt beispielsweise für die Wittelsbacher in München, die Württemberger in Stuttgart, die Anhaltiner in Dessau, die Habsburger in Wien oder die Calenberger in Hannover. Üblicherweise befanden sich die Anwesen der Landesherren am Rand der alten Städte; denn ihre Lage war schon zuvor durch die der Mühlen bestimmt. Die alten Gebäude wurden mit der Zeit durch Schlösser ersetzt, die deswegen ebenfalls am Rand der Stadt lagen, weil sie aus Mühlengebäuden hervorgegangen waren. An einigen Orten baute man neben einem alten Schloss noch ein weiteres, prächtigeres. In der Regel verschwanden die Mühlen, aber eventuell vorhandene Wehre blieben erhalten. Das angrenzende frühere Weideland in der Flussniederung wurde vielerorts zum Park, der vom Schloss aus überblickt werden konnte, etwa in München und Stuttgart. Aus diesem Grund liegen viele Residenzschlösser am Rand der alten Städte und dicht am Wasser, aus diesem Grund gibt es auch Gebiete in deren Nähe, die sich zur Anlage von Parks eigneten. In späteren geplanten Residenzstädten wurde diese typische Lage von Schlössern aufgegriffen: Sie grenzten an der einen Seite an die Stadt, an der anderen an den Garten oder Park. Dies lässt sich in Madrid, Versailles, Karlsruhe oder Ludwigsburg gut erkennen.

Weil mittelalterliche und auch viele später gebaute Kirchen strikt von West nach Ost ausgerichtet waren, strebte man in vielen Städten, die im Mittelalter gegründet wurden, eine Orientierung der Straßen an, die die Kirchen in optimaler Weise in den Stadtgrundriss einbezog. Viele Städte wurden daher dort gegründet, wo man eine Hauptstraße genau parallel zu einem Fluss und einer Kirche von West nach Ost (Wittenberg, Celle, Nienburg) oder auch genau von Nord nach Süd (Augsburg, Konstanz, Magdeburg) führen konnte, so dass sich ein rechter Winkel zwischen Hauptstraße und Kirche ergab und deren Westwerk unmittelbar an die Nord-Süd-Straße stieß. Auch bei vielen Dorfgründungen orientierte man sich an der Lage der Kirchen. Viele Straßendörfer erstrecken sich aus diesem Grund ebenfalls von West nach Ost oder von Nord nach Süd.

Traditionelle städtische Siedlungen hatten stets einen viel engeren Bezug zum Wasser als ländliche Orte. Daher sind Städte in früher Zeit normalerweise nicht unmittelbar aus ländlichen Siedlungen hervorgegangen. Erst in jüngerer Zeit, seit der Zeit der Industrialisierung, kam es auch vor, dass frühere Dörfer so erheblich wuchsen, dass sie schließlich ebenfalls Stadtrechte erhielten. Die Kerne solcher Städte liegen aber auch nicht direkt am Fluss, sondern man erkennt die ehemalige Ökotopengrenzlage der ländlichen Siedlung, wenn man die Distanzen der Kerne solcher Orte zu Fluss- oder Bachläufen betrachtet.

Gärten

Gärten liegen typischerweise unterhalb von Siedlungen, oft in überflutungsgefährdeten Bereichen, aber möglichst dicht bei den Häusern. Mit den Fluten werden Mineralstoffe an diese Orte gebracht. Eine Düngung dieser sehr intensiv genutzten Flächen ist aber auch dadurch möglich, dass Abwasser aus den Häusern in die unterhalb davon gelegenen Gärten geleitet wird. Es gab Krautgärten für Gemüse und Obstgärten. Für Obstbäume sind Flächen unterhalb der Häuser besonders günstig, weil sie dort am besten vor Unbilden der Witterung geschützt sind. Kaltluftseen, in denen die Gefahr von Spätfrost im Frühjahr oder von Frühfrost im Herbst besonders groß ist, entstehen in der Regel noch weiter unterhalb, im Grund der Täler. Im Schutz der Häuser sind Bäume auch den Stürmen weniger stark ausgesetzt. Vor allem an südexponierten Hauswänden, die als extrazonale Standorte aufgefasst werden können, zieht man Spalierobst.

Wein kann man nur in sehr warmen Gegenden in der Ebene anbauen, im Mittelmeergebiet, im Pannonischen Becken und in der Rheinpfalz. In anderen Gegenden nutzt man dafür extrazonale Standorte an Südhängen in den Tälern von Rhein, Mosel, Neckar, Main, Saale, Elbe und Donau sowie an den Hügeln im Kaiserstuhl, Markgräflerland und Elsass.

Wege und Straßen

Verkehrswege wurden so angelegt, dass sie die Siedlungen in bestmöglicher Weise miteinander verbanden. Wege und Straßen zwischen ländlichen Siedlungen entstanden daher ebenfalls an der Ökotopengrenze zwischen trockenem Ackerland und feuchtem Grünland, typischerweise am Rand von Tälern. Diese Wegführung ergab sich zum einen aus der Lage der Dörfer, die miteinander verbunden werden sollten, zum anderen daraus, dass auch von den Straßen aus die beiden wichtigen Wirtschaftsbereiche von Äckern und Grünland erschlossen werden sollten. Unterhalb von vielen Wegen verlaufen Gräben, die das Wasser ableiten und von denen aus früher Grünland bewässert wurde. Die Schleusen und Schützen zur Verteilung des Wassers wurden vom Weg aus bedient.

Bergsättel und Furten gaben die Lage von Straßen vor, die über das Gebirge und quer durch Flüsse führten. Bei der Anlage von Wegen oder Straßen ins Bergland musste beachtet werden, welchem Verkehr sie dienen sollten. Fußwege hatten einen möglichst direkten Verlauf zu nehmen, stärkere Steigungen nahm man in Kauf. Für den Wagenverkehr mussten starke Steigungen dagegen vermieden werden. Wichtige Fahrstraßen wurden daher in Serpentinen über Pässe geleitet; sie sind viel länger als direkte Fußwege.

Überregional wichtige Wege, die für den lokalen Verkehr keine Bedeutung hatten, führte man häufig auf Wasserscheiden entlang. Dort mussten keine Täler und Fließgewässer gequert werden, und die Wege nahmen einen relativ steigungsarmen Verlauf (Ochsenweg auf der jütischen Halbinsel, Rennsteig im Thüringer Wald, Alte Weinstraße und Hochstraße im Schwarzwald).

Eisenbahn

Bahnlinien mussten stets aufwendiger trassiert werden als andere Wege, weil Schienenfahrzeuge nur geringe Steigungen überwinden können. Außerdem mussten enge Kurvenradien vermieden werden. Für die Anlage von Bahnlinien brauchte man Tunnel und Viadukte, Bahndämme und Bahneinschnitte. Steilstrecken konnte man nur dann errichten, wenn man sie mit einer Zahnstange für den Zahnradbetrieb versah.

Kanal

Kanäle, in denen Wasser zu einem Ort hin- oder von ihm weggeleitet werden sollte, erhielten ein geringes Gefälle, um das Wasser am Fließen zu halten. Sollten Schiffe oder Flöße in den Kanälen verkehren, musste ein Gefälle unbedingt vermieden werden, um stets einen ausreichend hohen Wasserstand zu garantieren. Zur Überwindung von Höhenunterschieden braucht man Kanalschleusen, an denen Schiffe auf ein höheres oder niedrigeres Wasserniveau umgesetzt werden (Götakanal in Schweden, Main-Donau-Kanal).

«Landschaft lesen»: Landschaftselemente in einer exemplarischen Landschaft

Hier genannte regelhafte Züge der Landschaftsgliederung lassen sich in jeder konkreten Landschaft mehr oder weniger gut erkennen. Hier soll nochmals kurz auf das Beispiel der Landschaft unterhalb der Bastei in der Sächsischen Schweiz zurückgegriffen werden *(Abb. 9-1)*. Sehr deutlich wird dort die Verteilung von Feldern bzw. Ackerland, Wäldern und Grünland. Die Böden sind steinig, daher ist nicht davon auszugehen, dass die Ebenheiten des Elbsandsteingebirges zu den ganz früh besiedelten Gebieten gehörten. Der Ort Rathen könnte ehemals eine Fischersiedlung gewesen sein; eine größere Siedlung, die von agrarischer Nutzung des Landes autark lebte, dürfte im Elbtal oberhalb von Dresden nicht bestanden haben. An typischen Stellen finden sich Gärten und Obstbäume. Der Ort ist schlecht in eine Landverkehrsinfrastruktur eingebunden, sieht man von seiner im 19. Jahrhundert entstandenen Eisenbahnverbindung einmal ab: Mit der Bahn dürften Feriengäste in die Gegend gekommen sein. Deutlich wird die aufwendige Trassierung der Bahnlinie. Die weitere Zukunft des Ortes hängt stark von seiner Anbindung an die Eisenbahn und seiner heutigen Funktion als Ferienort ab.

Schlussbemerkungen

Die Beispiele für regelhafte Strukturen von Nutzungsräumen in der Umwelt des Menschen ließen sich vermehren und präzisieren; hier ging es lediglich darum, einige wenige generelle Züge hervorzuheben. Damit sollte deutlich gemacht werden, dass man nicht nur an den Resten einer von Menschen unbeeinflussten Vegetation, sondern auch an den Strukturen, die Menschen im Raum schufen, erkennen kann, wie die natürlichen Bedingungen in einem Gebiet beschaffen sind. Liegen in einem sanft hügeligen Terrain Felder in den Tälern, wird man daraus erschließen können, dass man sich in einer Karstlandschaft befindet. Sind die Felder ebenfalls in den Senken, aber auf ebenem Untergrund zu finden, liegt der Schluss nahe, dass sie auf ehemaligem Meeresboden angelegt wurden.

Alle genannten Regelhaftigkeiten der menschlichen Nutzung von Landschaft bestehen nicht überall. Wenn allerdings die Lage von Städten oder Dörfern, Feldern oder Grünland von den hier angegebenen Verhältnissen abweicht, muss eine Begründung dafür gefunden werden. Aus einer solchen Abweichung könnte sich eine spektakuläre Besonderheit ergeben, auf die man hinweisen sollte, wenn man die Einmaligkeit eines bestimmten Ortes erklären will. Einige Abweichungen von den hier angegebenen regelhaften Befunden von Siedlungen verweisen auch auf Gegebenheiten in der Vergangenheit hin, die heute nicht mehr bestehen. Wenn beispielsweise ein heute als ländliche Siedlung geltender Ort in seinem Inneren steile Straßen aufweist, ist es möglich, dass diese Bebauung aus einer Zeit stammt, in der dieser Ort nicht nur Stadtrechte besaß, sondern auch eine städtische Topographie erhielt.

16 Landnutzungssysteme und Landschaft: generelle Konsequenzen

Die besondere Bedeutung der Landnutzung für die Ausprägung von Landschaft

Bis zum Beginn der Nacheiszeit, die auch als Holozän bezeichnet wird, hatten natürliche Gegebenheiten allein Einfluss auf die Herausbildung von Lebensräumen; vor allem dem Klima und seiner Entwicklung kam eine große Bedeutung bei der Herausbildung von Vegetationszonen zu. Die Verteilung der Vegetation im Raum war entscheidend für die Entwicklung der Tierwelt: Viele Tiere lebten nur dort, wo sie bestimmte Futterpflanzen vorfanden, andere nur im Schutz von Wäldern, wieder andere nur außerhalb von Wald.

Durch die Ausbreitung von Wald nach der letzten Eiszeit änderten sich die Entwicklungsbedingungen von Lebensräumen von Grund auf: Damals reagierten Menschen auf die Veränderung ihres Lebensraumes dadurch, dass sie in immer mehr Erdgegenden dazu übergingen, Landwirtschaft zu betreiben und deswegen sesshaft zu werden. Von diesem Moment an bestimmten nicht mehr natürliche Bedingungen allein das Aussehen von Lebensräumen, sondern immer stärker wurde es durch die Art und Weise der Landnutzung durch den Menschen geprägt. Menschen reflektierten über die von ihnen ausgehende Nutzung des Landes: Landschaft wurde als ein Miteinander von natürlichen Gegebenheiten, Grundzügen der Landnutzung und der Gedanken entdeckt, die sich Menschen dazu machten.

Landnutzung wurde mit der Zeit zum dominierenden Faktor der Landschaftsentwicklung. Dies wird bei der Darstellung der aufeinanderfolgenden Landnutzungssysteme ebenso deutlich wie an der regelhaften Verteilung zahlreicher Grundelemente von

Landschaft im Raum. Aus Pollendiagrammen geht dieses Resultat ebenso eindeutig hervor. Veränderungen der Landnutzung betreffen die Entwicklung von Landschaft unmittelbar; sie sind daher leichter zu erkennen als Landschaftsveränderungen, die durch einen Wandel des Klimas ausgelöst sein können.

Die heutige Landschaft lässt sich als ein Resultat aus dem Nacheinander an verschiedenen Formen von Landnutzung auffassen. Diese Formen der Landnutzung waren Teil von Systemen. Bekannte Ressourcen wurden immer besser genutzt und weitere neu erschlossen, um stets aufs Neue Wachstumsgrenzen der eigenen Spezies zu überwinden. Dies macht einen wichtigen Teil der Sonderstellung des Menschen gegenüber anderen Lebewesen aus. Die Art und Weise der Gestaltung von Landschaft ist etwas spezifisch Menschliches. Landschaft als Kulturprodukt belegt insgesamt eine besondere Fähigkeit des Menschen, seine Umwelt zu beeinflussen und zu gestalten. Alle anderen Lebewesen und alle Bereiche der Erdoberfläche sind von diesem Handeln des Menschen abhängig geworden, wenn auch in unterschiedlich starkem Maße. Daraus lässt sich eine kulturelle Verantwortung von Menschen für ihre Umwelt ableiten.

Die Aufeinanderfolge der Systeme von Landnutzung und Landschaft

Keines der Systeme, die sich aus Zusammenhängen zwischen Bevölkerungswachstum, Landnutzung und Landschaft ergaben, wurde komplett geplant. Vielmehr wurde jeweils mit einer einzelnen Maßnahme begonnen, die weitere Innovationen zur Folge hatte. Landwirtschaft zu betreiben mag sich aus Erfahrungen mit dem Sammeln von Pflanzen entwickelt haben. Man hielt zusätzlich Tiere, um einerseits weitere Nahrung und Rohstoffe (Wolle, Knochen) zu gewinnen, andererseits mit ihrer Hilfe Felder zu bearbeiten. Um Felder, Tiere und Vorräte dauernd beaufsichtigen zu können, errichteten Bauern feste Wohnsitze, Hütten oder Häuser.

Die Notwendigkeit, Felder künstlich zu bewässern, mag zumindest dazu beigetragen haben, dass zum ersten Mal Staaten und in Verbindung damit Zivilisationen entstanden, und zwar als Teile eines neuen Systems von Landnutzung, die sich erneut zu einem Ganzen zusammensetzten. Landreformen wurden ebenfalls nicht komplett geplant, sondern man begann mit einzelnen Maßnahmen zur Verbesserung der Nutzung von Wäldern und Agrarflächen. Ohne die Erfindung der Dampfmaschine und die Innovationen der Industrialisierung wären die Landreformen weitgehend eine Wunschvorstellung geblieben; mit diesen Innovationen fügte sich insgesamt ein einige Jahrhunderte lang erfolgreiches System von Landnutzung, Entwicklung der Menschheit und Prägung von Landschaft zusammen.

Die Systeme bestanden nicht nur nacheinander, sondern auch zeitweilig nebeneinander. Das ist sehr wichtig; denn dadurch traten die Unterschiede für die in beiden Systemen nebeneinander lebenden Menschen offen in Erscheinung. Doch es mangelte immer wieder an Verständnis für Menschen, die in das jeweils andere System eingebunden waren. Vom Standpunkt der Römer aus galten Germanen als Barbaren oder Wilde; denn sie lebten außerhalb eines Staates oder einer Zivilisation. Sie waren in ein System von Landnutzung eingebunden, in dem sich eine Landschaft herausbildete, die sich von derjenigen der Römer, die in einem Staat lebten, von Grund auf unterschied. Ähnliche Urteile fällten in einem Staat lebende Mitteleuropäer im Mittelalter über Menschen, die im Osten Europas außerhalb von staatlicher Ordnung lebten. Später entwickelten sich Urteile über «Wilde» oder «Eingeborene» in anderen Kontinenten, heute über «indigene Völker», deren System des Zusammenlebens und der Landnutzung sich aus dem Blickwinkel der Zivilisation nur schwer erschließt. Die Bezeichnungen für die Menschen, die unter diesen Systembedingungen lebten, trafen oft nicht zu. Die Landschaften, in denen sie lebten, waren keine Wildnisse, in denen sich Natur ohne menschliche Intervention entwickelte, sondern sie wurden ebenso von Menschen beeinflusst, wenn auch in anderer Weise als innerhalb einer Zivilisation.

Bei dem Versuch, die Lebensbedingungen von Menschen zu

umschreiben, die nicht unter den gleichen Systembedingungen der Landnutzung lebten wie man selbst, kam es zur Entstehung von Mythen, Sagen und Märchen. Viele «Wildnisse» Europas werden seit langer Zeit falsch gedeutet. Landschaften, die sich als Relikte eines überkommenen Systems von Landnutzung erhalten hatten, wurden und werden für «schöne Natur» gehalten und unter Naturschutz gestellt. Bereits Vergil und andere antike Dichter verherrlichten das in der Entwicklung zurückgebliebene Arkadien als Natur, Paradies oder Idylle. Bis heute hält man halboffene Weidelandschaften der gemäßigten Zonen für «Natur»: Heideflächen, Magerrasen und Hudewälder oder Hutweiden. Die Fehleinschätzung dieser Gebiete hatte vor zwei Jahrtausenden die gleichen Gründe wie heute: Man verwechselte weniger intensiv genutztes Land, dessen Systemstruktur man nicht völlig verstand, mit einem Idealzustand von Natur. Zweifellos sind die verherrlichten Landschaften schön, aber Natur oder Wildnisse sind sie nicht. Man wird ihnen auch nicht gerecht, wenn man sie als «Natur» bewahrt. Wenn man sie schützen will – und darauf kann man sich durchaus verständigen –, braucht man eine kulturell begründete Strategie des Schutzes von Landschaft, bei dem vor allem die Art und Weise der Landnutzung oder der Pflege eines Landstückes eine Rolle spielt.

Mit fehlendem Verständnis für den Charakter von Landnutzungssystemen und Landschaften, die unter anderen als den jeweils vorherrschenden systemischen Bedingungen zustande kamen, hängt wohl zusammen, dass es bis heute nicht einfach ist, einzelne Landnutzungssysteme griffig und eindeutig zu benennen. Menschen, die als Jäger und Sammler ihre Umwelt nutzten, befanden sich genauso außerhalb der Zivilisation wie diejenigen Bauern, die ihre Siedlungen und Wirtschaftsflächen von Zeit zu Zeit verlagerten. Diese Jäger und Bauern könnte man als «unzivilisiert» bezeichnen. Aber es sind auch Traditionen von Bauernkulturen, bei denen Siedlungen und Wirtschaftsflächen verlagert wurden, zu denjenigen erkennbar, die innerhalb eines Staates ortsfest siedelten und die nach den Landreformen ihre Flächen ertragreicher bewirtschafteten. Alle Menschen, die unter diesen drei

Systembedingungen lebten und arbeiteten, waren Bauern. Zivilisation als staatliche Struktur herrschte unter allen Menschen, die in Abhängigkeit von einer Infrastruktur ortsfest siedelten, ganz gleich, ob Landreformen bereits stattgefunden hatten oder nicht: Zivilisation gab es vor dem 18. Jahrhundert ebenso wie in der Zeit danach. Man wurde sich damals neu über Landschaft bewusst, aber auch Landschaft gab es schon vorher.

Alle Bauern hatten eine Kultur, denn sie bebauten Land, und auch bei Jägern und Sammlern lässt sich Kultur feststellen: Sie hinterließen Kunstwerke, Hinweise darauf, dass sie eine Religion kannten, sie beherrschten die Kultur der Jagd. Also waren selbst sie nicht nur «wild», «unkultiviert» oder «primitiv»; ihre Lebensform schien lediglich aus der Sicht von Menschen, die in einem weiter entwickelten System lebten, weniger weit entwickelt zu sein.

Verschiedene Systeme von Kultur und Landnutzung konnten zwar lange nebeneinander bestehen, aber letztlich setzte sich das System als allgemeingültig durch, in dessen Rahmen sich Ressourcen besser nutzen und mehr Menschen versorgen ließen. In der Konsequenz kam es zu einer Akkulturation: Die bisherige Lebensweise wurde aufgegeben und eine neue übernommen. Allerdings blieben dabei auch Erfahrungen aus früherer Zeit erhalten, in der beide Systeme noch nicht aneinander angeglichen waren. Solche Denkweisen oder Vorstellungen lassen sich als Teile einer *longue durée* von Strukturen, auch von immateriellen Elementen, auffassen.

Im Rahmen eines Akkulturationsprozesses konnte ein komplettes System der Lebensweise, Landnutzung und Beeinflussung von Landschaft auf einmal übernommen werden. Als sich die Lebensweise von Bauern aus Vorderasien nach Europa ausbreitete, wurden Ackerbau und Viehhaltung, Bodenbearbeitung, Sesshaftigkeit, Vorratshaltung, Keramikherstellung usw. zugleich übernommen. Als sich ausgehend vom Nahen Osten staatliche Strukturen am Mittelmeer und dann in anderen Teilen Europas etablierten, verlief die Bildung eines Staatsgebildes mutmaßlich rascher als bei der allmählichen ersten Formung eines Staates an den Flüssen des Orients. Die Ausbreitung staatlicher Strukturen wurde immer wieder auch mit Zwang oder Unterwerfung durchgesetzt, insbesondere durch Einrichtung von abhängigen Kolonien.

Man könnte die Einteilung in verschiedene Systeme von Landnutzung und Landschaftsbeeinflussung verfeinern. Die frühe Landwirtschaft im Nahen Osten lässt sich in vieler Hinsicht von einer Landwirtschaft abgrenzen, die davon abgeleitet in anderen Teilen der Welt betrieben wurde. Wurden neue Rohstoffe verfügbar und nutzbar, veränderten sich wesentliche Komponenten von Landnutzungssystemen. Eine entscheidende Veränderung der Landnutzung und Landschaftsgestaltung mag unter anderem vom Beginn der Nutzung von Eisen und Salz ausgegangen sein. Innerhalb von Staaten, die nacheinander im Nahen Osten, am Mittelmeer, in anderen Teilen Europas und schließlich weiteren Teilen der Welt bestanden, wurden Landnutzung und Landschaftsgestaltung ebenfalls nach unterscheidbaren Kriterien betrieben.

In anderen Kulturkreisen, etwa in Süd- und Mittelamerika oder Ostasien, lief die Abfolge von Formen der Landnutzung ähnlich ab. Stets ging es zunächst um einen Ersatz des Daseins als Jäger und Sammler durch Landwirtschaft, später um die Einführung einer Infrastruktur.

Im Zeitalter des europäischen Kolonialismus wurden Menschen unterworfen, die in sehr verschiedene Systeme von Landnutzung eingebunden waren. Den Eroberern traten Jäger und Sammler, Bauern und auch Menschen gegenüber, die unter den Bedingungen einer staatlichen Infrastruktur lebten. Stets repräsentierten sie aber für die Europäer «das Wilde». In der Folgezeit kam es zu facettenreichen Prozessen der Akkulturation.[154] Als Kolonien unabhängig wurden, blieben Folgen der Akkulturation auch stets im neuen Staat bestehen. Kein Gebiet fiel also in denjenigen Systemzusammenhang zurück, der vor der Kolonialisierung bestanden hatte.

Durch jedes System der Landnutzung wurde die Entwicklung von Landschaft in eine andere Richtung gelenkt. Und insgesamt wurde dadurch im Verlauf langer Zeit das Bild von Landschaft so geprägt, wie wir es heute vor uns sehen. Das Aufkommen eines neuen Systems von Kultur und Landnutzung sowie Beginn und Ende eines Akkulturationsprozesses lassen sich nicht mit Jahreszahlen umschreiben. Keines der dargestellten Systeme von Kultur und Landnutzung dauerte von einem bestimmten Anfangszeitpunkt bis zu einem bestimmten Endzeitpunkt, sondern sie bildeten sich allmählich heraus. Zusammenhänge eines aufgegebenen Systems wurden nur allmählich aufgelöst, nicht überall zur gleichen Zeit. Für den Übergang von einem System in ein anderes war stets entscheidend, dass sie lange Zeit nebeneinander Bestand hatten.

Einzelne Komponenten von Landschaft glichen sich unter unterschiedlichen Systemeinflüssen nicht genau. Im Wald kam es, als er sich zu Zeiten von Jägern und Sammlern weitgehend natürlich entwickelte, nur selten und punktuell zu Sekundärsukzessionen. Er veränderte sich daher nur sehr langsam. Die Entwicklung von Wäldern lief unter dem Einfluss von nicht dauerhaft ortsfest siedelnden Bauern dynamischer ab: Es kam öfter und auf größeren Flächen zu Sekundärsukzessionen, und in deren Verlauf konnten sich neue Baumarten rascher ausbreiten. Der Wald, der unter den Bedingungen dieses Landnutzungssystems entstand, war außerdem – ebenso wie der Wald in der Umgebung von ortsfesten Siedlungen – durch Waldweide geprägt. Später wurde Wald durch intensivere Nutzung immer weiter zurückgedrängt; in der Umgebung von ortsfesten Siedlungen kam es nicht mehr zu Sekundärsukzessionen von Wald. Im Zeitalter der Landreformen begann die Betreuung von Wald durch Förster. Nun wurde dafür Sorge getragen, dass möglichst viel Holz pro Flächeneinheit aufwuchs. Der Wald wurde erheblich dichter als in den vorausgegangenen Phasen der Landnutzung. Wälder sahen also im Lauf der Zeit immer wieder völlig anders aus.

Über die genaue Gestalt von Feldern bzw. Äckern in der Frühzeit des Ackerbaus wissen wir so gut wie nichts. Mutmaßlich entstanden sie immer wieder an anderer Stelle und waren nicht exakt begrenzt. In einer Feld-Graswirtschaft, wie sie wohl in der Anfangszeit des Ackerbaus bestand, bedeuteten Acker und Feld das

Gleiche. Das war bei der mittelalterlichen Dreifelderwirtschaft nicht der Fall, die sich unter den Systembedingungen ortsfester Besiedlung herausbildete: Zu jedem Feld gehörten zahlreiche Äcker, die Besitz einzelner Bauern waren. Im Verlauf der Landreform wurden aus den schmalen Äckern früherer Zeit quadratische Feldblöcke zusammengefügt, die man sowohl Feld als auch Acker nennen kann; unter den Systembedingungen der reformierten Landnutzung bedeuten die Begriffe Feld und Acker das Gleiche.

Unter den Systembedingungen von Jägern und Sammlern war eine Siedlung mobil, bei nicht ortsfest siedelnden Bauern bestand sie für einige Jahrzehnte oder vielleicht auch Jahrhunderte. Sie war damit keineswegs auf Dauer gebaut, im Gegensatz zu einer Siedlung unter den Systembedingungen ortsfester Landnutzung. Zu einer stabilen Siedlung gehörten langfristig angelegte Spezialkulturen wie beispielsweise Obstgärten. Diese Siedlungen konnten einen geplanten Ortskern haben, zu vielen von ihnen gehörten zumindest zum Teil aus Stein gebaute feste Häuser und eine Kirche.

Auch unter den Systembedingungen ortsfester Siedlungen waren Wege und Straßen häufig noch nicht genau fixiert, sondern die Wagenspuren wurden immer wieder verlagert. Das galt umso mehr für vorausgegangene Systeme, in denen sie aber auch eine geringere Bedeutung hatten. Nicht völlig ortsfeste Ackerbauernsiedlungen ließen sich schwerlich in dauerhafte Verkehrs- und Handelswege einbauen, weil sie immer wieder verlagert wurden. Die Menge der Güter, die von solchen Dörfern von außen bezogen wurden, war sehr gering; es gab nur wenige Rohstoffe, die in eine solche Siedlung gelangen mussten, und ein Abgabensystem für Agrargüter war damals noch nicht etabliert. Völlig fixiert wurden Straßen erst unter den Systembedingungen der Landreformen.

Da unter den verschiedenen Systemzusammenhängen Wälder und Felder, erst recht Siedlungen und Wege nicht miteinander vergleichbar sind, lassen sich auch keine klaren Statistiken über ihre Entwicklung im Lauf von Jahrtausenden aufstellen. Beispielsweise kann eine Übersicht zur Flächenentwicklung von Wäldern seit dem Mittelalter kein korrektes Bild vermitteln: Dort werden dann nämlich Wälder, die beweidet und bäuerlich bewirtschaftet wurden, mit solchen verglichen, die unter dem Einfluss einer geregelten Forstwirtschaft standen und allein der Holznutzung dienten.

Der Einfluss der Abfolge von Landnutzungssystemen auf die Vegetationsgeschichte

Durch den Wandel von Landnutzungssystemen veränderten sich in den dadurch beeinflussten Landschaften die Häufigkeiten von Waldbäumen. Bestimmte Baumarten wurden durch die eine Form der Landnutzung gefördert, durch eine andere benachteiligt. Dies ist im Pollendiagramm klar zu erkennen, in dem die Entwicklung von Vegetation und Landschaft in den letzten Jahrtausenden dokumentiert ist. In *Abb. 16-1* sind in das an anderer Stelle (Kapitel 3) präsentierte Diagramm vier Phasen der Entwicklung der Vegetation eingetragen. In den Ablagerungen der Phase 1 ist kein Hinweis auf eine Beeinflussung der Landschaftsentwicklung durch Ackerbau feststellbar: Pollen von Getreide wurde nicht in den Torfschichten des Moores abgelagert. Die Menschen in der Umgebung des Moores lebten von der Jagd und vom Sammeln.

In Schicht 6, vor rund 6000 Jahren, finden sich zum ersten Mal Pollenkörner von Getreide in einer Torfschicht des Moores. Dies ist ein klarer Hinweis darauf, dass in der Nähe des Moores nicht nur Getreide angebaut wurde, sondern auch eine Siedlung bestand. Die wenigen Pollenfunde von Getreide in Phase 2 des Pollendiagramms zeigen an, dass Siedlungen und Nutzflächen nur zeitweise existierten und dann wieder aufgegeben wurden. Dies war zu den Zeiten üblich, in denen eine nicht permanente Landnutzung außerhalb eines Staates praktiziert wurde. Damals konnte sich im Rahmen von Sekundärsukzessionen immer wieder erneut Wald auf aufgelassenen Siedlungsflächen etablieren: Jahrtausendelang breiteten sich Buchen aus, dagegen wurden Eichen, Linden und Ulmen seltener, wohl unter anderem deswegen, weil sie unter den Schatten spendenden Buchen, Fichten und Tannen im Wachstum benachteiligt waren.

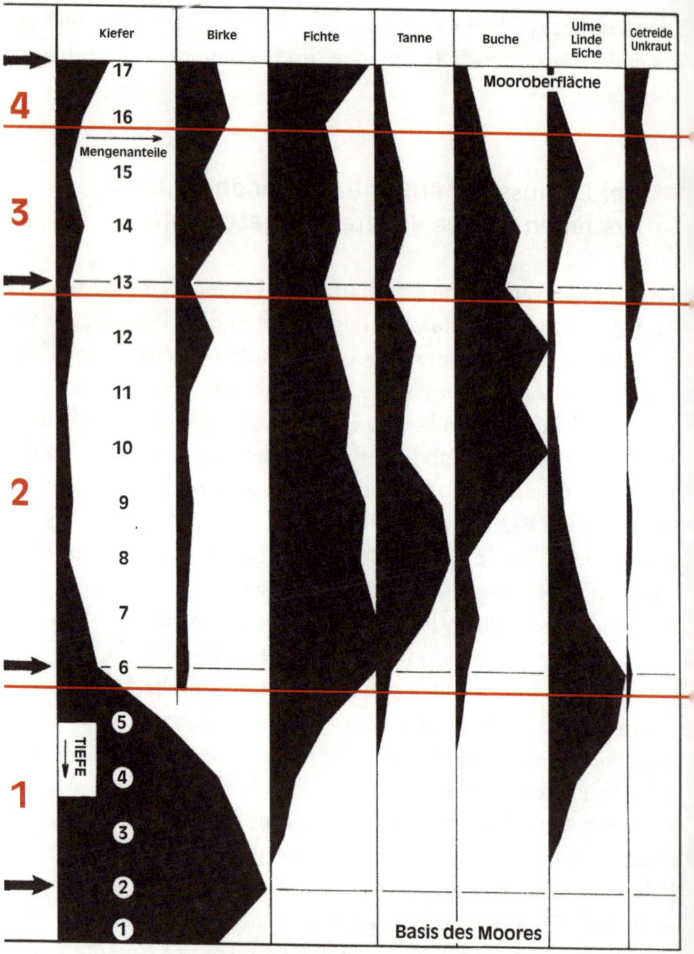

Abb. 16-1 **Pollendiagramm aus dem westlichen Oberbayern, in vier Phasen der Landnutzung gegliedert (vgl. Abb. 3-3, S. 56f.).**

Von Schicht 13 an, die vor etwa 2000 Jahren, also zur Zeit der römischen Besiedlung des Gebietes nördlich der Alpen, im Moor abgelagert wurde, ist mehr Pollen von Getreide und Unkraut nachweisbar. Die Besiedlung wurde also intensiver und dauerte länger an; dies lässt sich darauf zurückführen, dass das Gebiet zu der Zeit, als die Torfschichten der Phase 3 abgelagert wurden, in eine feste staatliche Struktur integriert worden war. Die stärkere Nutzung der Wälder führte zum Rückgang der Bedeutung von Tannen und Buchen. Die Anteile beider Baumarten nahmen nochmals zu, als die Intensitäten von Besiedlung und Bewirtschaftung zwischen der Römerzeit und dem Mittelalter leicht nachließen. Eichen, Ulmen und Linden wurden in Wäldern häufiger, die in kurzen Abständen immer wieder genutzt wurden. Diese Bäume konnten im Unterschied zur Buche nach dem Schlagen wieder austreiben. In Phase 4 wirkte sich schließlich die Landreform aus, vor allem dadurch, dass die Bedeutung der Fichte und auch der Kiefer in aufgeforsteten Wäldern deutlich zunahm.

Ähnlich wie in diesem vereinfacht präsentierten Pollendiagramm aus dem westlichen Oberbayern zeigt sich die Entwicklung der Vegetation in jedem Pollendiagramm aus Mitteleuropa: Buchen breiteten sich in der Phase aus, in der es zu Sekundärsukzessionen der Vegetation nach der Aufgabe von Siedlungen und Wirtschaftsflächen kam, und zwar etwa von 5000 v. Chr. bis zum Beginn des Mittelalters. Durch die spätere Intensivierung der Nutzung wurde die Buche stets benachteiligt.[155] In den jüngsten Torfablagerungen zeigen die Pollenablagerungen an, dass aufgeforstet wurde.

Genauso wie bei der Betrachtung der einzelnen Landnutzungssysteme zeigt sich bei der Interpretation des Pollendiagramms, wie sehr die sich wandelnde Landnutzung in den letzten Jahrtausenden den Gang der Vegetations- und Landschaftsgeschichte bestimmte. Klar wird auch, welch große Bedeutung Pollendiagrammen als Schlüssel zur Geschichte von Landnutzung zukommt. In ihnen sind nicht in erster Linie die kleineren Klimaschwankungen der letzten zehn Jahrtausende dokumentiert, sondern vor allem die aufeinanderfolgenden Wandlungen der Landnutzung.

302 Ein neues System von Landnutzung und Landschaft

Seit etwa der Mitte des 20. Jahrhunderts zeichnet sich vielerorts auf der Erde die Herausbildung eines neuen Systems von Landnutzung und Landschaft ab. Die Bevölkerung und die Bedürfnisse der Menschheit nehmen weiter zu, vor allem Metropolen wachsen erheblich. Eine Tendenz zur Zentralisierung und Konzentration zeigt sich nicht nur an dem vorrangigen Wachstum großer Städte, sondern auch bei der Vergrößerung von Industriebetrieben, beim Bau großer Kraftwerke für die zentralisierte Energieversorgung und beim Aufbau von Güterverteilzentren. Überregionale Verkehrswege und Verkehrsanlagen (Flugplätze, Containerhäfen, Autobahnen, Schnellbahnen) werden ausgebaut. Die Umfänge von Individualverkehr und Warentransporten wachsen erheblich. Landnutzungsflächen werden durch Zusammenlegung kleinerer Felder immer größer, die Mechanisierung der Land- und Forstwirtschaft nimmt weiter zu. Bei der Landnutzung werden seit Jahrtausenden gültige Landnutzungsmuster aufgegeben, die in den vorigen Kapiteln dargestellt wurden: Mais wird nicht mehr allein im traditionellen trockenen Ackerlandbereich angebaut, sondern auch in Tallagen und Niederungen, wo zuvor stets Grünlandnutzung stattgefunden hatte. Außer Nahrungs- und Futterpflanzen werden Energierohstoffe kultiviert; Agrarland wird auch zur Aufstellung von Solarpaneelen genutzt.

Nicht überall aber wird die Landnutzung intensiviert. In anderen Gegenden wird sie aufgegeben, in Verbindung damit verschwindet die ehemals fein vernetzte Infrastruktur, etwa durch Abbau von Eisenbahnlinien, Schließen von Verwaltungseinrichtungen, Schulen und Geschäften. Manche Gebiete werden marginalisiert, einige sogar ganz verlassen.

Kompartimente der Landschaft werden strikter voneinander getrennt: Die einen sind für intensive Nutzung vorgesehen, die anderen dem Naturschutz vorbehalten. Versteht man unter Naturschutz eine Konservierung von Landschaft eines überkommenen Systems durch rechtliche Anordnung, wird damit ein Nebeneinander von Gebieten gefördert, die unterschiedlichen Landnutzungs- und Landschaftssystemen angehören. In Landschaften bestehende traditionelle Zusammenhänge zwischen einzelnen Nutzungsbereichen werden dabei aufgelöst.

Insgesamt ist das hier skizzierte neue System von Landnutzung und Landschaft davon abhängig, dass ihm große Mengen an fossilen Rohstoffen zugeführt werden, vor allem in Form von Erdölprodukten. Billiger Treibstoff ermöglicht derzeit eine immer noch weiter zunehmende Mobilität, Mechanisierung, Metropolenvernetzung und Marginalisierung von abgelegenen Gebieten. Daraus resultiert ein zentrales Problem des neuen Landnutzungssystems. Denn die Menge verfügbarer fossiler Energierohstoffe ist endlich; wenn es nicht gelingt, andere Formen der Energienutzung zu etablieren, kann der Umfang von Mobilität und Zentralisierung nicht auf dem heutigen Niveau bleiben bzw. sogar immer noch weiter ansteigen. Mit dem Verbrauch von endlichen fossilen Energierohstoffen hängt als bedrohliches Problem zwar auch der Ausstoß an Kohlenstoffdioxid zusammen, der zu einem Klimawandel führen kann. Mindestens ebenso groß ist aber das Problem, dass das derzeit im Aufbau begriffene System von Landnutzung und Landschaft nicht dauerhaft bestehen kann, weil die dazu notwendigen Mengen an fossilen Energierohstoffen nicht auf Dauer verfügbar sind.

Der weltweite Bedarf an Nahrung steigt auch in der Zukunft weiter. Daher kann nicht davon ausgegangen werden, dass weiterhin oder gar in noch größerer Menge als heute Energierohstoffe auf solchen Flächen angebaut werden, die auch für die Produktion von Nahrungspflanzen nutzbar sind. Die Notwendigkeit, auf Agrarflächen Nahrungspflanzen anzubauen, spricht auch gegen das Aufstellen von Solarpaneelen auf Feldern.

Wenn nicht besondere Vorsicht angewandt wird, kann die Vergrößerung von Agrarflächen eine Zunahme von Erosion zur Folge haben. Immer öfter verlagert der Wind Bodenbestandteile auf großen Feldern, und häufig wird im Verlauf von heftigen Gewitterschauern der Oberboden von Maisäckern abgetragen. Diese Gefahr besteht besonders bei Starkregen im Frühsommer, weil Mais sich später als andere Feldfrüchte entwickelt und seine Blätter zu dieser Jahreszeit den Boden noch nicht abdecken. Häufig werden dahinter vor allem Auswirkungen des Klimawandels vermutet, die die Erosion begünstigen, also lange Trockenheit, heftiger Wind, zunehmende Unwetterereignisse. Wenn das stimmt, müsste man gerade deswegen noch mehr Sorgfalt walten lassen, um Bodenerosion auf Agrarflächen zu verhindern, etwa durch das Pflegen und Pflanzen von Hecken, hangparallele Bodenbearbeitung oder das Mulchen, bei dem abgestorbene Pflanzenteile aus dem Vorjahr untergepflügt werden, um den Anteil organischer Substanz im Boden und dessen Zusammenhalt zu fördern. Auch der Verzicht auf den Anbau einer sich derart spät entwickelnden Kulturpflanze wie Mais wäre eine gute Maßnahme zum Schutz des Bodens; doch dieses Ziel lässt sich zur Zeit kaum durchsetzen, weil große Mengen an Mais als Rohstoff für Biogasanlagen benötigt werden. Wie man Äcker vor Erosion schützt, ist vielen Experten bekannt, doch gibt es immer wieder Agrarflächen, auf denen es wegen unsachgemäßer Bewirtschaftung zu Bodenerosion kommt. Dabei geht nicht nur wertvoller Oberboden verloren: Sandstürme können verheerende Folgen haben. Als der Wind im Frühjahr 2011 trockenes Bodenmaterial von einem großen Feld aus über eine Autobahn bei Rostock trug, so dass dort die Sicht eingeschränkt wurde, kam es dort zu einer Massenkarambolage, bei der mehrere Autofahrer ihr Leben verloren.

Was geschieht im Schutzgebiet?

Wenn ein Gebiet, das sich bisher unter den Bedingungen einer mehr oder weniger intensiven Landnutzung entwickelte, unter Naturschutz gestellt wird oder auch als Nationalpark, als Naturpark, als Welterbe der UNESCO, nach der Europäischen Vogelschutzverordnung oder der Fauna-Flora-Habitat-(FFH-)Richtlinie geschützt werden soll, muss in jedem Einzelfall entschieden werden, ob man das Gebiet so pflegen will, dass sein als schützenswert erkannter Zustand erhalten bleibt, oder ob man es sich selbst überlassen möchte, um natürliche Entwicklungen wie eine Sekundärsukzession zuzulassen. Diese Frage stellt sich nicht, wenn das geschützte Gebiet zuvor allein oder überwiegend unter natürlichem Einfluss stand. Das ist bei einem Gebiet im Regenwald oder bei einem Korallenriff der Fall. Der Zustand jedes Gebietes in Mitteleuropa, das unter Schutz gestellt wird, ist aber bislang nicht allein von Natur, sondern auch und in vielen Fällen sogar entscheidend von Landnutzung geprägt. Daher muss sogar überlegt werden, wie die Bedingungen von Landnutzung im geschützten Gebiet fortgesetzt werden können, um dessen Charakter zu bewahren.

Das Vorhaben, ein Gebiet in einem Zustand zu belassen, wie er sich im Zusammenhang eines überkommenen Systems der Landnutzung herausgebildet hatte, lässt sich nur mit großem Aufwand realisieren. Dazu werden Arbeitskräfte und erhebliche Geldmittel benötigt, auch übrigens der Einsatz von fossiler Energie, beispielsweise beim Betrieb von Traktoren, Mähwerken und Motorsägen. Vergleichsweise wenig Aufwand erfordert dagegen die Umsetzung eines von vielen Naturschützern geforderten Wildniskonzeptes, wobei ein Schutzgebiet sich selbst überlassen wird. Der sich dann über eine Sekundärsukzession herausbildende Wald steht im Zusammenhang eines Systems von Landnutzung, das auf Intensivierung an dem einen Ort, aber Marginalisierung und Aufgabe der Nutzung an einem anderen beruht. Für die Umsetzung eines Wildniskonzeptes sind erheblich weniger Arbeitskräfte und Geldmittel erforderlich. Dies spricht immer wieder für die Umsetzung eines solchen Konzeptes. Aber dadurch werden sowohl viele Eigenheiten von Landschaft als auch zahlreiche Arten von Tieren und Pflanzen nicht geschützt, die nur deswegen an einem Standort vorkommen, weil dort auf bestimmte Weise Landnutzung betrieben wurde. Würden sämtliche Naturschutzgebiete sich selbst überlassen werden, wären so gut wie alle Pflanzen- und Tierarten von lichten Wäldern, vor allem ehemaligen Hude-, Nieder- und Mittelwäldern, von Streuobstwiesen, Heideflächen, Magerrasen und Streuwiesen am Rand von Mooren unmittelbar vom Aussterben bedroht. Insgesamt steht damit das Ziel, die Entwicklung von Wildnis zu fördern, einem anderen Ziel konträr entgegen, nämlich dem, kulturelle Werte von Landschaft mit deren Vielfalt an Tier- und Pflanzenarten zu bewahren.

Ein System, das auf Zentralisierung und Intensivierung der Nutzung in den einen Gebieten und einer Marginalisierung von anderen beruht, stößt bei vielen Menschen auf keine Akzeptanz. Denn sowohl die Intensivierung als auch die Marginalisierung von Gebieten ist mit dem Verlust von vertrauter Landschaft verbunden, auch von emotionalen Werten, etwa dem, was man «Heimat» nennt.

Nicht nur die begrenzte Verfügbarkeit von fossilen Energierohstoffen kann also den Kollaps dieses Systems auslösen. Viele seiner Schwächen hängen damit zusammen, dass es weitgehend unter technokratischen, auch totalitären Gesichtspunkten geplant wurde: Alle Diktaturen des 20.Jahrhunderts förderten die Ideen von geplanter Mobilität über große Distanzen, die Versorgung durch Großkraftwerke und die Schaffung immer noch größerer Agrarflächen. Die real vorhandenen Potentiale von Landschaften wurden zu wenig beachtet, und es wurde versucht, ein System als Ganzes innerhalb von kurzer Zeit durchzusetzen. Beides entspricht nicht den Mechanismen, die bei früheren Einführungen von neuen Systemen der Landnutzung und den davon hervorgerufenen Entwicklungen in Landschaften wirksam wurden. In früheren Zeiten wurde stets von den Potentialen der Landschaft ausgegangen, stets wurde mit kleinen Einzelmaßnahmen der Innovation begonnen, aus denen sich erst später ein neues System von Landnutzung zusammensetzte. Die Frage wird sein, ob dies nicht auch heute der erfolgreichere Weg der Durchsetzung einer neuen Form von Landnutzung sein könnte. Fest steht jedenfalls, dass die Zukunft von Landnutzung, Landschaft und der systemische Zusammenhang zwischen beiden keineswegs geklärt ist, sondern intensiver Erforschung und Erörterung bedarf.

17 Aufgaben der Landschaftswissenschaft

Standpunkte zum Verhältnis zwischen Mensch und Natur

Die «Erfindung» von Landwirtschaft war wohl die folgenreichste Entdeckung der Menschheit. Neben zahlreichen natürlichen Faktoren, die das Aussehen von Landschaft beeinflussen, prägt die Landnutzung deren Bild seitdem immer stärker. In jeder Landschaft sind Einflüsse von Natur und Kultur so eng miteinander verzahnt, dass es aus wissenschaftlicher Sicht nicht sinnvoll ist, insgesamt zwischen Natur- und Kulturlandschaft zu unterscheiden. Landschaft muss stets als ein Ganzes gesehen werden, das sich in Raum und Zeit entwickelte. Insgesamt stellt dieses Ganze einen kulturellen Wert dar, der im Lauf von vielen Jahrtausenden seine besonders Prägung erhielt.

Dieser Zusammenhang wird oft zu wenig gewürdigt. Vielmehr ist immer wieder davon die Rede, dass Menschen zu einem bestimmten Zeitpunkt «naturnäher» oder «nachhaltiger» gewirtschaftet hätten oder dass sie zu einem bestimmten Zeitpunkt begonnen hätten, «Natur zu zerstören». Davon kann keine Rede sein. Seit Jahrtausenden prägen Menschen durch ihr Wirtschaften ihre Umgebung, und es ist nicht zu entscheiden, welche Form ihres Wirtschaftens «naturnäher», «naturferner» oder «nachhaltiger» war. Schon bei der altsteinzeitlichen Jagd wurden mehr Tiere getötet, als es notwendig gewesen wäre. Durch prähistorische Landwirtschaft, bei der Siedlungen immer wieder verlagert wurden, prägten Menschen mehr Gebiete, als notwendig gewesen wäre, und lenkten zudem die natürliche Entwicklung in den verlassenen Gebieten in neue Richtungen. Schon vor Jahrtausenden kam es zur irreversiblen oder kaum rückgängig zu machenden Bodenversalzung künstlich bewässerter Äcker.

Die Bevölkerung auf der Erde wuchs exorbitant an, dazu stiegen Ansprüche der Menschen an Vielfalt der Ernährung, an Gesundheit, an Mobilität, an Wohnraum usw.; immer wieder wurden Grenzen des Wachstums spürbar. Aber immer wieder gelang es auch, neue systemische Zusammenhänge zwischen natürlichen Faktoren und der Landnutzung herzustellen, mit der Folge, dass sich innerhalb dieser Zusammenhänge Landschaften fundamental veränderten. Im Lauf der Zeit kam es immer wieder dazu, dass Räume, in denen unterschiedliche Systembezüge zwischen Natur, Landnutzung und Landschaft herrschten, unmittelbar aneinandergrenzten. Menschen, die unter dem Einfluss dieser unterschiedlichen Systembedingungen lebten, verstanden sich gegenseitig nicht. Ausdruck davon sind zahlreiche Interpretationen, Ideen und Metaphern, die sich zu Leben und Landschaft außerhalb des eigenen Systems entwickelten. Daraus ging hervor, was man für Natur und Kultur hielt, auch für zu schützende Natur, für Natur- und Kulturlandschaft, für naturnah, für wild und Wildnis, für ein Paradies, für ein Naturschutzgebiet. Wer diese Begriffe verwendet, muss wissen, in welchen Traditionen er dies tut: Man stellt sich damit in eine durchaus interessante Argumentationskette der Geisteswissenschaften, argumentiert aber nicht immer auf naturwissenschaftlicher Basis.

In diesem Zusammenhang ist es von entscheidender Bedeutung, erstens Natur als eine stets dynamische Kraft zu verstehen und zweitens zu erkennen, dass mehrere Systeme aus Landnutzung und Landschaft aufeinanderfolgten. Jeweils ein einzelner Innovationsschritt löste eine Kettenreaktion von anderen Innovationen aus, die auf den ersten Schritt folgen mussten. Der Beginn des Anbaus von Kulturpflanzen hatte die Einführung der Sesshaftigkeit von Menschen zur Folge, den Bau von ländlichen Siedlungen, besondere Formen der Vorratshaltung, die Erfindung von Keramik und zahlreichen Geräten, mit denen man Felder bearbeitete. Die Regulierung der Bewässerung von Feldern erforderte den Aufbau einer Administration. In der Folge entstanden erste dauerhafte Siedlungen und Staaten, man brauchte die Schrift, eine historische Überlieferung setzte ein. In der Umgebung von dauerhaften Siedlungen konnte man ebenfalls dauerhafte Gärten anlegen. Nicht völlig ortsfeste, von Zeit zu Zeit verlagerte Siedlungen unterscheiden sich grundsätzlich von Orten, die ihre Lage beibehielten; beide Typen von Siedlungen prägten die Umwelt auf durchaus verschiedene Weise. Frühe Städte entstanden an anderen Orten als ländliche Siedlungen; daher ist es nicht möglich, dass sie unmittelbar aus früheren Dörfern hervorgegangen sind.

Nacheinander entwickelten sich mehrere Hochkulturen, die nach einigen Jahrhunderten wieder an Bedeutung verloren, so dass sich die Schwerpunkte von Macht, Wirtschaft und kultureller Entwicklung in andere Regionen verlagerten. Seit dem 17. Jahrhundert gelang es aber, in zuvor schon intensiv besiedelten Regionen Westeuropas durch Reformen der Landnutzung neue Blütezeiten von Macht, Wirtschaft und Kultur zu erreichen. Eine neue Form der Metaphernbildung knüpfte dabei oft in idealisierender Weise an ältere Traditionsstränge an. Ländliche Siedlungen des 19. Jahrhunderts unterscheiden sich – entgegen oft geäußerter Vermutungen – grundlegend von solchen des Mittelalters; die meisten Bauten in für traditionell gehaltenen Dörfern sind im Zusammenhang mit Landreformen entstanden. Seit dem 18. Jahrhundert wurde nicht wieder natürlicher Wald eingerichtet; er ist unter kulturellem Einfluss entstanden und weist eine grundsätzlich andere Zusammensetzung an Baumarten auf als ein natürlicher Wald, der Wald der Römerzeit oder des Mittelalters. Industrie und ländliche Welt bilden nicht in jeder Hinsicht ein Gegensatzpaar; letztendlich verdankt sich der tiefgreifende und den Wohlstand mehrende Umbau von Dörfern, Agrarflächen und Wäldern dem Einfluss der Industrialisierung.

Natur wurde oder wird auch heute nicht von Industrie oder Technik zerstört oder beeinträchtigt (alle drei Begriffe werden hier plakativ, als Metaphern verwendet): Vielmehr wirken natürliche Prinzipien des Werdens und Vergehens fort, ganz gleich, ob es Industriebetriebe gibt oder nicht. Die Entwicklung von Natur konnte und kann durch menschlichen Einfluss stets in neue Richtungen gelenkt werden. Jede Aktion, die vom Menschen ausgeht, hat Einfluss auf die Ausprägung von Landschaft. Dies gilt beispielsweise genauso für das Klima; doch in der Landschaft sind diese Auswirkungen viel direkter festzustellen. Diese Aussage lässt sich mit vielen Beispielen belegen, die einen großen Nachteil haben: Sie scheinen banal zu sein. Es hat aber bereits Auswirkungen auf Landschaft, ob man seinen Garten verwildern lässt oder den Rasen mäht, ob man Bäume schneidet und Obst erntet. Jeder wirkt also an der Formung des Bildes von Landschaft zwangsläufig mit. Alles, was er tut oder nicht tut, kann sich auf das Aussehen von Landschaft auswirken.

Dies gilt genauso für die Entwicklung des Weltklimas, die derzeit von vielen Menschen als das bedrohlichste Umweltproblem angesehen wird. Doch wer bei seinen Aktionen an Landschaft denkt, sieht die Folgen seines Tuns viel unmittelbarer: Selbstverständlich wird für einen Apfel aus dem eigenen Garten oder der unmittelbaren Nachbarschaft weniger Kohlenstoffdioxid in die Atmosphäre abgegeben als für einen anderen, der in einem entfernten Kontinent wächst, dann Tausende von Kilometern in einem Flugzeug oder einem Kühlcontainer über den Ozean transportiert und über ein filigranes Netz von sogenannter «Transportlogistik» in den Supermarkt vor Ort geliefert wird. Dass dieses von Millionen von Menschen praktizierte Konsumverhalten direkte Auswirkungen auf die Landschaft hat, ist mit Sicherheit leichter zu verstehen, als wenn man auf dessen Folgen im Rahmen der Entwicklung des Weltklimas verweist. Dabei kommt es nicht darauf an, gewissermaßen eine Konkurrenzsituation zwischen einer «Klimaproblematik» und einer «Landschaftsproblematik» zu sehen, sondern es geht um die Sensibilisierung für Probleme, die – wie sich ja immer wieder gezeigt hat – in einem systemischen Zusammenhang stehen. Das Agieren des Menschen hat viel direkter wahrnehmbare Auswirkungen auf das Aussehen von Landschaft als auf das Klima. Diese Tatsache ist Teil der Brisanz des Klimaproblems. Doch das Klimaproblem bekommt man nur dann in den Griff, wenn Menschen überall Folgen ihres Tuns sehen: Und das ist in der Landschaft jederzeit unmittelbar möglich.

In der Landschaft wirken sich Wandlungen und Neuformungen der systemischen Zusammenhänge zwischen Landnutzung und Landschaft viel stärker und direkter aus als kleinere Klimaschwankungen. Heutige Veränderungen von Landschaft gehen vor allem von der immer stärker werdenden Divergenz zwischen Gebieten mit Nutzungsintensivierung und anderen aus, in denen Nutzung aufgegeben wird.[156] Viele Umweltveränderungen, die als Folgen des Klimawandels gedeutet wurden[157], können ebenfalls auf die Veränderung der Intensität oder auch lediglich der Art und Weise des menschlichen Eingriffs zurückgehen.

Der landschaftswissenschaftliche Standpunkt geht einerseits von einfachen Zusammenhängen aus. Andererseits ist zu klären, inwieweit er den Standpunkten von Biologie, Geographie, historischen, philologischen und philosophischen Fächern entspricht und wo Widersprüche bestehen. Da in der Landschaft Spuren der Veränderungen von Natur ebenso zu erkennen sind wie Relikte von Strukturen, die auf jahrtausendelange menschliche Gestaltung zurückgehen, lässt sich mit Hilfe der Landschaftswissenschaft eine Brücke schlagen von Fächern wie der Geographie und Ökologie, in denen vor allem Erscheinungen im Raum untersucht werden, zu den historischen Wissenschaften, die vorrangig Erscheinungen im Lauf der Zeit untersuchen. Hinzu kommen Ansichten von Fächern, die sich vorrangig mit immateriellen Aspekten von Landschaft auseinandersetzen. In ihnen interessiert man sich für Eindrücke, die das Betrachten von Landschaft und das Nachdenken über sie hervorrufen.

Mit Landschaftswissenschaft können sich nicht nur Spezialisten befassen, sondern auch Laien; denn Landschaft ist ein Thema, von dem sich weite Kreise der Bevölkerung angesprochen fühlen können, wenn sie entsprechend darauf hingewiesen werden. Geschieht dies in geeigneter Weise, kann man Begeisterung hervorrufen. Enthusiasmus ist notwendig, wenn man sich für kulturelle Werte von Landschaft einsetzen will.

Grundlagenforschung in der Landschaftswissenschaft kann von der Analyse einer konkreten Landschaft in Raum und Zeit ausgehen; einzelne Analyseergebnisse werden in einer Synthese zusammengeführt, die Zusammenhänge zwischen Landnutzung und Landschaft deutlich macht. Geht man dabei nach einem historischen Konzept vor, treten Ursachen, Wirkungen und Zusammenhänge deutlicher hervor. Bei der Betrachtung jeder konkreten Landschaft ist zu prüfen, ob Landschaftselemente in üblicher Weise angeordnet sind, beispielsweise ob sich eine ländliche Siedlung in normaler Ökotopengrenzlage befindet. Abweichungen von einem üblichen Landnutzungsmuster sind besonders interessant: Gibt es möglicherweise geologische Gründe dafür, warum die Umgebung einer Siedlung in einer ungewöhnlichen Weise genutzt wurde oder wird? Lässt sich auf diesem Weg die Einmaligkeit einer bestimmten Siedlung, einer bestimmten Landschaft herausstellen?

Je mehr Fächer oder disziplinäre Perspektiven sich an der Darstellung einer Landschaft beteiligen, desto umfassender fällt ihr Porträt aus. Es ist zunächst sehr wichtig, von einem konkreten Befund im Gelände auszugehen, etwa so, wie es bei der Darstellung der Sächsischen Schweiz getan wurde. Von Bedeutung ist aber auch die ergänzende Auswertung weit verstreuter Literatur: Gerade dann, wenn lokal vorhandenes Wissen über eine Landschaft, auch interpretierende Deutungen dazu berücksichtigt werden sollen, lassen sich wertvolle Informationen aus lokal verbreiteten Kleinschriften, aus Reiseprospekten, Vereinsmitteilungen, Zeitungsartikeln, alten Ausgaben von Landkarten usw. beziehen. Daher ist es wichtig, dass solche Druckschriften in Archiven systematisch gesammelt werden und ihr Inhalt erschlossen wird.

An der Erfassung bzw. Sammlung von Landschaftselementen im Gelände, beispielsweise Hecken, Ackerspuren oder Überresten einer früheren Scheune, können sich weite Kreise der Bevölkerung beteiligen. Aus der Bevölkerung können auch Geschichten über diese materiellen Elemente von Landschaft zusammengetragen werden, woraus deren immaterielle Deutung oder Erklärung hervorgeht. Die erfassten Landschaftselemente und Angaben zu ihrer Deutung werden in Datenbanken zusammengestellt.[158] Die Gesamtschau sollte dann aus wissenschaftlicher Sicht erfolgen; auf der Grundlage des gesammelten Materials wird eine übergreifende Darstellung entworfen. Ergebnis der Untersuchung muss nicht immer ein wissenschaftlicher Aufsatz sein; es kann auch eine Geschichte über eine Siedlung, deren Umgebung und deren Bewohner erzählt werden, auch über eine, die früher einmal bestanden hat.[159] Wichtig ist die Allgemeinverständlichkeit einer solchen Darstellung, damit sie der Bevölkerung, die sich am Zusammentragen der Einzelresultate in «ihrer» Landschaft beteiligt, gewissermaßen im Gegenzug dafür zurückgegeben werden kann. Die Landschaftsdarstellung kann die Suche nach weiteren Elementen anregen, die eine Landschaft und deren Entwicklung noch besser charakterisieren können. Frühere Zustände von Landschaften lassen sich zeichnerisch konstruieren; solche sogenannten Rekonstruktionen, die allerdings nichts wiederherstellen, sondern eine neue Projektion versuchen, verlieren sich indessen häufig zu stark in Details und legen die Vorstellung darauf fest. Mit einer schriftlichen Darstellung lässt sich besser klarmachen, welche Elemente als sicher erschlossen gelten können und zu welchen vorerst nur vage Ideen bestehen.

Auf der Grundlage der Betrachtung einzelner konkreter Landschaften lässt sich klären, worin die Individualität einer Landschaft besteht und inwieweit sie einen Typus repräsentiert. Beim Umgang mit Typenbezeichnungen für Landschaften sollte Metaphern wie etwa «Arkadien», «Paradies» oder «Schweiz» besondere Beachtung geschenkt werden. Besonders verlockend ist eine Darstellung von solchen Gebieten, in denen es auf den ersten Blick kompliziert ist, die Zusammenhänge zwischen einzelnen typischen Elementen von Natur und Landnutzung herzustellen. Dies gilt zum Beispiel für Marschengebiete an der Nordsee, in deren Dorfkirchen auffallend viele historische Orgeln und in deren Wohnkultur besonders viele städtische Einflüsse zu finden sind. Diese Tatsachen passen nicht zu dem auf den ersten Blick dörflichen Charakter dieser Siedlungen; sie müssen erklärt werden.

Ähnliche Systembezüge in der Genese von Landschaften unter dem Einfluss des Menschen, wie sie hier für den Nahen Osten und Europa hergestellt wurden, lassen sich auch am Beispiel anderer Kulturkreise untersuchen, vor allem in Ostasien und in Mittelamerika. Vegetations- und Landschaftsgeschichte auf der Grundlage von Pollenanalysen rückt andere Einflussfaktoren als Klimaschwankungen stärker in den Vordergrund. Wir brauchen eine möglichst von Ökologen zusammengestellte Übersicht darüber, welche Pflanzen- und Tierarten nur deshalb in Mitteleuropa oder anderen Gegenden auf der Erde vorhanden sind, weil Menschen ihre Ausbreitung gefördert haben; dies sind keineswegs nur die Arten, die man gemeinhin für Archäo- und Neophyten bzw. Archäo- und Neozoen hält. Aus der Untersuchung des Baumaterials von traditionellen Häusern und Schiffen lassen sich Rückschlüsse auf die frühere Bewirtschaftung von Wäldern und den Holztransport über nähere oder weitere Distanzen ziehen. Man könnte untersuchen, welche Vorbildwirkung die Anlage von Gärten und Parks für die Neugestaltung ganzer Regionen hatte, etwa bei der Anlage von Alleen und Hecken. Vielversprechend sind Untersuchungen darüber, wie Darstellungen von Landschaften ihren Weg aus wissenschaftlichen Werken in die fiktionale Literatur fanden und wie Landschaften dabei (um-)gedeutet wurden. Von grundsätzlicher Bedeutung sind interdisziplinäre Untersuchungen über den Stellenwert von Landschaftsdarstellungen auf Kunstwerken. Insofern die Interpretation des Malers in die Darstellung Eingang fand, kann man sie nicht unkritisch als Beweisstücke für einen bestimmten Zustand einer konkreten Landschaft verwenden. Doch welche allgemeinen Aussagen sind dennoch möglich, wenn man die auf solchen Bildern dargestellten Gegenstände und Landschaftselemente in geeigneter Weise analysiert? Schließlich entwickeln sich innerhalb der Landschaftswissenschaft eigene Ansichten zur Definition von Begriffen, die sie mit anderen Fächern teilt. Dabei geht es nicht nur um den Begriff «Landschaft», sondern auch um «Natur», «Kultur», «Zivilisation», «Gestaltung», «System» usw.

Die genannten Beispiele sollen lediglich demonstrieren, welch vielseitige Arbeitsmöglichkeiten im Rahmen der Landschaftswissenschaft bestehen. Diese Arbeiten beziehen keineswegs nur Geographen oder Ökologen ein, sondern auch Wissenschaftler aus zahlreichen philologischen, philosophischen oder historischen Fächern.

Wildnis oder Landschaftsbewahrung

In der Landschaftswissenschaft können auch zahlreiche eher anwendungsbezogene Fragen im Zentrum stehen. Unter anderem geht es dabei um eine Auseinandersetzung mit dem Anliegen des Naturschutzes. In Naturschutzgebieten können mehrere Strategien des Schutzes im Vordergrund stehen, die sich gegenseitig widersprechen.[160] Entweder soll sich dort Natur ungestört von Interventionen des Menschen entwickeln, so dass nach einer Sekundärsukzession der Vegetation eine Wildnis oder ein «Urwald von morgen»[161] entstehen kann. Oder man pflegt Land, um einen als «schöne Natur» wahrgenommenen Zustand von Landschaft mit bemerkenswerten Tieren und Pflanzen zu bewahren. Damit ist aber keine Natur im naturwissenschaftlichen Sinne gemeint, sondern eine Landschaft, die von Menschen «Natur» genannt wurde bzw. wird. Dass diese Landschaft weder unter natürlichen Bedingungen entstanden ist noch unter diesen Bedingungen erhalten werden kann, weiß zwar jeder, der mit der Materie vertraut ist; doch dies wird der Öffentlichkeit keineswegs genau genug erklärt.

Viele Gebiete werden heute deswegen unter Schutz gestellt, weil sie einen bestimmten Typ von Vegetation oder Landschaft repräsentieren. Zu den schützenswerten Biotoptypen (Wuchsorttypen) gehören neben solchen, die ganz weitgehend unter natürlicher Dynamik stehen, auch andere, deren Ausprägung mehr oder weniger stark von Nutzung abhängt, oder ersatzweise einer Form von Pflege: verschiedene Formen von Heiden, Gebüschen, Trockenrasen, Feuchtwiesen, Glatthaferwiesen und zahlreiche Typen von Wäldern.[162] Diese Biotoptypen werden in der sogenannten Fauna-Flora-Habitat-Richtlinie (FFH-Richtlinie) der Europäischen Union als gefährdet aufgeführt.

Sich an diese Richtlinie zu halten hat Vor- und Nachteile. Es ist günstig, dass nicht nur einzelne Arten geschützt werden sollen (was nicht möglich ist), sondern dass von den gesamten Wuchsorten oder Biotopen ausgegangen wird, die zu erhalten sind. Dahinter steht die Erkenntnis, dass nur dann, wenn die Standortsbedingungen einzelner Biotope erhalten werden, auch darin vorkommende Pflanzen- und Tierarten dauerhaft geschützt sein können. Welche Typen von Landschaften man vorrangig schützen soll, wird vorgegeben, unter anderem in Bildern und griffigen, kurzen Erklärungen. Doch darin liegen auch Nachteile und Gefahren des Verfahrens. Werden Typen von Biotopen oder Landschaften geschützt, bedenkt man allein deren typische Ausstattung, nicht aber die kulturelle Einmaligkeit von speziellen Landschaften. Man kann immer wieder beobachten, dass sich die Pflege einer Landschaft am Bild des Typs ausrichtet, mit der Folge, dass nicht nur natürliche Prozesse der Sekundärsukzession unterbunden, sondern auch spezifische Eigenheiten von Landschaften beseitigt oder nivelliert werden, damit das Bild einer konkreten Landschaft auch nur ja genau dem Typ entspricht. Das aber kann nicht Ziel von Schutzbemühungen sein; viel mehr als um den Schutz eines Typs muss es um die Bewahrung einmaliger und besonderer Landschaft gehen.

In jedem Fall ist die Pflege eines Gebietes, um seinen Status quo zu erhalten, erheblich teurer als die Umsetzung eines Naturschutzkonzeptes, bei dem die Entwicklung von Wildnis gefördert wird. Wird aber ein Gebiet sich selbst oder der natürlichen Entwicklung überlassen, mit der Folge, dass sich über eine Sekundärsukzession Wildnis herausbildet, geht ein wie auch immer definierter Charakter von Landschaft verloren. Wo man dafür eintritt, Wildnis sich entwickeln zu lassen, zerstört man den Zustand einer Landschaft mit allen ihren Strukturen auf eine Weise, die alle auf menschliche Einflüsse zurückgehenden Elemente darin mit der Zeit immer stärker unkenntlich macht.

Auch bei der sogenannten Renaturierung von Gebieten kann Landschaft zerstört werden. Denn dabei wird eine bestehende Landschaft nach ästhetischen oder ökologischen Kriterien künstlich verändert, so dass sie einem, aber keineswegs dem allgemeingültigen Bild von Natur entspricht. Für Eingriffe des Menschen in Gebieten, in denen auf planerischer Grundlage ein Vorrang für «Natur» bestehen soll, wird nach den gesetzlichen Bestimmungen des Naturschutzes die Durchführung einer Ausgleichsmaßnahme gefordert. Auf diese Weise lässt sich eine ökologische Funktion bewahren; vielleicht kommt es sogar dazu, dass Pflanzen und Tiere, die durch den Eingriff einen Standort verlieren, sich an einem anderen, im Zuge der Ausgleichsmaßnahme geformten Ort ersatzweise wieder einfinden. Doch dabei wird nicht nur diejenige Landschaft massiv verändert, in der ein Eingriff durch Nutzung erfolgt, sondern auch eine zweite Landschaft, die zum Ausgleich für diesen Eingriff «der Natur überlassen» wird. In Wirklichkeit kommt es also auch zu einem erheblichen menschlichen Eingriff auf der Ausgleichsfläche, durch den Landschaft massiv verändert wird, etwa dadurch, dass ehemals eingedeichtes Land durch Öffnung oder Abtrag des Deiches den Gezeiten ausgesetzt wird.

Die kulturelle Bedeutung von Landschaften wird bei Naturschutzbemühungen oft zu wenig beachtet. Die Pflege von Naturschutzgebieten ist teuer, und viele Menschen verstehen nicht, warum es notwendig ist, in einer Landschaft, die man «Naturschutzgebiet» nennt, pflegend einzugreifen, da man doch «in der Natur allein Natur herrschen lassen» sollte. Auch dieses Missverständnis erfordert ständige intensive Aufklärung.

Landschaft ist keineswegs nur die oder eine «Natur des Naturschutzes», und sie lässt sich auch nicht ausschließlich durch rechtliche Regelungen schützen. Landschaft ist nicht nur ein Kompartiment im gesamten Raum, sie ist nicht nur ein materielles, sondern auch ein immaterielles Gut. Landschaft ist ein wesentlicher Teil des kulturellen Erbes der Menschheit, für das man sich mit Enthusiasmus einsetzen kann. Landschaft lässt sich bestimmt nicht überall in ihrem Status quo bewahren, doch braucht sie einen adäquaten Platz in unserem Bewusstsein, so dass klar ist, welche «Essenz» von ihr unbedingt bewahrt bleiben muss. Günstig dafür ist es, wenn möglichst viele Landschaften auch in ein künftiges System von Landnutzung eingebettet sind.

Schutz von Landschaft in intensiv genutzten Gebieten

Gegen eine Intensivierung der Nutzung, auch eine Vergrößerung von Feldern ist nicht generell etwas einzuwenden. Allerdings sollte alles unternommen werden, um Bodenerosion zu unterbinden. Der erste Schritt dazu könnte eine Erfassung aller Lokalitäten, an denen Bodenerosion droht, durch einen Landschaftswissenschaftler sein. Das ist dort der Fall, wo bei lange dauernder trockener Witterung Sand verweht oder bei Starkregen die Bodenkrume abgeschwemmt wird. Gegen Winderosion helfen Hecken. Sie brauchen nicht wie zu früheren Zeiten das gesamte Feld zu umgeben, auch Reihen von Gehölzpflanzen an sensiblen Stellen reichen aus. Die Gehölze können so gesetzt werden, dass der Einsatz von modernen Agrargeräten nicht behindert wird. Wo Boden bei Gewitterregen abgetragen wird, sollten nur Kulturpflanzen angebaut werden, die den Boden schon früh im Jahr abdecken, beispielsweise Gerste oder Roggen. Mais sollte auf Feldern, die von solcher Erosion bedroht sind, nicht angepflanzt werden.

Diese Ziele dienen keineswegs nur dem Schutz von Landschaft, sondern auch der Bewahrung der Bodenfruchtbarkeit, die für Landwirte von elementarer Bedeutung ist. Erosion ist ein Problem in der Agrarlandschaft, das ständige Beachtung durch Landschaftswissenschaftler erfordern sollte.

Wiederaufnahme der Landnutzung nach Nutzungsaufgabe

Wenn – womit zu rechnen ist – fossile Rohstoffe in Zukunft knapper und teurer werden, könnten mehr Flächen, auf denen die Nutzungsintensität in den letzten Jahrzehnten geringer geworden ist, für die Gewinnung nachwachsender Rohstoffe herangezogen werden, und zwar durch Fortsetzung oder Wiederaufnahme einer traditionellen Nutzung: Streuobstwiesen, Hecken, Nieder- und Mittelwälder, terrassierte kleine Äcker oder Grünland in abgelegenen Bachtälern. Aber auch auf nicht mehr genutzten Eisenbahntrassen, Güterbahnhöfen und ehemaligem Industriegelände laufen natürliche Sekundärsukzessionen ab, die schließlich zur Bildung geschlossener Wälder führen. Kleinere oder größere Holzbestände, die bisher nicht in traditionelle Forsten einbezogen sind, könnten damit sinnvoll genutzt werden.

Mit der Gewinnung von Rohstoffen für die Energiegewinnung in Nieder- und Mittelwäldern lässt sich in idealer Weise das Ziel verbinden, die Identität von Landschaft sowie die darin vorkommenden Tier- und Pflanzenarten zu schützen. Holz, das sich zu Hackschnitzeln verarbeiten lässt, kann man auch in Gärten und Parks von Schlössern und Landhäusern gewinnen; auf diese Weise würde der in Parkanlagen regelmäßig notwendige Pflegehieb von Holz zugleich zur Gewinnung von zusätzlichen Rohstoffen für die Energiegewinnung führen. Mähgut, mit dem eine Biogasanlage betrieben werden kann, muss nicht vom Acker kommen, sondern könnte auch auf ehemals genutzten und nun verwildernden Wiesen gewonnen werden. Solche Wiesen bräuchten nicht so intensiv gedüngt zu werden wie anderes Wirtschaftsgrünland, so dass etwa auf Feuchtwiesen die für sie charakteristischen Tier- und Pflanzenarten weiterhin vorkommen könnten. Plaggen, die man einer Heidefläche entnimmt, um die Mineralstoffarmut von traditionellen Heidestandorten zu wahren, kämen als ein weiterer Rohstoff für Biogasanlagen in Betracht. Auf schmalen Terrassenäckern an Berghängen, wo zuvor die Landwirtschaft aufgegeben worden war, ließen sich nun wieder Pflanzen anbauen, die keine intensive Pflege benötigen, sondern nur geerntet werden, um in der Biogasanlage weiterverarbeitet zu werden. Würde man nachwachsende Rohstoffe zum Betrieb von Biogasanlagen an solchen Orten gewinnen, bräuchte man dafür nicht – wie derzeit – Flächen zu verwenden, die auch für den Anbau von Nahrungsgetreide genutzt werden könnten. Das kann wichtig werden: In Zukunft wird auf dem Weltmarkt immer mehr Getreide gebraucht, weil die Weltbevölkerung weiterhin wächst. Dabei ist zu bedenken, dass die Agrarflächen in den gemäßigten Zonen der Erde für den Getreideanbau am besten geeignet sind, so dass eine Steigerung der global produzierten Getreidemengen am ehesten im westlichen Eurasien, im östlichen Nordamerika und auf kleineren Flächen in Südamerika und Australien möglich sein wird, weniger aber in den Ländern der Erde, in denen der Hunger noch immer weit verbreitet ist, in Afrika und Südasien.

Nachwachsende Rohstoffe ließen sich auch auf ehemaligen Industrie- und Bergbauflächen sowie früheren Verkehrsanlagen anbauen. Solche Brachflächen, deren Böden in vielen Fällen verunreinigt oder gar verseucht sind, können ohne eine teure Bodensanierung nicht erneut für eine Industrieansiedlung, eine Wohnbebauung oder die Anlage von Erholungsgebieten genutzt werden. Daher bleiben viele von ihnen ungenutzt liegen; im Stadtgebiet von Dortmund haben sie inzwischen eine Ausdehnung von mehr als zehn Quadratkilometern angenommen.

Mit der Nutzung von Pflanzen von Industriebrachen kann ein wichtiger Nebeneffekt verbunden sein: Pflanzen entziehen dem Boden im Lauf der Zeit Schadstoffe, so dass sich nach einer längeren Phase, in der Pflanzenmaterial von den Standorten regelmäßig entfernt wird, eine teure Bodensanierung erübrigen könnte. Wenn das bei einer sogenannten «Phytosanierung» auf Industriebrachen gewonnene Pflanzenmaterial zur Biogasherstellung genutzt werden soll, muss man aber zunächst prüfen, ob die darin enthaltenen Schwermetalle oder andere Schadstoffe das Wachstum der fermentierenden Bakterien nicht einschränken. Ferner muss geklärt werden, wie mit den Rückständen der genutzten Biomasse umzugehen ist. Auf jeden Fall ist die Menge dieser Rückstände erheblich kleiner als die Erdmenge, die bei einem kompletten Bodenabtrag zur Deponierung ansteht.

Brachflächen könnten auch stärker für die Windkraftnutzung herangezogen werden. Windkraftanlagen sollten nicht nur für die Gewinnung großer Mengen an Strom konzipiert werden; interessant wäre auch die Installation kleinerer Anlagen für den lokalen Verbrauch, die das Bild von Landschaften nicht derart stark prägen wie Großanlagen. An alten Mühlwehren ließe sich erneut Energie aus Wasserkraft gewinnen. Sicher: Diese Anlagen haben nicht den gleichen Wirkungsgrad wie andere moderne Kraftwerke. Sie reichen aber aus, um lokal benötigte kleine Energiemengen bereitzustellen. Auf diese Weise wird es keineswegs möglich sein, künftige Energieversorgungsprobleme komplett zu lösen. Doch entlegene Gebiete mit geringer Bevölkerungsdichte könnten durch derartige Maßnahmen der Energiegewinnung neue Entwicklungsmöglichkeiten bekommen. Es entstehen dort einige Arbeitsplätze für die Personen, die sich mit der Gewinnung von nachwachsenden Rohstoffen befassen, und es lässt sich anstreben, die gesamte, wenn auch wenig zahlreiche Bevölkerung aus lokalen Quellen mit Energie zu versorgen. Abgelegene Gebiete gewinnen erneut an Attraktivität; auf diese Weise könnten, was für viele Menschen aus emotionaler Sicht wichtig ist, auch traditionelle Dörfer eine neue Entwicklungschance erhalten. Dies wäre ein kleiner Beitrag zur Energieversorgung der Zukunft und zum Aufbau eines neuen Systems der Landnutzung, in dem auf fossile Energierohstoffe mehr und mehr verzichtet werden muss.

Die Erfassung von Ressourcen für die Energieversorgung in einer Landschaft sollte in jedem Fall der technischen Konzeption von Anlagen zur Nutzung von nachwachsenden Rohstoffen vorausgehen. Darin unterscheidet sich der hier vorgeschlagene Weg von vielen ähnlichen Projekten zur Gewinnung von Energie aus nachwachsenden Rohstoffen.

Besonders wichtig sind pädagogisch orientierte Darstellungen der Grundzüge und besonderen Charakteristika von Landschaften. Dabei geht es einerseits um die Vermittlung eines modernen und umfassenden Bildes zum Umgang mit Natur und Landschaft, andererseits um die Darstellung einzelner Regionen.[163] Spezielle Darstellungen dazu werden für Kinder und Jugendliche gebraucht.[164] Moderne landschaftskundliche Darstellungen sollten sich von heimatkundlichen Werken früherer Zeit unterscheiden. In ihnen sollte weniger die Aneinanderreihung von Fakten eine Rolle spielen; vielmehr sollten sie eine Anleitung geben, wie man Zusammenhänge in einer Landschaft erkennt, und zwar durch den Vergleich einer Anschauung im Gelände mit interpretierenden Darstellungen. Diese Zusammenhänge machen Landschaften interessant, und nicht die Aneinanderreihung von Fakten, die von manchen Geographen despektierlich als «Briefträgerwissen» abgekanzelt wird.

Umfassende Kenntnisse über Landschaften sind eine unverzichtbare Basis dafür, dass sich eine Gruppe von Bürgern darüber einigen kann, was beim Umgang mit einem Gebiet und dessen Nutzung künftig beachtet werden soll. Über Gegenwart und Zukunft von Orten und Regionen wird derzeit vor allem dann diskutiert, wenn sie durch ein Bauprojekt verändert werden sollen. Viele Teilnehmer an solchen Moderationsverfahren sind über grundlegende Zusammenhänge, die den behandelten Ort, dessen Umgebung oder auch die geplanten Projekte betreffen, sehr wenig oder aber überhaupt nicht informiert. Auch wenn planende Behörden mit Recht darauf verweisen, notwendige Informationen zusammengestellt zu haben, so ändert das nichts daran, dass diese Informationen die breite Öffentlichkeit nicht erreichen. Denn das allgemeine Wissen reicht nicht aus, um über die Projekte und ihr Verhältnis zum Status quo fundiert diskutieren zu können. Zum Thema geäußerte Ansichten beruhen oft ausschließlich auf einer emotionalen Basis, aber nicht auf Wissen. Es hilft nichts, sich in einem solchen Zusammenhang über mangelndes Wissen der Bevölkerung zu beklagen; vielmehr besteht die Herausforderung, bessere Wege der Information zu finden.

Diskussionen über Gegenwart und Zukunft von Landschaften sollten auf jeden Fall regelmäßig stattfinden, und zwar auch, ohne dass die Notwendigkeit besteht, zugleich ein Ort und Landschaft veränderndes Projekt zu diskutieren.

Eigentlich sollte die Bevölkerung eines Ortes sich stets darüber im Klaren sein, was die besondere Eigenart oder Identität ihres Wohnortes und dessen Umgebung ausmacht.[165] Eine Diskussionsrunde, in der über Gegenwart und Zukunft einer konkreten Landschaft beraten wird, sollte zu einem intersubjektiven Kompromiss unter den Menschen führen, die verschiedene Ansprüche an diese Landschaft haben – als Nutzer des Raums, als Erholungssuchende, als Liebhaber ihrer Heimat. Deren Anliegen lassen sich nur dann miteinander in Einklang bringen, wenn jeder Teilnehmer an der Diskussionsrunde Zusammenhänge kennt, auf deren Grundlage er auch die Argumentation anderer Diskutanten verstehen kann. Auf diese Weise sieht derjenige, der seine Heimat liebt, ein, warum «seine» Landschaft genutzt wird, auf welche Weise dies geschieht und welche landschaftlichen Charakteristika auf welche Formen der Nutzung zurückgehen. Der Nutzer einer Landschaft muss zugleich Verständnis dafür aufbringen, warum diese als einmalig gelten kann und warum andere Menschen eine emotionale Bindung zu ihr haben. Ein Konsens zu Landschaft ist immer möglich; er führt viel eher zum Ziel als eine Konfrontation zwischen Landnutzern und Naturschützern.[166]

Solche Diskussionen dienen übrigens nicht nur der Beschäftigung mit Landschaft, sondern sie haben noch einen weiteren, vielleicht unerwarteten Effekt: Sie bringen Menschen ins Gespräch miteinander, die sich sonst nicht oft begegnen: Landwirte, Spaziergänger, Urlaubsreisende. Auf eine gute Information der Bevölkerung darüber, was in ihrer Landschaft gemacht und geplant wird, zielen unter anderem Bestimmungen der Europäischen Landschaftskonvention ab, die vom Europarat als Basis für den

Umgang mit Landschaft entwickelt wurde.[167] Im Unterschied zu den meisten europäischen Ländern wurde die Europäische Landschaftskonvention von den Regierungen von Deutschland und Österreich bisher nicht anerkannt. Dies wird von der deutschen Bundesregierung damit begründet, dass die Bestimmungen der Landschaftskonvention keine Vorteile gegenüber bestehenden naturschutzrechtlichen Regelungen bringen. Dabei wird missachtet, dass es in der Landschaftskonvention um kulturelle Grundlagen des Verhaltens von Menschen ihrer Umwelt gegenüber geht, aber nicht um rechtliche Bestimmungen, die vom Staat vorgegeben werden. Von Rechts wegen lässt sich ein Gebiet unter Schutz stellen, aber *wie* es geschützt werden soll, regelt das Gesetz nicht: Das ergibt sich allein aus der Entscheidung, ob innerhalb des Gebietes eine natürliche Entwicklung gefördert oder die landschaftliche Identität bewahrt werden soll. Diese Entscheidung lässt sich auf fachlicher Basis fällen; es kann aber auch die gesamte Bevölkerung daran beteiligt werden, wie es in der Europäischen Landschaftskonvention angestrebt wird.

Die Ablehnung der Europäischen Landschaftskonvention beruht offensichtlich auf Missverständnissen. Wer sich für einen verantwortungsvollen Umgang mit Landschaft einsetzt, hat nicht nur einzelne Natur- oder Landschaftsschutzgebiete im Auge, sondern die komplette Landschaft. Ein Eintreten für Landschaft, wie es in der Europäischen Landschaftskonvention vertreten wird, geht nicht von der zusätzlichen Ausweisung von Vorranggebieten für das Schutzziel «Landschaft» aus, sondern vom integrativen Umgang mit Landschaft. Ein solches Vorgehen entspricht nicht dem üblichen Handeln von vielen Planungsinstitutionen. Diese weisen immer mehr Kategorien von nebeneinander bestehenden, strikt voneinander abgegrenzten Gebieten aus, in denen bestimmte unterschiedliche Planungsprinzipien zu beachten sein sollen. Wer Landschaft betrachtet, sieht nicht die abgegrenzten Nutzungsräume, sondern geht von landschaftlichen und landschaftswissenschaftlichen Zusammenhängen aus.

Die Einmaligkeit von Landschaften

Landschaften sind einmalig. Sie sind nicht nur schön, und sie haben nicht nur Wert als Biotope, an denen bestimmte seltene Tiere und Pflanzen vorkommen: Landschaften haben eine wichtige kulturelle Bedeutung. Seit Jahrtausenden werden sie von Menschen gestaltet, seit Jahrtausenden ermöglichen in ihnen erzeugte Nahrung und andere Ressourcen das Überleben von immer mehr Menschen. Von den Möglichkeiten, Landschaft zu nutzen, hängt die Entwicklung von Kultur ab; seit langer Zeit ranken sich Geschichten um Landschaften, so dass jede einzelne von ihnen eine symbolische Bedeutung haben kann.

Umgang mit Landschaft gleicht also nicht dem Umgang mit Natur; will man Landschaft schützen, ist weder das unklare Ziel Naturschutz dafür geeignet noch das ebenso ungenaue Ziel des Landschaftsschutzes, wie es im Naturschutzgesetz aufgeführt wird. Die Landschaft des Naturschutzgesetzes ist ein Gebiet, in dem mehrere Formen von Nutzung möglich sind; es wird aber nicht deutlich gemacht, dass es sich bei dieser Landschaft um ein Kulturgut handelt.

Ein besonders wichtiges Ziel landschaftswissenschaftlicher Arbeit ist es, das Einmalige jeder Landschaft herauszufinden und zu beschreiben. Typen von Landschaften, die es auch andernorts zu sehen gibt, erkennt niemand als Besonderheit. Auch Typen von Bauernhäusern, Burgen, Schlössern oder Siedlungsgrundrissen lassen sich nicht schützen; stets geht es um die Herausstellung des Besonderen. Dies macht einen Umgang mit Landschaften ebenso interessant wie einen Umgang mit Baudenkmalen.

Jede Landschaft zeigt gleich einem Seismometer an, wie Menschen Landnutzung betrieben haben und weiterhin betreiben. Alles, was wir tun, schlägt sich in Landschaft nieder. Und jede Landschaft existiert nur einmal: Sie ist durch ein charakteristisches Zusammenwirken natürlicher Faktoren und die damit in Wechselbeziehung stehende kulturelle Gestaltung geprägt. Diese materiellen Eigenschaften machen den Eindruck einer Landschaft aus, der von ihrem Betrachter gedeutet werden kann: auf einem Bild, auf einer Landkarte, in einer Erzählung, in einer wissenschaftlichen Erörterung. Von jeder Landschaft, von jeder Deutung geht eine enorme Faszination aus. Jede Landschaft entspricht damit einem ganz besonderen «Totaleindruck einer Gegend», für den man sich begeistern kann: auf der Grundlage von Wissen, das auf Fakten und auf dem Erkennen von Zusammenhängen zwischen Natur und Kultur beruht. Die Darstellung dieser Zusammenhänge ist die zentrale Aufgabe der Landschaftswissenschaft.

Dank

Anregende Diskussionen und Gespräche über Themen und Inhalte dieses Buches habe ich vor allem mit Rita Colantonio, Konstanze Sylva Domhardt, Wolfgang Haber, Ansgar Hoppe, Ulf Küster, Richard Pott, Heinrich Spanier, Aldo Venturelli und Klaus Wächtler geführt. Mein herzlicher Dank gilt ihnen ebenso wie dem Verlag C.H. Beck, besonders Wolfgang Beck, Stefan Bollmann, Angelika von der Lahr sowie Simone Fridrich, für hervorragende Zusammenarbeit.

Hannover, Juli 2012
Hansjörg Küster

Anmerkungen

1 A. von Humboldt, Ansichten der Natur. Studienausgabe Band 5, herausgegeben und kommentiert von H. Beck. Darmstadt 1987, 181.

2 C. von Haaren (Hrsg.), Landschaftsplanung. Stuttgart 2004. – D. Fürst, Raumplanung. Herausforderungen des deutschen Institutionensystems. Detmold 2010.

3 J. Schmithüsen, Was ist eine Landschaft? Erdkundliches Wissen 9, 1964, 1–24. – Ders., Allgemeine Geosynergetik. Grundlagen der Landschaftskunde. Berlin/New York 1976.

4 A. Schmidt, Die Alpen. Eine Schweizer Mentalitätsgeschichte. Frauenfeld 2011, 46–50.

5 Freundlicher Hinweis von H. Scherner, Schöneiche bei Berlin. In anderer Transliteration wird der Begriff als «shanshue» angegeben.

6 Vergil, Bucolica. In: Landleben. Bucolica, Georgica, Catalepton. Lateinisch und deutsch. Hrsg. von J. Götte. München, 2. Aufl. 1953, 5–55.

7 J. Maaler, Die teütsch Spraach. Alle Wörter, Namen vnd Arten zu reden in hochteütscher Spraach, Zürich 1561.

8 Marco Polo, Il Milione. Die Wunder der Welt. Übersetzung aus altfranzösischen und lateinischen Quellen und Nachwort von E. Guignard. Zürich 1983, 225 f.

9 M. Beuchert, Die Gärten Chinas. In: H. Sarkowicz (Hrsg.), Die Geschichte der Gärten und Parks. Frankfurt am Main/Leipzig 1998, 50–63, bes. 61.

10 F. Petrarca, Die Besteigung des Mont Ventoux. Aus dem Lateinischen übersetzt von H. Nachod/P. Stern, Nachwort von H. Nalewski, Frankfurt am Main/Leipzig 1996, 27.

11 Vgl. H. Küster, Hansjörg, Schöne Aussichten. Kleine Geschichte der Landschaft. München 2009.

12 G. Mader/L. Neubert-Mader, Italienische Gärten. Stuttgart 1989. – H. Küster, Italienische Gärten. In: H. Sarkowicz (Hrsg.), Die Geschichte der Gärten und Parks. Frankfurt am Main/Leipzig 1998, 134–151.

13 J. G. Sulzer, Landschaft (Zeichnende Künste). In: Allgemeine Theorie der Schönen Künste. Zweiter Theil. Leipzig 1774, 659–676. – Vgl. J. Rit-

ter, Landschaft. Zur Funktion des Ästhetischen in der modernen Gesellschaft. In: Subjektivität. Sechs Aufsätze. Frankfurt am Main 1989, 141–163. – G. Simmel, Philosophie der Landschaft. Die Güldenkammer 3 (2), 1913, 635–644.

14 J./W. Grimm, Deutsches Wörterbuch Band 6. Bearbeitet von M. Heyne. Leipzig 1885, 131–133.

15 Etwa das Gedicht «Die Alpen»: A. von Haller, Die Alpen. In: Versuch Schweizerischer Gedichten. Bern 1732.

16 A. von Humboldt/A. Bonpland, Ideen zu einer Geographie der Pflanzen nebst einem Naturgemälde der Tropenländer. Auf Beobachtungen und Messungen gegründet, welche vom 10ten Grade nördlicher bis zum 10ten Grade südlicher Breite, in den Jahren 1799, 1800, 1801, 1802 und 1803 angestellt worden sind. Tübingen 1807. – Neudruck in: A. von Humboldt, Schriften zur Geographie der Pflanzen. Hrsg. und kommentiert von H. Beck. Studienausgabe, Band I. Darmstadt 1989, 42–161.

17 A. von Haller, Höhenstufen der Alpen. In: Sammlung kleiner Hallerischer Schriften. Erster Theil. Bern, 2. Aufl. 1772. – Küster, H., Albrecht von Haller: Höhenstufen der Alpen. In: Ein solches Jahrhundert vergisst sich nicht mehr. Lieblingstexte aus dem 18. Jahrhundert. Für Ernst-Peter Wieckenberg. München 2000, 415–419.

18 Humboldt/Bonpland (wie Anm. 16).

19 H. Berghaus, Physikalischer Atlas oder Sammlung von Karten, auf denen die hauptsächlichsten Erscheinungen der anorganischen und organischen Natur nach ihrer geographischen Verbreitung und Vertheilung bildlich dargestellt sind. Zu Alexander von Humboldt, Kosmos. Entwurf einer physischen Weltbeschreibung. Gotha 1845, Neudruck Frankfurt am Main 2004.

20 G. Hard, Die «Landschaft» der Sprache und die «Landschaft» der Geographen. Semantische und forschungslogische Studien. Colloquium Geographicum 11, Bonn 1970.

21 H. Küster, Die Elbe. Landschaft und Geschichte. München 2007.

22 G. Hard (wie Anm. 20).

23 UNESCO-Zentrum für das Erbe der Welt, Richtlinien für die Durchführung des Übereinkommens zum Schutz des Kultur- und Naturerbes der Welt. Paris 2005, Anlage 3, Abs. 6.

24 Vgl. E.-M. Seng, Kulturlandschaften. Die Rückgewinnung des immateriellen Kulturerbes in die Landschaft. In: L. Klevesath/H. Zapf (Hrsg.), Demokratie – Kultur – Moderne. Perspektiven der politischen Theorie. München 2011, 201–220.

25 Z.B. S. Press/R. Siever, Allgemeine Geologie. 5. Aufl., Heidelberg 2007.

26 Z.B. F. Scheffer/P. Schachtschabel/R. Horn/G. Brümmer/H.-P. Blume, Lehrbuch der Bodenkunde. 16. Aufl., Heidelberg 2010.

27 Z.B. H. Ellenberg, Aufgaben und Methoden der Vegetationskunde. Stuttgart 1956. – H. Dierschke, Pflanzensoziologie. Grundlagen und Methoden. Stuttgart 1994. – R. Pott, Pflanzengesellschaften Deutschlands. 2. Aufl., Stuttgart 1995. – R. Pott, Allgemeine Geobotanik. Biogeosysteme und Biodiversität. Berlin/Heidelberg/New York 2005. – R. Pott/J. Hüppe, Spezielle Geobotanik. Pflanze – Klima – Boden. Berlin/Heidelberg 2007.

28 F.-K. Holtmeier, Tiere in der Landschaft. Einfluss und ökologische Bedeutung. Stuttgart 2002.

29 H. Walter/H. Lieth, Klimadiagramm-Weltatlas. 3 Bände. Jena 1960–1967.

30 R. Geiger, Das Klima der bodennahen Luftschicht. Ein Lehrbuch der Mikroklimatologie. 4. Aufl. Braunschweig 1961. – Allgemein zu ökologischen Faktoren: W. Larcher, Ökophysiologie der Pflanzen. Leben, Leistung und Stressbewältigung der Pflanzen in ihrer Umwelt. 6. Aufl., Stuttgart 2001.

31 R. Pott/D. Remy, Die Gewässer des Binnenlandes. Stuttgart 2000.

32 H. Ellenberg, Bauernhaus und Landschaft. Stuttgart 1990. – K. Bedal, Historische Hausforschung. Eine Einführung in Arbeitsweise, Begriffe und Literatur. Münster 1978.

33 Z.B. A. Borsdorf/O. Bender, Allgemeine Siedlungsgeographie. Wien 2010.

34 U.a. H. Gebhardt, Bodenkundliche Untersuchung der eisenzeitlichen Ackerfluren von Flögeln-Haselhörn, Kr. Wesermünde. Probleme der Küstenforschung im südlichen Nordseegebiet 11, 1976, 91–100.

35 Zur Einführung in die Vor- und Frühgeschichte siehe u.a. S. Piggott, Vorgeschichte Europas. Vom Nomadentum zur Hochkultur. München 1974.

36 S. Jacomet/A. Kreuz, Archäobotanik. Aufgaben, Methoden und Ergebnisse vegetations- und agrargeschichtlicher Forschung. Stuttgart 1999.

37 N. Benecke, Der Mensch und seine Haustiere. Die Geschichte einer jahrtausendealten Beziehung. Stuttgart 1994.

38 K. Brunnacker/J. Freundlich/M. Menke/H. Schmeidl, Das Jungholozän im Reichenhaller Becken. Eiszeitalter und Gegenwart 27, 1976, 159–173.

39 Z.B. C. Wiegand, Spurensuche in Niedersachsen. 2. Auflage, Hannover 2004.

40 B. bei der Wieden/T. Böckmann (Hrsg.), Atlas vom Kommunionharz in historischen Abrissen von 1680 und aktuellen Forstkarten. Hannover 2010.

41 Z.B. H. Dierschke, Pflanzensoziologie. Grundlagen und Methoden. Stuttgart 1994, 402–407.

42 Zur Pollenanalyse und Vegetationsgeschichte allgemein: G. Lang, Quartäre Vegetationsgeschichte Europas. Methoden und Ergebnisse. Jena/Stuttgart/New York 1994.

43 Z.B. C.-D. Schönwiese, Klimaänderungen. Daten, Analysen, Prognosen. Berlin 1995. – S. Rahmstorf/H.J. Schellnhuber, Der Klimawandel. Diagnose, Prognose, Therapie. 6. Aufl., München 2007.

44 E. Pyritz, Binnendünen und Flugsandebenen im Niedersächsischen Tiefland. Göttinger Geographische Abhandlungen 61, Göttingen 1972.

45 H. Küster, Die Ostsee. Eine Natur- und Kulturgeschichte. 2. Auflage, München 2004.

46 R. Pott, Die Nordsee. Eine Natur- und Kulturgeschichte. München 2003.

47 G. Tichy/Č. Tomek/K.J. Hsü/R. Hofrichter, Geologie und Entstehungsgeschichte. In: R. Hofrichter (Hrsg.), Das Mittelmeer. Fauna, Flora, Ökologie. Band I: Allgemeiner Teil. Heidelberg/Berlin 2002, 56–101.

48 A. Wegener, Die Entstehung der Kontinente und Ozeane. Neuausgabe, Bremen 2011.

49 Vgl. W. Giere, Die Entstehung der Ostsee. Königsberg/Berlin 1938.

50 H. Küster, Das ist Ökologie. Die biologischen Grundlagen unserer Existenz. München 2005.

51 H. Ellenberg, Ökosystemforschung. Berlin/Heidelberg/New York 1973. – H. Leser, Landschaftsökologie. Ansatz, Modelle, Methodik, Anwendung. 4. Aufl., Stuttgart 1997, 178.

52 Einteilung entsprechend zu R. Pott, Biotoptypen. Schützenswerte Lebensräume Deutschlands und angrenzender Regionen. Stuttgart 1996, 289–304.

53 J. Reichholf, Stabile Ungleichgewichte. Die Ökologie der Zukunft. Frankfurt am Main 2008.

54 Zu Sekundärsukzessionen: A. Fischer, Untersuchungen zur Populationsdynamik am Beginn von Sekundärsukzessionen. Die Bedeutung der Samenbank und Samenniederschlag für die Wiederbesiedlung vegetationsfreier Flächen in Wald- und Grünlandgesellschaften. Dissertationes Botanicae 110, Berlin/Stuttgart 1987.

55 Angaben verändert nach G. Lang, Quartäre Vegetationsgeschichte Europas. Methoden und Ergebnisse. Jena/Stuttgart/New York 1994, 289.

56 R. Pott, Das Naturschutzgebiet «Hiddeser Bent – Donoper Teich» in vegetationsgeschichtlicher und pflanzensoziologischer Sicht. Abhandlungen aus dem Westfälischen Landesmuseum für Naturkunde 44(3), Münster 1982.

57 U.a. H.-J. Beug, Leitfaden der Pollenbestimmung für Mitteleuropa und angrenzende Gebiete. München 2004. – K.-E. Behre, The interpretation of anthropogenic indicators in pollen diagrams. Pollen et Spores 23(2), 1981, 225–245.

58 Zur Ökotopengrenzlage der ländlichen Siedlung siehe: J.-B. Haversath, Die Agrarlandschaft im römischen Deutschland der Kaiserzeit (1.–4. Jh. n. Chr.). Passau 1984. – H. Küster, Geschichte der Landschaft in Mitteleuropa. Von der Eiszeit bis zur Gegenwart. 4. Auflage, München 2010, 80.

59 C. Meiners, Bemerkungen auf einer Reise von Göttingen nach Cuxhaven. Göttingisches historisches Magazin 2, Göttingen 1788, 495–539. – Der Bericht wurde von Karl Lohmeyer als Inspirationsquelle für Goethe erkannt: K. Lohmeyer, Das Küstengebiet an der Niederelbe als Schauplatz der Dichtung. Archiv für Landes- und Volkskunde von Niedersachsen 22, 1944, 347–358. – H. Küster, Christoph Meiners, das Land Hadeln und Goethes Faust II. Jahrbuch der Männer vom Morgenstern 90, 2011, Bremerhaven 2012, 189–228.

60 J. W. von Goethe, Faust II, V. Akt, 11559.

61 P.C. Tacitus, Germania. Übersetzt, erläutert und mit einem Nachwort herausgegeben von M. Fuhrmann. Stuttgart 1972.

62 H.C. von Carlowitz, Sylvicultura oeconomica oder Anweisung zur Wilden Baum-Zucht nebst gründlicher Darstellung des grossen Holtz-Mangel. Leipzig 1713, 3–4.

63 H. Küster, Geschichte des Waldes. Von der Urzeit bis zur Gegenwart. 3. Auflage, München 2008, 176–183.

64 H. Dieterich/R. Hauff, Die Bedeutung der Pollenanalyse für die forstliche Standortskunde in Baden-Württemberg. Forstwissenschaftliches Centralblatt 99(3), 1980, 120–128.

65 Vgl. zur Herleitung von Ortsnamen u.a.: D. Berger, Geographische Namen in Deutschland. Herkunft und Bedeutung der Namen von Ländern, Städten, Bergen und Gewässern. Mannheim/Leipzig/Wien/Zürich 1993.

66 P.C. Meyer-Tasch, Der Garten Eden. In: H. Sarkowicz (Hrsg.), Die Geschichte der Gärten und Parks. Frankfurt am Main 1998, 11–24.

67 H. Küster, Die historische Entwicklung von Vegetation in der Stadtlandschaft. In: Institut für Grünplanung und Gartenarchitektur der Universität Hannover (Hrsg.), Stadtlandschaft. Beiträge zur räumlichen Planung 50, Hannover 1999, 179–192.

68 D. Kuhn, Auch ich in Arcadien. Kunstreisen nach Italien 1600–1900. Ausstellungskatalog, Marbach am Neckar 1966, 77.

69 E. Steingräber, Natur – Landschaft – Landschaftsmalerei. In: M. Roethlisberger (Hrsg.), Im Licht von Claude Lorrain. Landschaftsmalerei aus drei Jahrhunderten. München 1983, 13–30.

70 R. Pott/J. Hüppe, Die Hudelandschaften Nordwestdeutschlands. Abhandlungen aus dem Westfälischen Museum für Naturkunde 53(1/2), Münster 1991.

71 K. Guenther, Der Naturschutz. Freiburg i.Br. 1910.

72 A. Schmidt, Die Alpen. Eine Schweizer Mentalitätsgeschichte. Frauenfeld 2011.

73 H. Klemm, Die Entdeckung der Sächsischen Schweiz. Dresden 1956, 11–13.

74 R. Linde, Die Niederelbe, Bielefeld/Leipzig/Berlin 1909, 16.

75 A. von Haller, Höhenstufen der Alpen. In: Sammlung kleiner Hallerischer Schriften. Erster Theil. Bern, 2. Aufl. 1772.

76 A. von Humboldt/A. Bonpland (wie Anm. 16).

77 H. u. E. Walter, Das Gesetz der relativen Standortskonstanz; das Wesen der Pflanzengemeinschaften. Berichte der Deutschen Botanischen Gesellschaft 66, 1952, 227–235.

78 A. Hettner, Gebirgsbau und Oberflächengestaltung der Sächsischen Schweiz. Forschungen zur deutschen Landes- und Volkskunde 2(4), Stuttgart 1887.

79 Hettner (wie Anm. 78), 85.

80 H. Küster, Die Elbe. Landschaft und Geschichte. München 2007, 7.

81 G. Thürauf, Endmoränengebiet in Großstadtnähe östlich von München. In: H. Fehn u.a., Topographischer Atlas Bayern. München 1968, 246–247.

82 K. Schwarz, Archäologisch-topographische Studien zur Geschichte frühmittelalterlicher Fernwege und Ackerfluren. Kallmünz 1989.

83 O. Schlüter, Die Siedlungsräume Mitteleuropas in frühgeschichtlicher Zeit. Erläuterungen zu einer Karte. Erster Teil: Einführung in die Methodik der Altlandschaftsforschung. Forschungen zur deutschen Lan-

deskunde 63, Remagen 1952. – Ders., Die Siedlungsräume Mitteleuropas in frühgeschichtlicher Zeit. 2. Heft. Erklärung und Begründung der Darstellung. 1. Das südliche und nordwestliche Mitteleuropa. Forschungen zur deutschen Landeskunde 74, Remagen 1953.

84 J. Iversen, Landnam i Danmarks stenalder. En pollenanalytisk undersøgelse over det første landbrugs indvirkning paa vegetationsudviklingen. Danmarks Geologiske Undersøgelse II (66), København 1941.

85 G. Kossack u. a., Archsum auf Sylt. Mainz 1980 ff.

86 Z.B. W.H. Zimmermann, Die Siedlungen des 1.–6. Jahrhunderts nach Christus von Flögeln-Eekhöltjen, Niedersachsen. Die Bauformen und ihre Funktionen. Probleme der Küstenforschung im südlichen Nordseegebiet 19, Hildesheim 1992.

87 S. Hvass, Ländliche Siedlungen der Kaiser- und Völkerwanderungszeit in Dänemark. Offa 39, 1982, 189–195.

88 H.T. Waterbolk, Mobilität von Dorf, Ackerflur und Gräberfeld in Drenthe seit der Latènezeit. Archäologische Siedlungsforschungen auf der nordniederländischen Geest. Offa 39, 1982, 97–137.

89 H. Küster, Werden und Wandel der Kulturlandschaft im Alpenvorland. Pollenanalytische Aussagen zur Siedlungsgeschichte am Auerberg in Südbayern. Germania 64(2), 1986, 533–559. – Ders., Vom Werden einer Kulturlandschaft. Vegetationsgeschichtliche Studien am Auerberg (Südbayern). Weinheim 1988. – Entsprechend K.-E. Behre u. D. Kučan, Die Geschichte der Kulturlandschaft und des Ackerbaus in der Siedlungskammer Flögeln, Niedersachsen, seit der Jungsteinzeit. Probleme der Küstenforschung im südlichen Nordseegebiet 21, Oldenburg 1994.

90 E.S. Deevey jr., The human population. Scientific American 203, 1960, 195–204.

91 P. Schulze/J. Mealy, Population growth, technology and tricky graphs. American Scientist 89, 2001, 209–211.

92 Siehe dazu unter anderem: F. Braudel, Geschichte und Sozialwissenschaften. Die longue durée. In: C. Honegger (Hrsg.), M. Bloch, F. Braudel, L. Febvre u. a. Schrift und Materie der Geschichte. Vorschläge zur systematischen Aneignung historischer Prozesse. Frankfurt am Main 1977, 47–85.

93 E. Turner, Solutré. An archaeozoological analysis of the Magdalenian horizon. Mainz 2002. – Dies., Horse, reindeer and bison hunters at Solutré. An archaeozoological analysis of a Magdalenian bone assemblage. Bonner zoologische Beiträge 50(3), 2002, 143–182.

94 U.a. zusammenfassend F. W.M. Vera, Grazing ecology and forest history. Wallingford 2000.

95 H. Zoller/J.N. Haas, War Mitteleuropa ursprünglich eine halboffene Waldlandschaft oder von geschlossenen Wäldern bedeckt? Schweizerische Zeitschrift für Forstwesen 146, 1995, 321–354.

96 H. Küster, Die Entstehung von Vegetationsgrenzen zwischen dem östlichen und dem westlichen Mitteleuropa während des Postglazials. In: A. Lang/H. Parzinger/H. Küster, Kulturen zwischen Ost und West. Berlin 1993, 473–492.

97 R. Gradmann, Die Steppenheide. Aus der Heimat 46(4), 1933, 98–123.

98 H. Müller, Zur spät- und nacheiszeitlichen Vegetationsgeschichte des mitteldeutschen Trockengebietes. Gaterslebener See. Nova Acta Leopoldina Neue Folge 16 (110), Leipzig 1953.

99 M. Regnell, Plant subsistence and environment at the Mesolithic site Tågerup, southern Sweden: new insights on the «Nut Age». Vegetation History and Archeobotany 21(1), 2012, 1–16.

100 I. Vuorela/M. Aalto, Palaeobotanical investigations at a Neolithic dwelling site in southern Finland, with special reference to Trapa natans. Annales Botanici Fennici 19, 1982, 81–92.

101 J. Lüning/J. Meurers-Balke, Experimenteller Getreideanbau im Hambacher Forst, Gemeinde Elsdorf, Kr. Bergheim/Rheinland. Bonner Jahrbücher 180, 1980, 305–344.

102 H. Helbaek, Ecological effects of irrigation in ancient Mesopotamia. Iraq 22, 1960, 186–196.

103 J.G.D. Clark, Prehistoric Europe: The economic basis. London 1952.

104 J. Iversen, Forest clearance in the Stone Age. Scientific American 194(3), 1956, 36–41.

105 H. Küster, Auswirkungen prähistorischen Siedelns auf die Geschichte der Wälder. In: H. Küster, A. Lang und P. Schauer (Hrsg.), Archäologische Forschungen in urgeschichtlichen Siedlungslandschaften. Festschrift für Georg Kossack zum 75. Geburtstag. Regensburger Beiträge zur prähistorischen Archäologie 5, Regensburg 1998, 23–40.

106 C.C. Bakels, Four Linearbandkeramik settlements and their environment: a paleoecological study of Sittard, Stein, Elsloo and Hienheim. Leiden 1978.

107 H. Küster, The role of farming in the postglacial expansion of beech and hornbeam in the oak woodlands of central Europe. The Holocene 7(2), 1997, 239–242.

108 D. Moe, The post-glacial immigration of Picea abies into Fennoscandia. Botaniska Notiser 123, 1970, 61–66.

109 V. Markgraf, Palaeohistory of the spruce in Switzerland. Nature 228, 1970, 249–251.

110 F. Braudel, Das Mittelmeer und die mediterrane Welt in der Epoche Philipps II. Band 1, Frankfurt am Main 1990, 33–72.

111 Siehe hierzu als Übersicht: L. Földes (Hrsg.), Viehzucht und Hirtenleben in Ostmitteleuropa. Budapest 1961.

112 Vgl. z.B. A. Haffner, Die westliche Hunsrück-Eifel-Kultur. Römisch-Germanische Forschungen 36, Berlin 1976.

113 R. Pott, Vegetationsgeschichtliche und pflanzensoziologische Untersuchungen zur Niederwaldwirtschaft in Westfalen. Abhandlungen aus dem Westfälischen Museum für Naturkunde 47(4), Münster 1985.

114 H. Helbaek (wie Anm. 102).

115 Vgl. dazu: K.A. Wittfogel, Oriental Despotism: A Comparative Study of Total Power. New Haven 1957. – R. Herzog, Staaten der Frühzeit. Ursprünge und Herrschaftsformen. 2. Auflage, München 1998.

116 H. Küster, Die historische Entwicklung von Vegetation in der Stadtlandschaft. In: Institut für Grünplanung und Gartenarchitektur der Universität Hannover (Hrsg.), Stadtlandschaft. Beiträge zur räumlichen Planung 50, Hannover 1999, 179–192.

117 D. Zohary/M. Hopf, Domestication of Plants in the Old World. Oxford 1988.

118 R. Gradmann, Altbesiedeltes und jungbesiedeltes Land. Studium Generale 1(3), 1948, 163–177.

119 M. Erdrich, Rom und die Barbaren. Das Verhältnis zwischen dem Imperium Romanum und den germanischen Stämmen vor seiner Nordwestgrenze von der späten römischen Republik bis zum Gallischen Sonderreich. Römisch-Germanische Forschungen 58, Mainz 2001. – G. Ulbert, Die römischen Funde von Bentumersiel. Probleme der Küstenforschung im südlichen Nordseegebiet 12, 1977, 33–65.

120 G. Kossack/K.-E. Behre/P. Schmid (Hrsg.), Archäologische und naturwissenschaftliche Untersuchungen an ländlichen und frühstädtischen Siedlungen im deutschen Küstengebiet vom 5. Jahrhundert v. Chr. bis zum 11. Jahrhundert n. Chr. Band 1: Ländliche Siedlungen. Weinheim 1984, 197–212.

121 B. Krüger, Die Kietzsiedlungen im nördlichen Mitteleuropa. Berlin 1962.

122 M. Weber, Die sozialen Gründe des Untergangs der antiken Kultur. In:

J. Winckelmann (Hrsg.), Max Weber. Soziologie. Weltgeschichtliche Analysen. Politik. Stuttgart 1956, 1–27.

123 A. Krenzlin, Dorf, Feld und Wirtschaft im Gebiet der großen Täler und Platten östlich der Elbe. Forschungen zur deutschen Landeskunde 70, Remagen 1952.

124 R. Gradmann, Das ländliche Siedlungswesen des Königreichs Württemberg. Stuttgart 1913.

125 A. Hoppe, Die Bewässerungswiesen Nordwestdeutschlands. Geschichte, Wandel und heutige Situation. Abhandlungen aus dem Westfälischen Museum für Naturkunde 64(1), Münster 2002.

126 K. Brandt, Der Fund eines mittelalterlichen Siels bei Stollhammer Ahndeich, Gem. Butjadingen, Kr. Wesermarsch, und seine Bedeutung für die Landschaftsentwicklung zwischen Jadebusen und Weser. Probleme der Küstenforschung im südlichen Nordseegebiet 15, 1984, 51–64.

127 A. Schultze, Die Sielhafenorte und das Problem des regionalen Typus im Bauplan der Kulturlandschaft. Göttinger Geographische Abhandlungen 27, Göttingen 1962.

128 K.-D. Meyer, Taufsteine auf Eiderstedt. Eine Bestandsaufnahme zu Herkunft und Material. Eiderstedter Museums-Spiegel 6/7, 2004, 85–102.

129 M. Weber (wie Anm. 122).

130 H. Küster, Ostsee (wie Anm. 45), 201.

131 H. Küster, Ostsee (wie Anm. 45).

132 H. Steinert, Tausend Jahre Neue Welt. Auf den Spuren der Wikinger in Grönland und Amerika. Stuttgart 1982.

133 J. Radkau/I. Schäfer, Holz: Ein Naturstoff in der Technikgeschichte. Reinbek 1987. – J. Radkau, Natur und Macht. Eine Weltgeschichte der Umwelt. München 2000, 164–172.

134 H.-R. Bork, Bodenerosionskatastrophen. Perspektive der Klimageschichte. In: B. Busch (Hrsg.), Boden. Bonn 2002, 324–328.

135 H. Küster, Vielfalt und Monotonie von Ackerstandorten und deren Auswirkungen auf die Unkrautflora. Naturschutz und Landschaftspflege in Brandenburg Sonderheft 1 (Naturschutz in der Agrarlandschaft), Potsdam 1994, 4–7.

136 N. Fischer, Wassernot und Marschengesellschaft. Zur Geschichte der Deiche in Kehdingen. Stade 2003, 6–7.

137 M. North, Geschichte der Niederlande. München 1997, 37–65.

138 Vgl. J. H. Gebauer, Aus der Frühgeschichte der Hildesheimer Chausseen. Archiv für Landes- und Volkskunde von Niedersachsen 18, 1943, 406–415.

139 M. von König (Hrsg.), Herrenhausen. Die Königlichen Gärten in Hannover. Göttingen 2006.

140 H.-W. Keweloh, Flößerei in Deutschland. Stuttgart 1985.

141 B. bei der Wieden/T. Böckmann (Hrsg.), Atlas vom Kommunionharz in historischen Abrissen von 1680 und aktuellen Forstkarten. Hannover 2010.

142 H.C. von Carlowitz, Sylvicultura oeconomica oder Anweisung zur Wilden Baum-Zucht nebst gründlicher Darstellung des grossen Holtz-Mangel. Leipzig 1713.

143 H. Küster, Wald (wie Anm. 63), 185–195.

144 H. Küster/A. Hoppe, Das Gartenreich Dessau-Wörlitz. Landschaft und Geschichte. München 2010, 91.

145 W.G. Hoskins, The Making of the English Landscape. Harmondsworth 1985, 177–210.

146 H. Küster/A. Hoppe (wie Anm. 144), 123.

147 H. Küster/A. Hoppe (wie Anm. 144), 165–187.

148 H. Küster, Die Entdeckung der Lüneburger Heide als «schöne Natur». Aus den «Physikalische[n] und moralische[n] Briefe[n] über die Geschichte der Erde und des Menschen an Ihre Majestät die Königin von Großbritannien» von Johann Andreas de Lüc [Luc]. Leipzig 1781. Themenportal Europäische Geschichte 2010: http://www.europa.clio-online.de/2010/Article=429.

149 H. Eichberg, Stimmung über der Heide – Vom romantischen Blick zur Kolonisierung des Raumes. In: G. Großklaus/E. Oldemeyer, Natur als Gegenwelt. Beiträge zur Kulturgeschichte der Natur. Karlsruhe 1983, 197–233.

150 G. Forster, Ansichten vom Niederrhein. Herausgegeben von U. Schlemmer. Stuttgart 1989, 165–167.

151 G. Friedrich/H. Paetzold, Obstsorten. 300 Obstsorten in Wort und Bild. Radebeul 1993.

152 U.a. C.-L. Willdenow, Prodromus florae Berolinensis. Berlin 1787. – O. Sendtner, Die Vegetationsverhältnisse Südbayerns. München 1854. – J. Eichler/R. Gradmann/W. Meigen, Ergebnisse der pflanzengeographischen Durchforschung von Württemberg, Baden und Hohenzollern. Stuttgart 1905 ff.

153 Auf Abbildungen soll in diesem Kapitel verzichtet werden: Denn die genannten Regelhaftigkeiten im Aufbau der Landschaft können auf den Illustrationen erkannt werden, die den vorangegangenen Kapiteln beigegeben wurden.

154 Vgl. U. Bitterli, Die «Wilden» und die «Zivilisierten». Grundzüge einer

Geistes- und Kulturgeschichte der europäisch-überseeischen Begegnung. München, 3. Auflage 2004, 161–167.

155 H. Küster (wie Anm. 107).

156 S. Dannebeck/A. Hoppe/H. Küster/D. McCracken, Einflussfaktoren auf Kulturlandschaften: ein Überblick. In: K. Krzywinski/M. O'Connell/H. Küster (Hrsg.), Wo Demeter ihre Felder hat und Pan zuhause ist: Europäische Kulturlandschaften. Bremen 2009, 47–54.

157 G.-R. Walther/E. Post/P. Convey/A. Menzel/C. Parmesan/T.J.C. Beebee/J.-M. Fromentin/O. Hoegh-Guldberg/F. Bairlein, Ecological responses to recent climate change. Nature 416, 2002, 389–395.

158 A. Hoppe, Erfassung historischer Kulturlandschaften und ihrer Elemente in Niedersachsen. In: H. Küster (Hrsg.), Kulturlandschaften. Frankfurt am Main 2008, 75–82.

159 Ein gutes Beispiel: W. Groenman-van Waateringe/H.A. Heidinga/L.H. von Wijngaarden-Bakker, Introduction: reflections of a farmer in the early 10th century. In: W. Groenman-van Waateringe/L.H. von Wijngaarden-Bakker, Farm Life in a Carolingian Village. Assen/Maastricht 1987, 1–5.

160 Vgl. W. Haber, Naturschutz und Kulturlandschaften im Widerspruch. Berichte der Reinhold-Tüxen-Gesellschaft 20, 2008, 23–34.

161 H. Dieterich/S. Müller/G. Schlenker, Urwald von morgen. Bannwaldgebiete der Landesforstverwaltung Baden-Württemberg. Stuttgart 1970.

162 Aufstellung in: R. Pott, Biotoptypen. Schützenswerte Lebensräume Deutschlands und angrenzender Regionen. Stuttgart 1996, 409–411.

163 Etwa in der seit den 1950er Jahren erscheinenden Buchreihe «Werte der deutschen Heimat – Landschaften in Deutschland.», deren Reihentitel immer wieder leicht geändert wurde. U.a.: S. Kinder/H.T. Porada (Hrsg.), Brandenburg an der Havel und Umgebung. Landschaften in Deutschland. Werte der deutschen Heimat 69. Köln/Weimar/Wien 2006.

164 Schaumburger Landschaft (Hrsg.), Schaumburger Land – Eine kleine Landeskunde. Bückeburg 2006. – S. Graf Adelmann, Erfahrungen mit dem Schulbuch «Schaumburger Land – Eine kleine Landeskunde». In: Bund Heimat und Umwelt in Deutschland (Hrsg.), Vermittlung von Kulturlandschaft. Bonn 2008, 19–26. – H. Küster, Landschaft als Thema im Schul- und Jugendbuch. In: Bund Heimat und Umwelt in Deutschland (Hrsg.), Kulturlandschaft in der Anwendung. Bonn 2010, 67–72.

165 Dies zeigte sich bei einem wegweisenden Projekt in den Niederlanden: Raad voor het Landelijk Gebied (Hrsg.), Made in Holland. Advies over

landelijke gebieden, verscheidenheid en identiteit. Amersfoort 1999. – H. Küster, Nachdenken über Identität der Landschaft: Eine Initiative aus den Niederlanden. Neues Archiv für Niedersachsen 1/2005, 53–60.

166 Ein gutes Beispiel: W. Schumacher, Integrative Naturschutzkonzepte zur Erhaltung und Förderung der Biodiversität mitteleuropäischer Kulturlandschaften. Jahrbuch für Naturschutz und Landschaftspflege 56(1), 2007, 203–214.

167 R. Priore, The Council of Europe's European Landscape Convention: A key-instrument for a democratic and balanced management of our everyday environment. In: Kommunalverband Großraum Hannover (Hrsg.), Kulturlandschaften in Europa – Regionale und Internationale Konzepte zu Bestanderfassung und Management. Hannover 2001, 125–130.

Hinweise auf grundlegende Literatur

Born, M., Die Entwicklung der deutschen Agrarlandschaft. Darmstadt 1989.

Ellenberg, H., Bauernhaus und Landschaft in ökologischer und historischer Sicht. Stuttgart 1990.

Ellenberg, H., Vegetation Mitteleuropas mit den Alpen in ökologischer, dynamischer und historischer Sicht. 5. Auflage, Stuttgart 1996.

Haaren, C. von (Hrsg.), Landschaftsplanung. Stuttgart 2004.

Haber, W., Was ist Landschaft? Zu Geschichte und Selbstverständnis der Landschaftsökologie. In: B. Busch (Hrsg.), Erde. Köln 2002, 361–372.

Haber, W., Zwischen Vergangenheit und ungewisser Zukunft. Eine ökologische Standortsbestimmung der Gegenwart. Rundgespräche der Kommission für Ökologie 32: Natur und Mensch in Mitteleuropa im letzten Jahrtausend. München 2007, 149–164.

Hoskins, W.G., The Making of the English Landscape. Harmondsworth 1985.

Küster, H., Geschichte des Waldes. Von der Urzeit bis zur Gegenwart. 3. Auflage, München 2008.

Küster, H., Geschichte der Landschaft in Mitteleuropa. Von der Eiszeit bis zur Gegenwart. 4. Auflage, München 2010.

Leser, H., Landschaftsökologie. Ansatz, Modelle, Methodik, Anwendung. 4. Auflage, Stuttgart 1997.

Liedtke, H. u. J. Marcinek (Hrsg.), Physische Geographie Deutschlands. 2. Auflage, Gotha 1995.

Meynen, E. u. J. Schmithüsen, Handbuch der naturräumlichen Gliederung Deutschlands. Remagen 1953 ff.

Piggott, S., Vorgeschichte Europas. Vom Nomadentum zur Hochkultur. München 1974.

Pott, R., Die Pflanzengesellschaften Deutschlands. 2. Auflage, Stuttgart 1995.

Pott, R., Allgemeine Geobotanik. Biogeosysteme und Biodiversität. Berlin,/ Heidelberg 2005.

Pott, R. u. J. Hüppe, Spezielle Geobotanik. Pflanze – Klima – Boden. Berlin/ Heidelberg 2007.

Radkau, J., Natur und Macht. Eine Weltgeschichte der Umwelt. München 2000.

Reichholf, J. H., Eine kurze Naturgeschichte des letzten Jahrtausends. Frankfurt am Main 2007.

Ritter, J., Landschaft. Zur Funktion des Ästhetischen in der modernen Gesellschaft. In: Subjektivität. Sechs Aufsätze. Frankfurt am Main 1989, 141–163.

Schmithüsen, J., Was ist eine Landschaft? Erdkundliches Wissen 9, 1964, 1–24.

Schmithüsen, J., Allgemeine Geosynergetik. Grundlagen der Landschaftskunde. Berlin/New York 1976.

Simmel, G., Philosophie der Landschaft. Die Güldenkammer 3 (2), 1913, 635–644.

Walter, H., Vegetation und Klimazonen. Grundriß der globalen Ökologie. 5. Auflage, Stuttgart 1984.

Wiegand, C. u. Niedersächsischer Heimatbund (Hrsg.), Spurensuche in Niedersachsen. Historische Kulturlandschaften entdecken. 2. Auflage, Hannover 2005.

Bildnachweis

Abb. 2-1: Palazzo Pitti, Gall. Palatina © akg-images/Rabatti – Domingie
Abb. 3-2: Nach H. Walter/H. Lieth, Klimadiagramm-Weltatlas, 3 Bde., Jena 1960–1967
Abb. 5-1: Aus Heinz Ellenberg, Ökosystemforschung, Springer-Verlag, Berlin/Heidelberg/New York 1973
Abb. 8-2: © Landesmuseum Hannover – ARTOTHEK
Abb. 10-3: Nach Edward S. Deevey jr., The human population. Scientific American 203, 1960, 195–204
Abb. 12-1: Peter Palm, Berlin
Abb. 13-1: © Dr. Georg Gerster, Zumikon/Schweiz
Abb. 13-3: Geodaten © Bayerische Vermessungsverwaltung, Nr. 265/12
Abb. 13-4: © ullstein bild – Willmann
Abb. 13-5: © ullstein bild – EUROLUFTBILD.DE
Abb. 13.6: Aus Klaus Schwarz, Archäologisch-topographische Studien zur Geschichte frühmittelalterlicher Fernwege und Ackerfluren im Alpenvorland zwischen Isar, Inn und Chiemsee, Lassleben Verlag, Kallmünz 1989, Karte 126,4
Abb. 13-15: © ullstein bild – Sylent Press
Abb. 14-7: © Stadt Bückeburg

Alle übrigen Abbildungen stammen von Hansjörg Küster.

Register

C

D

E

F

G

H

I

J

K

L

M

N

O

P

Q

R

S

T

U

V

W

Z

Aus dem Verlagsprogramm

Hansjörg Küster bei C.H.Beck

Geschichte der Landschaft in Mitteleuropa
Von der Eiszeit bis zur Gegenwart
4., vollständig überarbeitete und aktualisierte Auflage. 2010
448 Seiten mit 216 überwiegend farbigen
Abbildungen und Karten
Broschierte Sonderausgabe

Die Elbe
Landschaft und Geschichte
2007. 336 Seiten mit 102 Abbildungen, davon 99 in Farbe
Gebunden

Die Ostsee
Eine Natur- und Kulturgeschichte
2004. 357 Seiten mit 100 Farbabbildungen und 7 Karten
Broschierte Sonderausgabe

Geschichte des Waldes
Von der Urzeit bis zur Gegenwart
3. Auflage. 2008. 267 Seiten mit 53 Abbildungen,
davon 47 in Farbe
Broschierte Sonderausgabe

C.H.Beck

Hansjörg Küster bei C.H.Beck

Das Gartenreich Dessau-Wörlitz
Landschaft und Geschichte
(gemeinsam mit Ansgar Hoppe)
2010. 224 Seiten mit 96 Farbabbildungen,
1 Zeichnung und 1 Karte
Klappenbroschur

Das ist Ökologie
Die biologischen Grundlagen unserer Existenz
2005. 208 Seiten
Gebunden

Kleine Kulturgeschichte der Gewürze
Ein Lexikon von Anis bis Zimt
1997. 320 Seiten mit 28 Abbildungen
Paperback
(Beck'sche Reihe Band 1225)

C.H.Beck